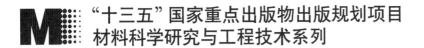

"十三五"国家重点出版物出版规划项目

材料科学研究与工程技术系列

摩擦磨损与耐磨材料

Frictional Wear and Wear Resistant Materials

● 王振廷　孟君晟　主编

U0222728

哈尔滨工业大学出版社

内容提要

本书共分 9 章,主要介绍了金属表面的特性、接触表面之间的相互作用、摩擦磨损过程中金属表层的组织结构变化;各种摩擦磨损机理及影响摩擦磨损的内外因素;摩擦磨损的测试方法和材料磨损失效分析;各种耐磨材料的成分、组织、性能和应用。

本书可作为高等院校材料科学与工程专业高年级本科生和硕士研究生教材及参考书,也可作为材料科学与工程领域的大专院校教师和科技工作者的参考书。

图书在版编目(CIP)数据

摩擦磨损与耐磨材料/王振廷,孟君晟主编. ——哈尔滨:哈尔滨
工业大学出版社,2013.3(2020.8 重印)
ISBN 978 - 7 - 5603 - 3850 - 7

Ⅰ.①摩…　Ⅱ.①王…②孟…　Ⅲ.①磨损-研究②耐磨
材料-研究　Ⅳ.①TH117.1　②TB39

中国版本图书馆 CIP 数据核字(2012)第 283321 号

材料科学与工程
图书工作室

责任编辑	张秀华
封面设计	卞秉利
出版发行	哈尔滨工业大学出版社
社　　址	哈尔滨市南岗区复华四道街 10 号　邮编 150006
传　　真	0451 - 86414749
网　　址	http://hitpress.hit.edu.cn
印　　刷	黑龙江艺德印刷有限责任公司
开　　本	787mm×1092mm　1/16　印张 14.75　字数 341 千字
版　　次	2013 年 3 月第 1 版　2020 年 8 月第 3 次印刷
书　　号	ISBN 978 - 7 - 5603 - 3850 - 7
定　　价	30.00 元

(如因印装质量问题影响阅读,我社负责调换)

前　言

物体表面相互接触或相对运动时就会发生摩擦,因此摩擦是自然界存在的一种普遍现象。有摩擦就有磨损发生,据不完全统计,能源的 1/3 到 1/2 消耗于摩擦与磨损,约 80% 的机器零件失效是由摩擦与磨损引起的,所以磨损是机器最常见也是最大量的一种失效方式。如果能科学地运用摩擦磨损理论和采用先进的耐磨材料,就可以防止和减轻摩擦磨损带来的损失,进而提高工作效率,降低生产成本,节省资金,节约能源。

本书共分 9 章,主要介绍了金属表面的特性、接触表面之间的相互作用、摩擦磨损过程中金属表层的变化;各种摩擦磨损机理及影响摩擦磨损的内外因素;摩擦磨损的测试方法和材料磨损失效分析;各种耐磨材料的成分、组织、性能和应用。

本书可作为高等院校材料科学与工程专业高年级本科生和硕士研究生教材及参考书,也可作为材料科学与工程领域的大专院校教师和科技工作者的参考书。

本书由王振廷、孟君晟主编,第 1,7,8,9 章由王振廷编写,第 2,3,4,5,6 章由孟君晟编写。全书由王振廷统编。

由于学识所限,加之内容涉及面广,疏漏和不妥之处在所难免,敬请读者批评指正。

编　者
2012 年 9 月

目　　录

第1章 金属表面特性

固体的表面性质主要包括两方面的内容,即表面形貌与表面组成。前者着重研究表面的形状,后者着重研究表面的结构及表面的物理、化学性质。由于摩擦现象发生在两个相对运动物体的表面之间,显然,物体的表面性质将直接影响摩擦和磨损,因此,研究接触体摩擦表面的性质是研究摩擦磨损的基础。

1.1 金属的表面结构

1.1.1 金属表面几何形状

经过加工的金属零件表面,即使是宏观上很平整、光滑,但在显微镜下观察时,就可发现表面很粗糙,好似大地上布满了峡谷、高岗和山峰,呈现凹凸不平的波峰和波谷,凸起的波峰称微凸体,如图 1.1 所示。这是由于加工过程中刀痕(即切屑分离时的塑性变形)以及机床-刀具-工件系统的振动等原因,造成实际的工件表面与理想的绝对光滑、平整的表面之间存在一定的几何形状误差。通常所说的固体表面几何形状包括微观粗糙度、宏观粗糙度(波纹度)和宏观几何形状偏差。在摩擦学中主要用表面波纹度和表面粗糙度来描述。

1. 表面波纹度

表面波纹度是零件表面周期性重复出现的一种几何形状误差,它主要是由切削过程中运动的不均匀性引起的,如机床-工件-刀具工艺系统存在强迫振动等,如图 1.1(b)所示。波纹度有两个重要参数,即波高 h 和波距 s;T 和 s 及 H 和 h 分别表示宏观和微观粗糙度的波纹度波距和波高。

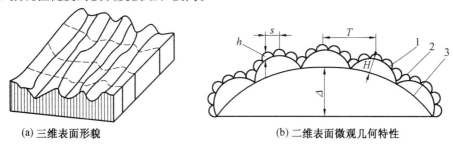

(a) 三维表面形貌　　　　　　　　(b) 二维表面微观几何特性

图 1.1　表面形貌

1—波纹度;2—粗糙度;3—宏观几何形状偏差;T—波纹度波距
s-粗糙度波距;H-波纹度波高;h-粗糙度波高;Δ-形状误差

波高 h 表示波峰与波谷之间的距离。波距 s 表示相邻两波形对应点的距离。表面波纹度的波距一般为 1 ~ 10 mm,波高与波长之比约为 1：40。

表面波纹度会减少零件实际支承表面面积,增大摩擦中表面牵引力的切向分量,在动配合中会引起零件磨损加剧。

2. 表面粗糙度

表面粗糙度高度和间距均很小,不像表面波纹度那样具有明显的周期性,其波距亦短,约 0.5 ~ 1 000 μm,波高亦较小,约 0.05 ~ 50 μm。它主要是由加工过程的刀痕、刀具和工件表面的摩擦、切屑分离时的塑性变形、金属撕裂以及工艺系统中存在着高频振动等原因造成的。表面粗糙度越低,则表面越光亮。

为了描述一个表面粗糙特征,国家标准(GB/T 3505—2000)规定表面粗糙度的评定指标主要有轮廓算术平均偏差 Ra、微观不平度十点最高度 Rz、轮廓的最大高度 Ry、轮廓的均方根偏差 Rq,以及轮廓支承长度曲线等表面参数来评定。

(1)轮廓算术平均偏差 Ra

图 1.2 为计算轮廓算术平均偏差的示意图。轮廓的算术平均偏差 Ra 是在一个取样长度内纵坐标值 $f(x)$ 绝对值的算术平均值,其中中线 m 是一特定的线,它将轮廓图形划分为上下两部分,并使上面实体面积和下面空间面积相等。

算术平均偏差的数学表达式为

$$Ra = \frac{1}{l_r} \int_0^{l_r} |f(x)| \, \mathrm{d}x \qquad (1.1)$$

式中, $f(x)$ 为轮廓图形的分布函数。

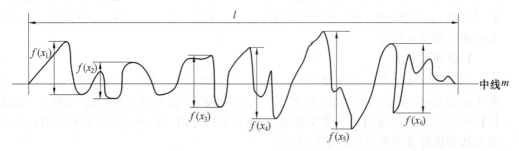

图 1.2　计算轮廓算术平均偏差的示意图

标准长度 l 随粗糙度而定,粗糙度等级不同, l 的值也不同,见表 1.1。

表 1.1　Ra, Rz, Ry 的取样长度 l 与评定长度 l_n 的选用值

$Ra/\mu m$	Rz 与 $Ry/\mu m$	l/mm	$l_n(l_n = 5l)/mm$
0.008 ~ 0.02	0.025 ~ 0.10	0.08	0.4
0.02 ~ 0.1	0.10 ~ 0.50	0.25	1.25
0.1 ~ 2.0	0.50 ~ 10.0	0.8	4.0
2.0 ~ 10.0	10.0 ~ 50.0	2.5	12.5
10.0 ~ 80.0	50.0 ~ 320.0	8.0	40.0

（2）均方根偏差 Rq

均方根偏差 Rq 为轮廓图形上各点和中线之间距离平方的平均值的平方根，其计算式如下

$$Rq = \left[\frac{1}{l} \int_0^l f^2(x) \, dx \right]^{\frac{1}{2}} \qquad (1.2)$$

可以看出均方根偏差给予离开平均线较远的点较大的比重，因此，它更能高度地反映粗糙度的情况。

Ra 与 Rq 的关系为 $Ra \approx 0.8Rq$。

（3）微观不平度十点高度

Rz 是指在标准长度 l 内五个最高的轮廓峰高的平均值与五个最低的轮廓谷深的平均值之和，如图1.3 所示，其计算公式为

$$Rz = \frac{\sum_{i=1}^{5} h_{pi} + \sum_{i=1}^{5} h_{vi}}{5} \qquad (1.3)$$

式中，h_{pi} 为第 i 个最高的轮廓峰高；h_{vi} 为第 i 个最低的轮廓谷深。

若测量长度包括几个标准长度时，应取该测量长度内所测得的几个 Ra 或 Rz 的平均值作为某一表面的 Ra 或 Rz。

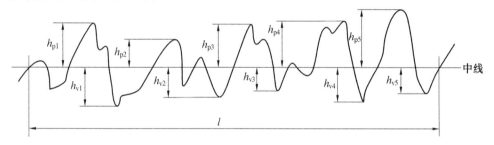

图 1.3　微观不平度十点高度的测量

（4）轮廓最大高度 Ry

Ry 是指表面经常出现的微观不平度的最大高度，如图1.4 所示，即在标准取样长度内轮廓峰顶线和轮廓谷低线之间的距离，注意图 1.4 中所示的个别偶然出现的特大高度 $R_{偶然}$，是不能代表整个表面微观几何特性。通常取若干段，求 Ry 的平均值。

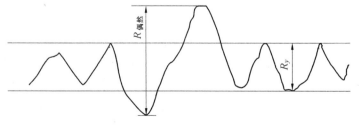

图 1.4　轮廓最大高度 Ry

不同形状和轮廓的表面用上述不同方法测得的粗糙度值也不同，但在一定程度上，

它们之间可以相互换算,见表1.2。

表1.2　各种粗糙度间的比值

表　面	$\dfrac{Rq}{Ra}$	$\dfrac{Rz}{Ra}$	$\dfrac{Ry}{Ra}$
车　削	1.1 ~ 1.15	4 ~ 5	4 ~ 5
磨　削	1.18 ~ 1.30	5 ~ 7	7 ~ 14
研　磨	1.3 ~ 1.5		7 ~ 14
随机统计	1.25		8.0

无论是轮廓算数平均偏差 Ra 还是轮廓最大高度 Rz 等,都是用平面垂直于工作表面所得的表面形状特征。所以,这些参数仅能说明表面轮廓在高度方向的偏差,不能说明表面凸峰的斜率、形状、尺寸大小和分布状况等特性。有时可能会碰到峰与谷高度相等,但波长不同的轮廓表面具有相同的 Ra 值,如图1.5所示。

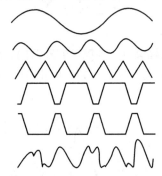

图1.5　具有相同 Ra 的不同表面

可见,轮廓算数平均偏差 Ra 和 Rz 只能表示同一加工的同类表面的分级,例如对研磨表面来说,尽管加工所用的研磨剂粒度不同,其粗糙度模式还是相同的,从而用一个数值就可以表征这些表面的特性。但是,若要更精确地评定表面轮廓,单靠 Ra 或 Rz 的值是不够的,因此,表面轮廓测量技术的创始人 Abbott - Firestone 创立了描述表面形貌的另一个表面参数:轮廓支承长度率曲线(Abbott - Firestone 曲线)。

3. 轮廓支承长度率曲线

轮廓支承长度率曲线不仅能表示粗糙表层的微凸体高度的分布,而且也能反映摩擦表面磨损到某一程度时,支承面积的大小。支承长度率曲线是描述轮廓形状的主要指标。为简便起见,一般用二维作图法求支承长度率曲线。

理想的轮廓支承长度率曲线如图1.6所示。设一表面受到滑动摩擦,法向载荷作用在摩擦表面微凸体的顶部,使得图中阴影部分面积被磨去,即微凸体顶部变成了平台。若继续进行滑动摩擦,磨损量不断增加,最后所有的微凸体都将被磨去。从理论上讲轮廓支承长度率曲线 $(t_p(l))$ 是表示轮廓支承率 (t_p) 随水平截距 (l) 而变的关系曲线。其作图法是:在标准长度 l 的轮廓曲线上,作与中线平行的一系列直线,如距顶点为 x_1, x_2, x_3 的直线,以通过最高峰顶的线为零位线。

将各条平行线截取的轮廓图形中微凸体的长度相加,画在轮廓图的右边。如距顶

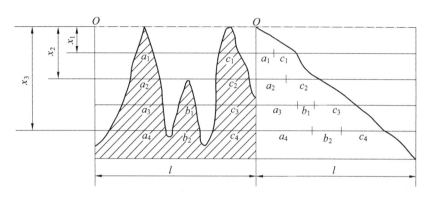

图 1.6 轮廓支承长度率曲线图

点为 x_1, x_2 和 x_3 的直线截取微凸体的长度分别为 a_1, c_1; a_2, c_2 和 a_4, b_2, c_4, 将它们分别相加, 可得出 3 点, 按此法继续画下去直到轮廓图形的最低点为止。连接图上各点, 就得到支承面积曲线, 即轮廓支承面积曲线是用相对支承长度得到的, 在 GB 3505—83 中称之为轮廓支承长度率, 表示为

$$t_p = \frac{a + b + c + \cdots}{l} \tag{1.4}$$

这样所得的轮廓支承长度率曲线, 根据其陡峭程度及其变化, 就可以大体反映表面粗糙微凸体的斜率、形状、尺寸大小及分布状况等特征。这对提高表面支承能力、延长零件寿命具有重要的意义。

实际上轮廓支承长度率曲线是所有纵坐标分布曲线的累积分布, 如图 1.7(b) 所示, 由于绝大多数工程表面轮廓高度都接近于正态分布, 如图 1.7(a) 所示, 所以支承长度率曲线可表示为

$$\phi(z) = \int_{-\infty}^{+\infty} \varphi(z) \, \mathrm{d}z \tag{1.5}$$

式中, z 为从中线开始测量的轮廓高度; $\varphi(z)$ 为轮廓高度分布的概率密度函数。

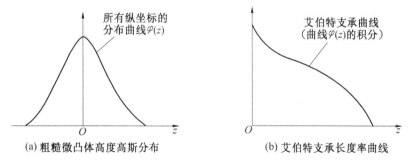

(a) 粗糙微凸体高度高斯分布 (b) 艾伯特支承长度率曲线

图 1.7 艾伯特支承长度率曲线

不同的加工方法、不同的粗糙度和波纹度会得到不同的轮廓支承长度率曲线。图 1.8 为不同加工方法所得到的典型支承长度率曲线, 图中横坐标为实际接触面积与名义接触面积之比 t_p (即支承长度率), 纵坐标 x 表示线磨损量 L 与轮廓最大高度 Rz 之比。按支承长度的大小将轮廓图形分为三个高度层: 支承长度在 25% 以内的部分称为

波峰,为最高层;支承长度为 25% ～ 75% 的部分称为波中,为中间层;支承长度大于75% 的部分称为波谷,为最低层。波峰与摩擦磨损有很大关系,波谷则与润滑情况下储油性有关。

支承长度率曲线在研究摩擦磨损时非常有用,例如,有人对发动机气缸进行金刚石研磨时,发现从最高峰磨去 1 ～ 2 μm 时,支承面积为 50% ～ 60%,容油沟纹的深度为2.5 ～10 μm,宽度为 15 ～ 80 μm,此时气缸的耐磨性大大提高。

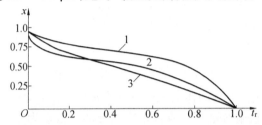

图 1.8　不同加工方法所得到的典型支承长度率曲线
1—表面抛光;2—表面磨削;3—表面车削

1.1.2　金属的晶体结构

晶体结构即晶体的微观结构。自然界存在的固态物质可分为晶体和非晶体两大类,固态的金属与合金大都是晶体。晶体与非晶体的最本质差别在于组成晶体的原子、离子、分子等质点是规则排列的(长程序),而非晶体中这些质点除与其最近邻外,基本上无规则地堆积在一起(短程序)。金属及合金在大多数情况下都以结晶状态出现。

自然界中的晶体有成千上万种,它们的晶体结构各不相同,但若根据晶胞的三个晶格常数和三个轴间的夹角的相互关系对所有晶体进行分析,发现空间点阵只有 14 种类型,根据晶体的宏观对称性,可将 14 种空间点阵归属 7 个晶系。由于金属原子趋于紧密排列,在工业上使用的金属元素,除了少数具有复杂的晶体结构外,绝大多数都具有比较简单的晶体结构,其中,约有百分之九十以上的金属晶格属于下列 3 种晶体结构。

1. 体心立方晶胞(bcc)

体心立方晶胞模型如图 1.9 所示,晶胞的三个棱边长度相等,三个轴间的夹角均为90°,构成立方体。体心立方晶胞在 8 个顶角各有 1 个原子,在其立方体的中心还有一个原子。显然,每一个原子周围有 8 个最近邻原子,因此配位数为 8,属于这种结构的金属有 α-Fe,Cr,V,Nb,Mo,W 等。

晶胞中原子排列的紧密程度是反映晶体结构特征的重要因素,通常用配位数和致密度来表征。

所谓配位数是指晶体结构中与任一个原子最近邻的等距离的原子数目;致密度是指晶胞中原子所占体积与晶胞体积之比。配位数越高、致密度越大,原子排列越紧密。在体心立方晶格中,以立方体为中心的原子为例,与其最近邻或与其近邻、等距离的原子数有 8 个,所以体心立方晶胞的配位数为 8,其致密度为 0.68。

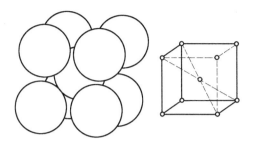

图 1.9 体心立方晶胞

2. 面心立方晶胞(fcc)

面心立方晶胞模型如图 1.10 所示,面心立方的晶胞也是在 8 个顶角各有 1 个原子,构成立方体,在立方体的每一面的中心还各有 1 个原子。面心立方晶胞的配位数是 12,致密度是 0.74。γ-Fe,Cu,Ni,Al,Ag 等金属均为面心立方结构。

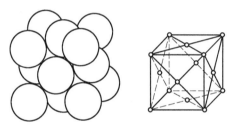

图 1.10 面心立方晶胞

3. 密排六方晶胞(hcp)

密排六方晶胞模型如图 1.11 所示,在晶胞的 12 个角上各有 1 个原子,构成立方柱体,上底面和下底面的中心各有 1 个原子,晶胞内有 3 个原子。密排六方晶胞的配位数与致密度与面心立方晶胞相同。具有这类结构的金属有 Zn,Mg,Be,α-Ti,α-Co,Cd 等。

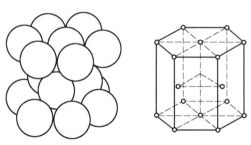

图 1.11 密排六方晶胞

三种典型晶体结构的主要特征见表 1.3。

以上所述都是理想晶体的结构,即把金属晶体内的原子排列看做是规则的、完整的,而且每个原子都是在阵点上静止不动的。然而,在实际应用的金属材料中,原子的排列不可能像理想晶体那样规则和完整,总是不可避免地存在一些原子偏离规则排列的不完整区域,这就是晶体缺陷。

表 1.3 三种典型晶体结构的主要特征

结构特征	结构类型		
	体心立方	面心立方	密排六方
晶胞原子数	2	4	6
原子半径	$\dfrac{\sqrt{3}}{4}a$	$\dfrac{\sqrt{2}}{4}a$	$\dfrac{1}{2}a$
配位数	8	12	12
致密度	0.68	0.74	0.74

1.1.3 金属晶体的缺陷

在实际的晶体中,由于晶体形成条件、原子的热运动及其他条件的影响,原子的排列不可能那样完整和规则,往往存在偏离了理想晶体结构的区域。这些与完整周期性点阵结构的偏离就是晶体中的缺陷,它破坏了晶体的对称性,图 1.12 为晶体表面缺陷。

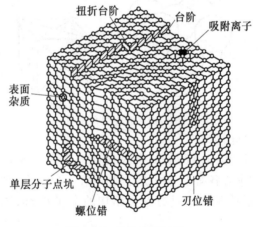

图 1.12 晶体表面缺陷

晶体中存在的缺陷种类很多,根据几何形状和涉及的范围常可分为点缺陷、线缺陷、面缺陷几种主要类型。

1. 点缺陷

在三维方向上尺寸都很小的缺陷称为点缺陷,如空位、间隙原子和置换原子等。图 1.13 为晶体中的空位示意图。

在任何温度下,金属晶体中的原子都是以其平衡位置为中心不间断地进行热振动。晶体中原子在其平衡位置上作高频率的热振动,振动能量经常变化,此起彼伏,称为能量起伏。根据统计规律,在某一温度下的某一瞬间,总有一些原子具有足够高的能量,克服周围原子对它的束缚,脱离原来的平衡位置,于是在原位置上出现了空结点,产生空位。离开平衡位置的原子,如果跑到晶体表面,这样形成的空位称为肖脱基空位,如图 1.13(a);如果跑到点阵间隙位置,则形成的空位称为弗兰克尔空位,如图 1.13(b)。可见每形成一个弗兰克尔空位的同时产生一个间隙原子。由于形成弗兰克尔空位所需的能量比形成肖脱基空位大得多,所以在金属晶体中最常见的是肖脱基空位。空位是一种热平衡缺陷,即在一定温度下,它具有一定的平衡浓度。

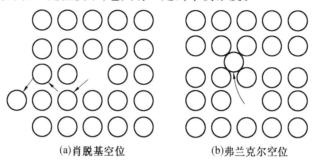

(a)肖脱基空位　　　　　　　(b)弗兰克尔空位

图1.13　晶体中的空位示意图

点缺陷的存在会造成晶格畸变,将对金属的物理和机械性能,以及热处理性能都有较大的影响,如使屈服强度升高、电阻增大、体积膨胀、密度减小等。此外,点缺陷的存在将加速金属中的扩散过程。

2. 线缺陷

线缺陷的几何特征是在两个方向上尺寸较小,另一个方向上尺寸相对很大的缺陷。晶体中的线缺陷就是各种类型的位错,它是在晶体中某处有一列或若干列原子发生了有规律的错排现象,使长度达几百至几万个原子间距,宽约几个原子间距范围内的原子离开其平衡位置,发生了有规律的错动。位错是一种极为重要的晶体缺陷,这种缺陷的存在对晶体的生长、相变、形变、再结晶等一系列行为,以及对晶体的物理和化学性质都有十分重要的影响。

图1.14为位错的基本类型。位错可视为晶体中一部分晶体相对于另一部分晶体局部滑移的结果,晶体滑移部分与未滑移部分的交界线即为位错线。位错有多种类型,但最简单、最基本的位错类型有两类:刃型位错如图1.14(a)和螺型位错如图1.14(b)。若同时既包含刃型位错又包含螺型位错,则称为混合位错。

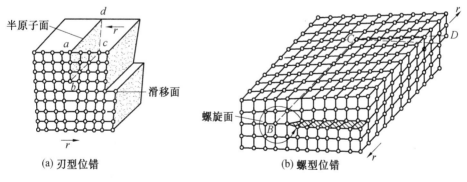

(a) 刃型位错　　　　　　　　　(b) 螺型位错

图1.14　位错的基本类型

由于位错是已滑移区和未滑移区的边界,因此位错线不能终止在晶体内部,而只能终止在晶体的表面或晶界上。在实际晶体中经常含有大量的位错,通常晶体中存在位错的多少用位错密度这一参数来描述。常用的表示位错密度的方法有两种:其一定义为单位体积晶体中所包含的位借线总长度 ρ,$\rho = L/V$,单位是 m^{-2};其二定义为穿过单位横截面积的位错线数目,单位也是 m^{-2}。晶体中的位错密度可用电子显微镜或 X 射线衍射等方法测量。一般经过充分退火的金属中,位错密度 ρ 为 $10^{10} \sim 10^{12}\,m^{-2}$;而经过剧烈冷加工的金属晶体中,$\rho$ 可达 $10^{15} \sim 10^{16}\,m^{-2}$,这相当于在 $1\,cm^3$ 的金属内,含有千百万公里长的位错线。

晶体中的位错靠近自由表面时,自由表面将与此位错产生相互作用。由于位错在晶体中引起晶格畸变,产生应变能。如果位错由晶体内部运动到晶体表面,应变能将会降低,根据能量原理,位错由晶体内部运动到晶体表面是一种自发的过程,即相当于自由表面对位错有一吸引力,使位错向外溢出,这个吸引力可假想为在自由表面的另一侧与 A 对称的位置上,存在一个与 A 异号的"映像位错"B,如图 1.15 所示。对 A 产生吸引,映像位错 B 对真位错 A 的吸引就相当于自由表面对 A 的吸引,这个吸引力称为映像力。如果金属表面被氧化膜覆盖,而金属氧化膜的弹性模量比金属大,所以有氧化膜存在的表面对位错有排斥作用。

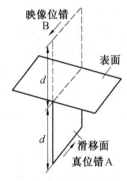

图 1.15　位错在表面映像

3.面缺陷

晶体的缺陷若是沿二维方向伸展,而在另一维方向上的尺寸相对很小,则称为面缺陷。界面就是一种二维的面缺陷,它通常仅有一个至几个原子层厚的区域。晶体的面缺陷包括晶体的外表面(表面或自由界面)和内界面,其中内界面包括晶界、亚晶界、孪晶界和相界等。

(1)晶体表面

晶体表面是指所研究的金属材料系统与周围气相或液相介质的接触面。处于这种界面上的原子,同时受到晶体内部自身原子和外部介质原子或分子的作用力。这两个作用力不会平衡,内部原子对界面原子的作用力大于外部原子或分子的作用力,表面原子就会偏离其正常平衡位置,造成表面层的晶格畸变。而且,晶体表面具有表面能和表面张力,容易吸附外来原子,也容易被外部介质所腐蚀。

(2)晶界、亚晶界

晶体结构相同但位相不同的晶粒之间的界面称为晶界。当相邻晶粒的位相差小于

10°时,称为小角度晶界;位相差大于10°时,称为大角度晶界。在实际晶体内,每个晶粒内的原子排列并不齐整,往往能够观察到由直径10~100 μm的晶块,且彼此间存在着不大的位相差,这些晶块之间的内界面简称亚晶界。

（3）相界

具有不同晶体结构的两相之间的分界面称为相界。相界的结构分为共格界面、半共格界面和非共格界面。相界对材料性能产生的影响与晶界相似。

在常温下,由于晶界上存在晶格畸变,因而界面对金属材料的塑性变形会起阻碍作用,在宏观上表现为晶界较晶粒内部具有较高的强度和硬度。显然,晶粒越细,金属材料的强度、硬度也越高。此外,由于界面能的存在,使晶界的熔点低于晶粒内部,晶界处于晶体表面时也极易与外界介质发生反应,产生氧化和腐蚀。晶界上的空位、位错等缺陷较多,因此原子扩散速度较快,在发生相变时新相晶核首先在晶界形成。

1.2　表面能与表面张力

1.2.1　表面能

严格地说,表面能是指表面所具有的内能。内能的含义是很广泛的,既包括原子的动能,又包括原子间的位能以及原子中原子核及电子的动能与势能等。表面能的大小与晶体类型有关,随结合键能的增加而增加。任一金属都有一定的结合键能,金属的许多性能都与给合键能有关。对于过渡族金属结合键能越强,则弹性模数越高,金属的变形越困难。而且,结合键能越高,金属的熔点也越高。

结合键能的大小对研究材料摩擦磨损非常重要,当两种不同的材料相互接触,作用的表面发生黏着和断裂时,断裂处往往不是在黏着接点,而是在两种材料中键合力较弱材料的一方。因此,根据结合键能可以预计断开一个黏着接点所需的能量。表1.4列出了绝对温度为0 K时某些金属的结合键能。

金属的表面是各向异性的,它的表面能与表面层中原子的配位数有关。表面原子的配位数比基体中原子的配位数少,也就是说,表面原子少了在表面上层原子对它的束缚,使表面原子结合键能下降,内能升高,同时引起表面熵的变化。那么,表面能就是关于材料与表面取向的函数,可表示为

$$U_{表} = U_{内} - TS$$

式中,$U_{内}$为表面内能;S为表面熵;T为热力学温度。

晶体表面原子键合情况的改变是表面能的起因。这种影响一般只涉及几个原子层,但它们的能量将比规则排列的晶体内部高,这几层能量高的原子层称为表面。因此表面自由能也可定义为:晶体表面的单位面积自由能的增加,表面能的单位是 J/m²。

表面能越小意味着使表面分开所需的能量越小。由于晶体各个晶面的原子排列密度各不相同,因而各个晶面的表面能也不相同,密排面的表面能较小(因为层面间距较大)。表面能越低的面,其摩擦也将越小。金属的表面能可通过实验测定,表1.5为几

表1.4 元素的结合键能

1	2	3	4	5	6	7	8	9	10	11	12	13	14	15	16	17	18
Li 1.65 / 38.0	Be 3.33 / 76.9											B 5.81 / 134.	C 7.36 / 170.	N (114)	O (160)	F (20)	Ne (0.50)
Na 1.13 / 26.0	Mg 1.53 / 35.3											Al 3.34 / 76.9	Si 4.64 / 107	P (79.2)	S 2.86 / 66.1	Cl (32.2)	Ar 0.080 / 1.85
K 0.941 / 21.7	Ca 1.825 / 42.1	Sc 3.93 / 90.6	Ti 4.855 / 112.0	V 5.30 / 122.	Cr 4.10 / 94.5	Mn 2.98 / 68.7	Fe 4.29 / 98.9	Co 4.387 / 101.2	Ni 4.435 / 102.3	Cu 3.50 / 80.8	Zn 1.35 / 31.1	Ga 2.78 / 64.2	Ge 3.87 / 89.3	As 3.0 / 69.	Se 2.13 / 49.2	Br 1.22 / 28.2	Kr 0.116 / 2.67
Rb 0.858 / 19.8	Sr (39.1)	Y 4.387 / 101.1	Zr 6.316 / 145.7	Nb 7.47 / 172.	Mo 6.810 / 157.1	Tc	Ru 6.615 / 152.6	Rh 5.752 / 132.7	Pd 3.936 / 90.8	Ag 2.96 / 68.3	Cd 1.160 / 26.76	In 2.6 / 59	Sn 3.12 / 71.9	Sb 2.7 / 62	Te 2.0 / 46	I (25.6)	Xe (3.57)
Cs 0.827 / 19.1	Ba 1.86 / (42.8)	La 4.491 / 103.6	Hf 6.35 / 146.	Ta 8.089 / 186.6	W 8.66 / 200.	Re 8.10 / 187.	Os (187)	Ir 6.93 / 160.	Pt 5.852 / 135.0	Au 3.78 / 87.3	Hg (0.694) / (16.0)	Tl 1.87 / 43.2	Pb 2.04 / 47.0	Bi 2.15 / 49.6	Po (34.5)	At	Rn
Fr	Ra	Ac															

Ce	Pr	Nd	Pm	Sm	Eu	Gd	Tb	Dy	Ho	Er	Tm	Yb	Lu
4.77 / 110	3.9 / 89	3.35 / 77.2		2.11 / 48.6	1.80 / 41.5	4.14 / 95.4	4.1 / 94	3.1 / 71	3.0 / 70	3.3 / 77	2.6 / 59	1.6 / 36	(4.4) / (102)
Th	Pa	U	Np	Pu	Am	Cm	Bk	Cf	Es	Fm	Md		Lw
5.926 / 136.7	5.46 / 126	5.405 / 124.7	4.55 / 105	4.0 / 92	2.6 / 6.0								

注：圆括号中的值为 298.15 K 或格点所求得的结合键能

元素 Fe	电子伏特／原子 (eV/atom)
4.29	
98.9	千卡／摩尔 (kcal/mol)

种纯金属的表面能和晶界能。

表 1.5　几种纯金属的表面能和晶界能

金属	表面能/(J·m^{-2})	晶界能/(J·m^{-2})
铝	1.1±0.2	0.60
金	1.4±0.1	0.40
铜	1.75±0.1	0.53
铁(bcc)	2.1±0.3	0.80
铁(fcc)	2.2±1.3	0.79
铂	2.1±0.3	0.78
钨	2.8±0.4	1.07

1.2.2　表面张力

由于物质分子与分子间存在相互吸引力,位于表面层的分子和它的内部分子所处的情况是不同的。任何液体表面都具有倾向收缩的特性,其表现是小液滴趋向于球形,如小水银珠和荷叶上的水珠,以及液膜自动收缩等现象。这些现象正是表面张力和表面自由能作用的结果。图 1.16 为分子在液体内部和表面所受引力场不同的示意图。由于处于表面上的原子或分子受到一个净的(正值)向内的(指向本体相)垂直于表面的吸引力,该吸引力作用的结果是沿表面产生了横向的作用力,使得液体表面自动收缩,这个作用力即表面张力。液体的表面张力和表面自由能分别是用力学和热力学的方法研究液体表面现象时采用的物理量,两者有相同的量纲,采用相应的单位时(如分别用 mN/m 和 mJ/m^2)数值相同。所以,表面能也可用单位长度的表面张力(N/m)来表示。表面张力作用在表面上,平行于表面,且力图使表面缩小。

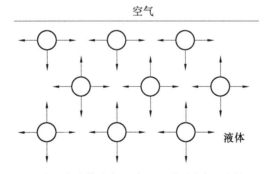

图 1.16　分子在液体内部和表面所受引力场不同的示意图

表面张力和表面自由能是分子间作用力的集中表现,随物质组成及状态不同,产生表面张力和表面自由能的本质也不同,各种作用力中化学键与金属键的强度较大,这些键常对固体的表面能做出贡献,故固体的表面能相对较高,一般在几百到一千多毫牛/米的范围。对于常见液体主要是物理的相互作用,即范德瓦耳斯力。已知最低的液体表面张力值是温度为 1 K 时液氦的表面张力 0.37 mN/m,最高值是铁在它的熔点时的表面张力 1 880 mN/m。

金属的表面张力随其结合键能的增加而增加,因此,高熔点金属的表面张力比低熔点金属的表面张力大。

1.3　金属表面的化学性质

由于固体表面具有一定的表面张力,且在加工成型过程中形成的许多晶格缺陷使表面的原子处于不稳定状态,空气中的 O_2,N_2,CO_2 等气体的自由分子与金属表面发生作用能形成各种各样的膜。清洁的金属表面与环境发生的相互作用主要有,物理吸附、化学吸附及氧化吸附,如图 1.17 所示。

1.3.1　物理吸附

物理吸附也称范德瓦耳斯吸附,它是由吸附质和吸附剂分子间作用力引起的,此力也称为范德瓦耳斯力。吸附剂表面的分子由于作用力没有平衡而保留有自由的力场来吸引吸附质,由于它是分子间的吸力所引起的吸附,所以结合力较弱,吸附热较小,吸附和解吸速度也都较快。被吸附物质也较容易解吸出来,所以物理吸附是可逆的。图 1.17(a)为双原子分子,如 O_2 吸附于表面。这种吸附的吸附能较弱,对温度很敏感,热量可使分子脱吸。一般认为,吸附能量小于 10^4 J/mol 时,称为物理吸附,若吸附能量超过 10^4 J/mol 时,则称为化学吸附。

1.3.2　化学吸附

与物理吸附不同,化学吸附时吸附分子与固体表面原子(或分子)之间发生电子的转移、交换或共有,形成吸附化学键。如图 1.17(b),吸附膜与固体表面的结合力很强。化学吸附膜要比物理吸附膜稳定得多,并且是不可逆的,吸附层能在较高温度下保持稳定。化学吸附一般是在中等载荷、中等滑动速度及中等温度下形成的,化学吸附于固体表面的强弱与其将吸附于上的固体表面和被吸附的物质特性有关,如氧可以很强烈地吸附于铁或钛,但吸附于铜、银等贵金属却很弱。化学吸附的另一特点是仅发生单分子层吸附,例如,在固体铁的表面一旦吸附一层氧,这层氧不会长期停留在它开始吸附的位置上,而是在表面发生氧原子和铁原子的重新排列——铁与氧交换位置直到表面能量达到最低状态时,交换终止。这称之为再组建的化学吸附,如图 1.17(c)所示。

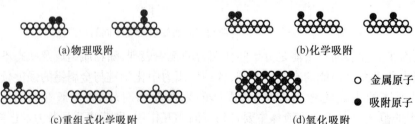

(a)物理吸附　　　　　　　　　(b)化学吸附

(c)重组式化学吸附　　　　　　(d)氧化吸附

○ 金属原子
● 吸附原子

图 1.17　物理与化学吸附及氧化吸附

1.3.3 氧 化

金属表面(除金和铂外)通常都吸附氧,若环境中氧的浓度足够高或温度足够高,则在金属表面发生氧化,即化学吸附的氧开始与金属表面反应形成金属氧化物。金属氧化时,通常经历物理吸附、分解和化合三个步骤,即氧首先被吸附在金属表面上,同时氧分子分解成离子,然后氧离子与金属分解后的金属离子化合形成氧化膜,如图1.17(d)所示。表面氧化物是化合物,其晶体结构不同于原金属基体结构。

金属表面在加工过程中,新生表面一旦暴露,则很快就与大气中的氧起化学反应而形成金属氧化膜。金属表面氧化膜的存在有利于防止金属表面与外界直接接触,如铁表面在不同温度下可形成不同氧化膜,如图1.18所示。其中 Fe_3O_4(磁铁体)和 FeO(方铁体)有利于减少磨损,而 Fe_2O_3(赤铁体)则起磨粒作用,使磨损增大。薄的氧化膜强度较高,有利于阻止表面间发生黏着。随着氧化膜厚度的增加,膜的强度下降,在摩擦力作用下容易脱落形成磨粒,增加磨损。据资料介绍,铜的表面氧化膜的构造为 $CuO/Cu_2O_2/Cu$;铬钢表面氧化膜的构造为 $Fe_2O_3/Fe_3O_4/FeO$,$Cr_2O_3/Fe+Cr_2O_3/Fe+Cr$。

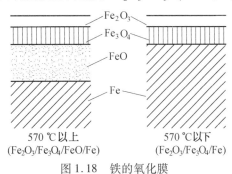

$$Fe_2O_3$$
$$Fe_3O_4$$
$$FeO$$
$$Fe$$

570 ℃以上
($Fe_2O_3/Fe_3O_4/FeO/Fe$)

570 ℃以下
($Fe_2O_3/Fe_3O_4/Fe$)

图 1.18 铁的氧化膜

1.4 金属表层的组成

在实际生产中,完全洁净的金属表面是不存在的。在自然条件下,金属表面都会存在自然污染膜,这里的自然污染膜是指金属表面自然形成的表面覆盖膜,如水、氧化膜或其他异物。前已叙述,经机加工(车、铣、刨、磨等)的金属表面都有一定的粗糙度,即具有程度不同的擦伤沟槽。从微观来看,金属表面是凹凸不平的微凸体,而且由于表面的不稳定性,往往与环境发生相互作用,形成氧化层或化学反应膜。为了描述实际金属的表层结构,Schmaltz 在 1936 年提出金属表层分为"外表面层"和"内表面层"。外表层包括脏污层、吸附层(由水分子、氧分子或有机物分子组成)、氧化层。内表面层是切削加工造成的加工硬化层。实际金属表层横切面组成的示意图如图 1.19 所示,大致可分为五个组成部分:

①普通脏污层——油污或灰尘等。

②吸附层——大气中的液体或气体分子吸附膜。

③氧化层——金属表面与空气中的氧形成的氧化物层,其厚度取决于已氧化的基

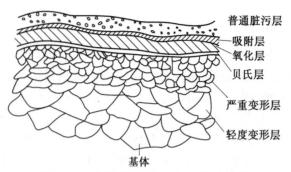

图 1.19　金属表层横切面组成的示意图

体金属的性质和环境。

④贝氏层——由于机加工中表面熔化和表面分子层的流动而产生的微晶层。

⑤变形层——由于机加工而形成的变质层,其变形层的强烈程度取决机加工时的变形功和金属本身的性质。

1.5　接触表面间的相互作用

零件的摩擦、磨损与润滑都是从表面开始的,因此研究固体表面的接触是研究摩擦磨损、解决摩擦学各种问题的基础。如果不了解两个固体表面接触时的情形,就无法去深入研究摩擦和磨损的实质。

1.5.1　固体表面的接触过程

当经加工后的金属材料表面在载荷作用下相互接触时,由于表面粗糙度的存在,最先接触的是第一个表面的微凸体高度和对应的第二个表面微凸体高度二者之和为最大值的部位。随着载荷的增加,其他较高的成对的微凸体也相应地逐渐发生接触。在载荷的作用下,金属材料存在三种变形形式:弹性变形、弹-塑性变形和塑性变形。在每一对微凸体开始接触时,发生弹性变形,然后,当载荷超过某一临界值时,则发生塑性变形。在大多数接触状况下,金属表面是处于弹塑性变形状态,图 1.20 为固体表面接触变形示意图。由于微凸体的高度不一,所以每一时刻同一表面不同高度的微凸体变形程度也不同。成对最高的微凸体变形最大,高度较小的成对微凸体也可能不发生接触,而界于以上两者之间的较高的微凸体依高度不同则发生程度不同的变形。

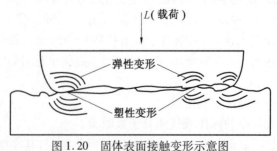

图 1.20　固体表面接触变形示意图

1.5.2 接触表面间的相互作用

当两个表面相互接触时,一种表面间相互作用的形式是在接触区的某些部位发生黏着。这是因为即使经过精密加工的表面,从微观上看仍是凹凸不平的,所以两表面相互接触时,实际上只在少数较高的微凸体上产生接触。由于实际接触面积很小而接触点上的应力很大,因此,在接触点上发生塑性流动、黏着或冷焊,这种接触点称为接点,也称为黏着点或结点。对于产生黏着的微观机制目前还没有统一的见解,一般认为与两接触表面间分子的相互作用有关,因此这种接触表面间的相互作用也称为分子相互作用。

马克平(Макпин)根据两金属间的焊合性将摩擦副分为三类。

(1)完全焊合性:Pb—Cu,Zn—Cu,Zn—Zr,Cd—Cu,Al—Ag,Al—Cu,Cu—Fe,Mg—Cd,Mg—Al,Mg—Cu,Mg—Ti,Cd—Al,Cd—Ti

(2)部分焊合性:Cu—Ag,Bi—Cu,Zn—Fe,Pt—Ti,Zn—Ti,Zn—Ag,Cd—Fe,Al—Fe,Al—Ti,Ag—Cu,Fe—Ti,Fe—Zr,Bt—Fe,Ag—Ti,Pt—Al,Zn—Al,Mn—Al,Al—Zr,Al—Ni,Bi—Ti

(3)有限焊合性:Ag—Zr,Pt—Fe,Ag—Fe,Mg—Fe,Cd—Zr

另一种表面相互作用力方式称为机械相互作用,此时材料不发生黏着而是产生一定的变形和位移,以适应相对运动。图1.21为微凸体互嵌的情形,微凸体材料如不产生变形,表面 A 和 B 就不能作相对运动。若相接触的材料 A 比 B 硬,则较硬的 A 表面微凸体会嵌入较软的 B 表面中,较软的材料表面微凸体被压扁和改变形状。图1.22为宏观位移示意图,是硬材料 A 压入软材料 B 的情形,为了产生相对运动,材料 B 的一部分产生位移。

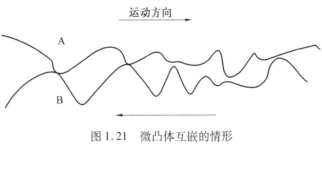

图1.21 微凸体互嵌的情形

图1.22 宏观位移示意图

1.6　接触面积

1.6.1　接触面积

前面已经讲述,经机械加工的金属表面不可能是理想的光滑表面,因此当两个表面相互接触时,只是某些微凸体相互接触,而不是整个固体表面的接触,即其接触部分具有不连续性和不均匀性。图 1.23 所示为固体表面的三种接触面积,三种接触面积如下:

(1) 名义(或几何)接触面积(A_n)

名义接触面积即接触表面的宏观面积,它是由接触固体的外部尺寸决定的,以 A_n 表示;$A_n = ab$。A_n 与所加载荷没有任何关系。

(2) 轮廓接触面积(A_p)

轮廓接触面积即物体的接触表面被压扁部分所形成的面积,图 1.23 中小圈范围内面积的总和,以 A_p 表示。A_p 的大小与表面承受的载荷有关。

(3) 实际接触面积(A_r)

它是两物体实际接触部分微小面积的总和,图 1.23 中小圈内的黑点表示的各接触点面积的总和,以 A_r 表示。两个固体表面接触时,由于表面凹凸不平,实际接触面积仅为名义接触面积的很少一部分,一般为 0.01% ~ 0.1%,而轮廓接触面积一般为名义接触面积的 5% ~ 15%。

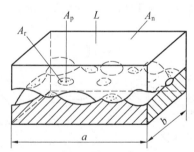

图 1.23　固体表面的三种接触面积

实际接触面积与所加载荷的关系,阿查德(Archard)认为在弹性接触的情况下可表示为

$$A_r = KL^m \tag{1.6}$$

式中,K 为与材料弹性性质和假设的表面结构有关的一个系数;m 为依不同的表面接触模型而异;L 为总载荷。

图 1.24 为表面接触模型(弹性接触),表面接触的形式越复杂,实际接触面积与载荷越接近线性关系。

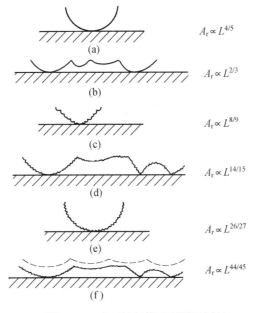

图 1.24 表面接触模型(弹性接触)

1.6.2 实际接触面积与载荷的关系

1.微凸体等高的情况

图 1.25 为光滑表面与理想粗糙表面的接触。一般情况下,工程表面都是粗糙的,为了简化这种粗糙表面的接触,假设粗糙表面上的微凸体是半径为 R 的球面弓形体,并假设一个微凸体上由载荷产生的位移并不影响相邻微凸体的高度,这些微凸体相对于某一基准平面 xx 具有相同的高度 z。当有一单位名义面积的光滑平面在载荷作用下接近微凸体时,可以看出法向接近量将为 $(z-d)$,这里 d 为光滑表面和基准平面之间的距离。显然,各个微凸体发生相同的变形并承受相同的载荷 L,因此,当单位面积上有 n 个微凸体时,总载荷 L 将等于 nL。

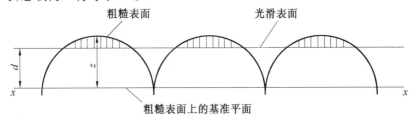

图 1.25 光滑表面与理想粗糙表面的接触

(1)弹性接触

弹性接触时,假设单位面积上有 n 个微凸体,粗糙表面所支承的均匀分布的总载荷为 nL_i。对于每个微凸体而言,载荷 L_i 和接触面积 A_i 可由赫兹理论求得。

微凸体的接触半径

$$a = \sqrt{R^2 - (R-\delta)^2} = \sqrt{2R\delta - \delta^2} \approx \sqrt{2R\delta} \tag{1.7}$$

名义接触面积

$$A_n = \pi a^2 \approx 2\pi R\delta$$

其中,δ 为法向接近量

$$\delta = (z - d)$$

实际接触面积

$$A_i \approx 1/2 A_n = \pi R\delta \qquad (1.8)$$

每个微凸体的载荷

$$L_i = \frac{4}{3} E R^{\frac{1}{2}} \delta^{\frac{3}{2}} \qquad (1.9)$$

把 $\delta = (z - d)$ 代入式(1.8)和式(1.9)得

$$A_i = \pi R\delta = \pi R(z - d) \qquad (1.10)$$

$$L_i = \frac{4}{3} E R^{\frac{1}{2}} (z - d)^{\frac{3}{2}} \qquad (1.11)$$

总载荷 L 和总实际接触面积 A_r 可由下式得出

$$L_i = \frac{4}{3} E R^{\frac{1}{2}} \left(\frac{Ai}{\pi R} \right)^{\frac{3}{2}} \qquad (1.12)$$

$$A_r = nA_i \qquad (1.13)$$

故

$$L = \frac{4E}{3R\pi^{\frac{3}{2}} n^{\frac{1}{2}}} A_r^{\frac{3}{2}} \qquad (1.14)$$

即

$$A_r \propto L^{\frac{2}{3}} \qquad (1.15)$$

此结果表明,当弹性变形时,实际接触面积与载荷的 2/3 次方成正比,这与图 1.24(b)的结果相同。

(2)塑性接触

如果载荷使微凸体在一恒定的流动压力 p 下发生塑性变形,可假设材料作垂直向下位移而不作水平扩展,则实际接触面积 A_r 将等于名义接触面积 $2\pi R\delta$。因此,载荷可表示为

$$L = p \cdot 2\pi R\delta = p \cdot A_r \qquad (1.16)$$

此即表明实际接触面积与载荷成线性关系。

2. 微凸体不等高的情况

前面讲述的是根据理想微凸体分布得到的,但实际表面上的各个微凸体具有不同的高度,可用其峰高的概率分布来表示。因此,需要修改前面的模型,用概率的观点分析两表面接触过程中相接触的微凸体数量。图 1.26 为光滑表面与粗糙表面之间的接触。如果光滑表面与基准平面的间距为 d,则原来高度大于 d 的任何微凸体都将发生接触。设 $\varphi(z)$ 为微凸体峰高分布的概率密度,因此对于高度为 z 的微凸体,它发生接触的概率是

$$\varphi(z > d) = \int_d^\infty \varphi(z) \mathrm{d}z \qquad (1.17)$$

若单位面积上含有 n 个微凸体,则预计能发生接触的微凸体数量 N 为

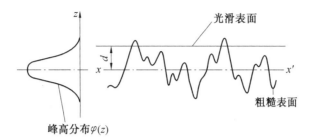

图 1.26 光滑表面与粗糙表面之间的接触

$$N = n \int_d^{\infty} \varphi(z)\,\mathrm{d}z \qquad (1.18)$$

由于任何微凸体的法向接近量为 $(z - d)$,因此总的实际接触面积和预期的载荷为

$$A_r = \pi n R \int_d^{\infty} (z - d)\varphi(z)\,\mathrm{d}z \qquad (1.19)$$

$$L = \frac{4}{3} n R^{\frac{1}{2}} E \int_d^{\infty} (z - d)^{\frac{3}{2}} \varphi(z)\,\mathrm{d}z \qquad (1.20)$$

用这些方程可以计算对应于任何给定高度分布的总实际接触面积、载荷和接触点的数量。

当微凸体的分布为指数型时,由这些公式可得出载荷与实际接触面积呈线性关系。

当微凸体发生塑性变形时,可将式(1.19)与式(1.20)改为

$$A_r = 2\pi n R \int_d^{\infty} (z - d)\varphi(z)\,\mathrm{d}z \qquad (1.21)$$

$$L = 2\pi n R p \int_d^{\infty} (z - d)\varphi(z)\,\mathrm{d}z \qquad (1.22)$$

将 A_r 与 L 比较,可得

$$L = pA_r$$
$$L \propto A_r \qquad (1.23)$$

可见,微凸体发生弹性变形的实际接触面积与载荷成正比,而且这个结果与高度分布 $\varphi(z)$ 完全无关。

综上所述,实际接触面积与载荷之间的关系不但取决于变形的形式,而且还取决于表面轮廓的分布。当微凸体发生塑性变形时,对于微凸体高度的任何分布,载荷与实际接触面积均呈正比关系。当微凸体为弹性变形时,仅在微凸体高度的分布接近于指数型的情况下,载荷与实际接触面积才具有正比关系。

对于金属表面间的接触,实际接触面积可表示为

$$A_r = \frac{L}{P_y} \qquad (1.24)$$

式中,P_y 是较软材料的屈服压强,它与表面的轮廓和弹性变形的类别(如挤压等)有关。在很多情况,P_y 可认为是较软材料的布氏硬度。由式(1.24)可以看出,施加载荷越大,实际接触面积越大;材料硬度越高,实际接触面积越小。

第2章 摩　擦

2.1　摩擦的定义及分类

2.1.1　摩擦的定义

两个相互接触的物体在外力作用下发生相对运动或具有相对运动的趋势时,在接触面间产生切向的运动阻力,这阻力称为摩擦力,这种现象称为摩擦。这种物体表面之间的摩擦只与接触表面间相互作用有关,而与物体内部状态无关,因此又称为外摩擦。液体或气体内部各部分之间因相对移动而产生的摩擦称为内摩擦。

人类从原始社会就已懂得"摩擦生热",这是人类对摩擦的最早应用,而摩擦也是自然界存在的一种普遍现象。这种事物具有两重性,既有有害的一面,又有有益的一面。在大多数情况下,摩擦是有害的,首先,它能造成大量的能量损耗,据统计,世界上的能源的 $1/3 \sim 1/2$ 以各种形式消耗于摩擦。其次摩擦使相对运动的机器零件产生磨损,影响机器的精度、寿命,破坏机器的正常运转等。但摩擦也有有益的一面,例如工程中的摩擦轮传动、皮带轮传动,各种车辆和飞机的制动器、驱动轮、汽车轮胎上的花纹等,都是利用摩擦为人类服务的例子。

2.1.2　摩擦的分类

摩擦的类别很多,可以按照不同的摩擦方式进行分类。

1. 按摩擦副的运动状态分类

(1)静摩擦

一个物体沿另一个物体表面有相对运动的趋势时产生的摩擦称为静摩擦,这种摩擦力称为静摩擦力。静摩擦力随作用于物体上的外力变化而变化,当外力大到克服了最大静摩擦力时,物体才开始宏观运动。

(2)动摩擦

一个物体沿另一个物体表面有宏观相对运动时产生的摩擦称为动摩擦,其阻碍物体运动的切向力称为动摩擦力。对于金属而言,动摩擦力通常小于静摩擦力。

2. 按摩擦副的运动形式分类

(1)滑动摩擦

物体接触表面相对滑动(或具有相对运动趋势)时的摩擦,称为滑动摩擦。

(2)滚动摩擦

物体在力矩作用下沿另一物体表面滚动时接触表面的摩擦,称为滚动摩擦。

3.按摩擦副表面的润滑状况分类

（1）纯净摩擦

摩擦表面没有任何吸附膜或化合物存在时的摩擦称为纯净摩擦,这种摩擦只有在接触表面产生塑性变形(表面膜破坏)或在真空中摩擦时才发生。

（2）干摩擦

在大气条件下,摩擦表面间名义上没有润滑剂存在时的摩擦称为干摩擦,其特点是摩擦力大,表面破坏严重。

（3）流体摩擦

相对运动的两物体表面完全被流体隔开时的摩擦,流体可以是液体、气体或熔化的其他材料。当流体为液体时称为液体摩擦,为气体时称为气体摩擦。流体摩擦时,摩擦发生在流体内部,是流体和黏滞阻力引起的内摩擦。

（4）边界摩擦

两接触表面间有一层松弛的润滑膜存在时的摩擦,这层膜称边界膜,其厚度大约为0.01 μm 或更薄。这种摩擦使得两接触表面间处于干摩擦与流体摩擦的边界状态。

（5）混合摩擦

这种类型的摩擦只属于过渡状态的摩擦,如半干摩擦和半流体摩擦。半干摩擦是指接触面上同时有边界摩擦和干摩擦的情况;半流体摩擦是指同时有流体摩擦和边界摩擦的情况。

另外,现代机器设备中的摩擦副,不少是处于高速、高温、低温、真空、幅射等特殊环境条件下工作,其摩擦、磨损状况也各具特点。因此,又可将摩擦分为正常工况条件下的摩擦和特殊工况条件下的摩擦。

2.2 古典摩擦定律

固体摩擦最早的研究始于 15 世纪意大利的文艺复兴时期,1508 年意大利科学家达·芬奇(Leonardo da Vinci,1452～1519)首先提出,摩擦力与物体的重量成正比,而与法向接触面积无关。1699 年法国科学家阿蒙顿(Amontons,1663～1705)进行了摩擦试验,证明了达·芬奇的结论并建立了摩擦的基本公式。随后在 1785 年法国科学家库仑(C. A. Coulomb,1736～1806)在相同试验的基础上,建立了摩擦的基本公式,提出了第三和第四摩擦定律,完成了今天的阿蒙顿–库仑(Amontons-Coulomb)摩擦定律,即古典摩擦定律,其主要内容如下:

①摩擦力只与作用于接触表面间的法向载荷成正比,即

$$F = fL \tag{2.1}$$

式中,F 为摩擦力;L 为法向载荷;f 为摩擦系数。

式(2.1)通常称为库仑定律,也是摩擦系数的定义。

②摩擦力的大小与名义接触面积大小无关。

③静摩擦力大于动摩擦力,即静摩擦系数大于动摩擦系数。

④摩擦力的大小与滑动速度无关。

上述古典摩擦定律的确定,在摩擦理论和摩擦技术上具有划时代的意义。几百年来,它被认为是合理的,并广泛地应用于工程实际中。但是,近代对摩擦的深入研究表明,上述定律与实际情况有许多不相符的地方。

第一条定律是当法向压力不大时,对于普通材料摩擦力与法向载荷成正比,即摩擦系数为常数。但实际上,摩擦系数不仅与摩擦副的材料性质有关,而且与其他许多因素有关,如表面温度、光洁度和表面污染情况等。因此,摩擦系数实际上是与材料和环境有关的一个综合特性系数,而不会是常数。当压力较大时,对于某些极硬材料(如钻石)或很软材料(如聚四氯乙烯)摩擦力与法向载荷不呈线性比例关系。

第二条定律仅对于具有屈服极限的材料(如金属材料)才能成立,而对于弹性材料(如橡胶)或黏弹性材料(如某些聚合物),摩擦力与名义接触面积的大小则存在某种关系。对于很洁净、很光滑的表面,或承受载荷很大时,由于在接触面间出现强烈的分子引力,这时摩擦力与名义接触面积成正比。

第三条定律不适用于黏弹性材料。

第四条定律几乎不适用于任何材料,尤其是黏弹性材料。

上面是对古典摩擦定律的简单评述,在实际工况中影响摩擦状况的因素很多。虽然现已有很多实验证实古典摩擦定律并不完全正确,但至今还没有总结出很好的可被普遍接受的摩擦定律,因此在工程实际中仍可近似地应用。

2.3 滑动摩擦

只要两物体接触表面间发生滑动或有相对滑动的倾向,就会产生滑动摩擦。从15世纪达·芬奇开始研究摩擦以来,经过500多年许多科学家的不断努力,对摩擦现象及其机理的研究有了很大的发展,提出各种各样的理论来解释摩擦的现象和本质,但至今尚未形成统一的认识。本节在简要介绍几种主要的摩擦理论的同时,还将讨论影响滑动摩擦的主要因素。

2.3.1 滑动摩擦理论

1.机械啮合理论(凹凸说)

此理论由阿蒙顿和迪拉希尔于1699年提出,在18世纪以前,许多研究者都认为摩擦表面上是凹凸不平的,当两个凹凸不平的表面接触时,凹凸部分彼此交错啮合,要使其彼此滑动,就必须顺着其凸起部反复抬起来或把凸起部破坏掉。所有这些啮合点的切向阻力的总和就是摩擦力。而摩擦系数为粗糙斜角 θ 的正切,即 $\mu=\tan\theta$。表面越粗糙,摩擦系数越大。

用此理论可解释一般情况下粗糙表面比光滑表面的摩擦力大这一现象,但当表面粗糙度达到使表面分子吸引力有效发生作用时(如超精加工表面),摩擦力反而增大了。例如,1919年哈迪(Hardy)对经过研磨达到凸透镜程度的光滑表面和加工粗糙的表面进行对比摩擦试验,发现经充分研磨的表面摩擦力反而大,而且擦伤痕迹宽,表面破坏严重,这时此"机械啮合理论"就不适用了。

2. 分子理论(分子说)

早在 1734 年,在凹凸说占统治地位时,英国物理学家德萨古里埃(J. T. Desaguliers,1683 ~ 1744)就在其著作《实验物理学教程》中提出产生摩擦的主要原因,在于两摩擦表面间的分子引力的相互作用,主张接触面越光滑,表面分子间作用力越大,摩擦力就越大。1929 年 G. A. 汤姆林逊(Tomlinson)提出了摩擦的分子理论,他根据晶体晶格内原子间作用力的性质,推导出摩擦系数与实际接触面积成正比,与法向载荷的立方根成反比。

汤姆林逊的假说是,在平衡状态时,固体原子间的排斥力和内聚力相中和。但是,当两物体接触时,一个物体内的原子可能和第二个物体的原子足够靠近以至于进入斥力场中。在此情况下,两表面分开就会造成能量的损失,并以摩擦阻力的形式出现。

捷里亚金根据分子理论,将分子力和外力当作摩擦表面相互作用的力,得出

$$F = f(L + A_r p_分) \tag{2.2}$$

式中,F 为摩擦力;L 为法向载荷;f 为摩擦系数;A_r 为实际接触面积;$p_分$ 为单位实际接触面积上的分子力。

3. 分子 - 机械摩擦理论

1939 年苏联学者克拉盖尔斯基(И. В. Кргельский)提出了分子 - 机械摩擦理论,他认为摩擦力不仅取决于两个接触面间分子的相互作用力,而且还取决于因粗糙面微凸体的犁沟作用引起的接触体形貌的畸变(可逆的或不可逆的)。分子间的相互作用发生在可触及到固体表层几百微米的深度;机械相互作用的过程发生在固体本身厚度为几十微米或更厚的各层中。由于这两个过程发生的部位不同,因此根据该理论,摩擦力等于接触表面上的分子阻力和机械阻力之和,即

$$F = F_分 + F_机 \tag{2.3}$$

式中,F 为总摩擦力;$F_分$ 为摩擦力的分子分量;$F_机$ 为摩擦力的机械分量。

分子分量和机械分量所占的比率取决于载荷、表面粗糙度和波纹度、材料的机械性能、摩擦副的分子特性以及接触条件。它们的比值可在很大范围内变化,当表面粗糙度提高或载荷增大时,机械分量增大;流变性能表现得越突出,则机械分量越大;对于十分光滑的表面,其变形分量很小,机械分量可以忽略不计。

克拉盖尔斯基具体分析了在切向移动时接触点在机械作用或分子作用下而破坏,图 2.1 为摩擦结点破坏的五种形式(也称结点的破坏)。其中上面的微凸体硬度高于下面。前三种形式主要是由于机械作用所致,后两种则主要是分子间作用的结果。

如图 2.1(a)所示,第一种摩擦结点破坏形式是在切向移动时,表面微凸体压入深度较大时,表面材料发生迁移而产生犁沟擦伤;若表面微凸体压入深度较小时,则下面材料部分地发生弹性回复和轻度塑性挤压,如图 2.1(b)所示;若表面微凸体压入深度更小时,则下表面只产生弹性挤压,如图 2.1(c)所示。这三种破坏形式中,结点的破坏均发生在表面。如果分子相互作用部分形成比基体金属的强度低的连接,则产生一般

的黏附膜破坏,如图2.1(d)所示;如果分子相互作用部分形成比基体金属强度更高的连接,此时固体切向移动力大于这种分子间的连接强度,则连接就会被剪断或撕裂,如图2.1(e)所示,即基体材料被破坏,并引起材料转移。

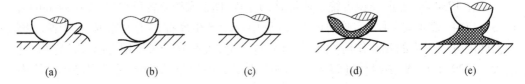

(a)　　　　　　(b)　　　　　　(c)　　　　　　(d)　　　　　　(e)

图2.1　摩擦结点破坏的五种形式

分子–机械摩擦理论既适用于干滑动摩擦,也适用于边界摩擦。

4.黏着摩擦理论

黏着摩擦理论是1942年鲍登(Bowden)和泰伯(Tabor)在系统实验基础上提出的,他们认为,两金属表面在摩擦过程中,会形成大于分子量级的金属接点,并在接点处发生剪切。此外,如果一个表面比另一个表面硬,则较硬表面的凸点会在较软表面上产生犁沟。因此,摩擦阻力可用两项之和来表示,其中一项代表剪切过程,另一项代表犁沟过程。

(1)简单黏着摩擦理论

任何零件经加工后表面都存在不同程度的粗糙度,当两金属表面相互接触时,仅有少数微凸体顶端发生接触,图2.2为两金属表面摩擦示意图。由于实际接触面积很小,微凸体上接触压力很大,足以引起塑性变形,接触点的这种塑性流动将导致接触面积增大,直到实际接触面积能支承载荷为止。这时金属表面塑性接触部位会出现牢固的黏着。

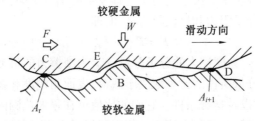

图2.2　两金属表面摩擦示意图

对于理想的弹–塑性材料,纯净金属表面法向载荷和表面微凸体塑性变形的实际接触面积 A_r 的关系可表示为

$$L = A_r \sigma_y \tag{2.4}$$

式中,L 为法向载荷;A_r 为实际接触面积;σ_y 为金属的屈服压力,约等于硬度值 H。

由于金属与金属的接触部分会发生牢固黏着,接点发生冷焊。设剪断黏着点单位面积上的力为 τ,剪切面积为 A_τ,则摩擦力可表示为

$$F = A_\tau \tau = \frac{L_\tau}{\sigma_y} \tau \tag{2.5}$$

摩擦系数 μ 为

$$\mu = \frac{F}{L} = \frac{\tau}{\sigma_y} \tag{2.6}$$

此式即为纯金属干摩擦时简单黏着摩擦理论的数学表达式。

简单黏着摩擦理论表明:摩擦力与名义接触面积无关;摩擦力与法向载荷成正比。这与古典摩擦定律的第一和第二条一致。

上面所述材料是理想弹 – 塑性材料,并忽略了加工硬化的影响。因此,τ 可等于临界剪切应力 τ_0,这里的 σ_y 与 τ_0 均为两种金属中的较软者,于是

$$\mu = \frac{\tau_0}{\sigma_y} \tag{2.7}$$

对于大多数金属来说,$\frac{\tau_0}{\sigma_y}$ 的值相差不多,这也正是为什么大多数金属的机械性能如硬度变化很大而彼此间摩擦系数却相差不大的原因。如两种硬的金属摩擦时,σ_y 大,A_r 小,τ_0 大;而对于两种软的金属摩擦时,σ_y 小,A_r 大,τ_0 小,所以大多数金属的摩擦系数相差不大。

试验表明,在大气条件下,对于大多数金属摩擦副来说,$\tau_0 \approx \frac{1}{5}\sigma_y$,于是按简单黏着摩擦理论得出 $f \approx 0.2$。事实上,许多金属摩擦副在空气中 $f > 0.5$,在真空中则更大,空气与真空中的摩擦系数见表 2.1。因此,必须对简单黏着理论进行修正。

表 2.1   空气与真空中的摩擦系数

金属摩擦副	摩擦系数	
	大气条件	真空条件(去除表面膜)
镍 – 钨	0.3	0.6
镍 – 镍	0.6	4.6
铜 – 铜	0.5	4.8
金 – 金	0.6	4.5

(2)修正的黏着摩擦理论

① 黏着接点长大。在静摩擦时,实际接触面积与载荷成正比,但在滑动时,由于切向力的作用,材料的屈服是由法向载荷产生的压应力 σ 和由切向载荷产生的切应力 τ 共同作用的结果。图 2.3 为黏着点增大现象,当切应力 τ 逐渐加大到 τ_y 时,黏着接点发生塑性流动,这种流动使得接触面积增大,产生接点增大现象,实际接触面积表示为

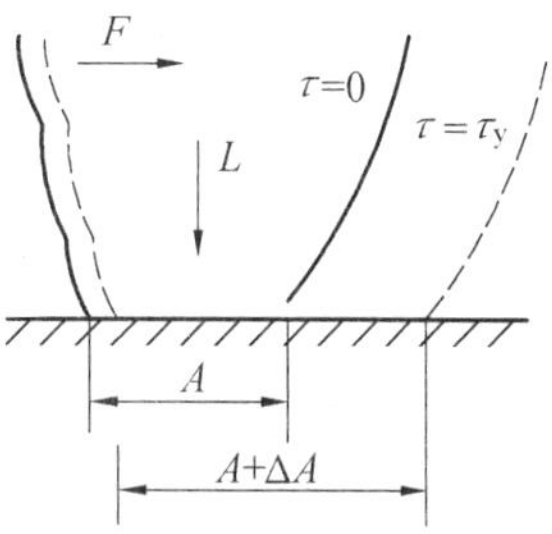

图 2.3   黏着点增大现象

$$A_r = A + \Delta A$$

式中,A 为简单黏着摩擦理论中的实际接触面积,即只有法向载荷作用下的实际接触面积;ΔA 为切应力作用下引起接触面积的增加量。

也就是说,在真空中洁净的表面摩擦时,由于切应力的作用,黏着接点发生塑性屈

服而增大,实际接触面积增加,因而摩擦系数变大。

② 污染膜的影响。在大气条件下,大多数金属摩擦副在滑动时,表面都被薄的氧化膜所覆盖。因而这样的金属摩擦副的摩擦实质上是氧化膜对氧化膜的摩擦,只有在氧化膜破坏后,才是金属对金属的直接摩擦。

当摩擦副表面有污染膜存在,且污染膜的剪切强度较低时,黏着接点的增长将不明显。当剪应力 τ 达到污染膜的剪切强度 τ_f 时,表面膜被剪断,摩擦副开始滑动。此时,摩擦系数表示为

$$\mu = \frac{\tau_f}{\sigma_y} \tag{2.8}$$

式中, τ_f 为界面污染膜的剪切强度; σ_y 为金属基体的屈服强度。

这和简单黏着摩擦理论所得的表达式一致,这是因为若界面的剪切强度较低,黏着接点面积没有明显增大,污染膜就被剪断了,实际接触面积只与法向载荷有关。

但在某些情况下,由于表面污染膜的破坏,金属与金属直接接触。这时界面的有效剪切强度介于较软金属表面的剪切强度与表面污染膜的剪切强度极限之间,故摩擦系数决定于金属对金属和金属对污染膜摩擦时实际接触面积所占的比例。

③ 犁沟效应。在鲍登提出的摩擦理论中,黏着接点的剪切力并非唯一的摩擦力,犁沟效应也是摩擦力的组成部分。犁沟效应是当硬金属粗糙表面在软金属表面上滑动时,硬金属上的微凸体可能压入软金属表面位之产生塑性变形,并划出一条沟槽。

图 2.4 为圆锥体在软金属表面滑动示意图。一个硬的金属圆锥在一较软金属表面上滑动所产生的犁沟。假设粗糙、硬表面上的微凸体都是半角为 θ 的圆锥形,载荷支承面积 A_1 与沟槽面积 A_2 分别为

$$A_1 = \frac{1}{8}\pi d^2$$

$$A_2 = \frac{1}{4}d^2\cot\theta$$

式中, d 为下表面与微凸体相交截面直径。

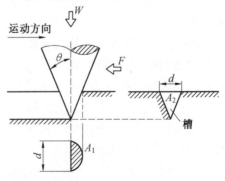

图 2.4　圆锥体在软金属表面滑动示意图

假设下表面的塑性屈服的金属是各向同性的,它的屈服极限为 σ_y ,根据

$$L = A_1\sigma_y, \quad F = A_2\sigma_y$$

式中，L 和 F 分别为载荷和摩擦阻力。

由犁沟引起的摩擦系数 μ_p 为

$$\mu_p = \frac{F}{L} = \frac{A_2}{A_1} = \frac{2}{\pi}\cot\theta \tag{2.9}$$

若半锥角为 $60°$，则 $\mu_p = 0.32$，半锥角为 $30°$ 时，$\mu_p = 1.1$。而实际中半锥角较大，一般为 $85°$ 左右。

如果微凸体是硬的、粗糙的球体沿软金属平面滑动，经过计算可得出犁沟摩擦系数 μ_p 为

$$\mu_p = \frac{F}{L} = \frac{4d}{3\pi D} \tag{2.10}$$

式中，D 为 2 倍的球半径。

实际上，在上述两种微凸体形状摩擦犁沟分量的计算中，忽略了在滑块前形成的材料堆积。图 2.5 为球形滑块在软金属表面的堆积。一球形滑块在法向力和切向力共同作用下，在犁沟前方材料被压皱和堆垛的情况。显然这使得沟槽面积 A_2 有很大增加。同时，计算中假设屈服的各向同性条件一般不能完全满足，因此应在式（2.9）式（2.10）的前面加一个修正系数 K_p。不同材料的修正系数 K_p 值见表 2.2。

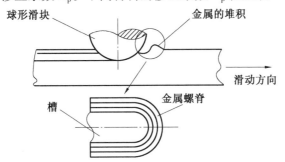

图 2.5 球形滑块在软金属表面的堆积

表 2.2 修正系数 K_p 值

材料	钨	钢	铁	铜	锡	铅
K_p	1.55	1.35 ~ 1.70	1.90	1.55	2.40	2.90

2.3.2 滑动摩擦的影响因素

1.摩擦副材料性质

当两个配对摩擦副属于同一金属或是非常类似的金属，或是两种有可能形成固溶合金的金属时，则摩擦较严重。例如，铜－铜摩擦副的摩擦系数可达 1.0 以上，铝－铁摩擦副的摩擦系数大于 0.8。而不同金属或低亲合力的金属组成的摩擦副摩擦系数则较低，如铁－银摩擦副的摩擦系数约为 0.3。

2. 粗糙度

图 2.6 为表面粗糙度与摩擦系数的关系。从图中可以看出，表面非常粗糙的金属表现出高的摩擦系数，这是因为在滑动过程中一个表面必须越过另一个表面的驼峰。然而表面非常平滑的金属摩擦系数更大，这是因为实际接触面积增大，表面间的分子相互作用加强。

3. 滑动速度和温度

当滑动速度不引起材料表面层性质变化时，摩擦系数几乎与滑动速度无关。然而在通常情况下，滑动速度会引起材料表面层一系列的变化，如发热、变形、化学变化等，从而影响摩擦系数。

克拉盖尔斯基等学者对各种材料在不同速度和不同压力范围进行的摩擦试验，得出滑动速度与摩擦系数的关系，如图 2.7 所示。从试验结果可以看出，摩擦系数随滑动速度的增加而达到一最大值，随后降低。并且随着表面刚度或载荷的增加，最大值的位置向坐标原点移动，如图 2.7 中曲线 2 和 3 所示。当载荷极小时，摩擦系数随滑动速度的增加而增大，在极大的载荷下，曲线只有下降部分，而没有极值的出现，如图 2.7 中曲线 1 和 4 所示。

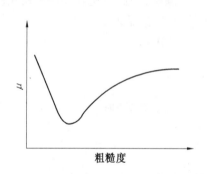

图 2.6　摩擦系数与表面粗糙度的关系

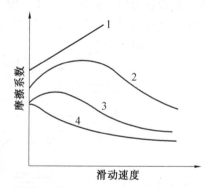

图 2.7　滑动速度与摩擦系数的关系

1—极小载荷;2,3—中等载荷;4—极大载荷

在低的滑动速度时，摩擦主要是由于接触区的局部黏着和剪切所引起的。摩擦阻力表现为表面发热，可以认为这种发热效应对总的摩擦机理不会有大的影响。但在很高的滑动速度下，金属表面产生极为强烈的摩擦热，它将从本质上改变滑动的表面状态，这时滑动速度的影响主要取决于温度状况。

温度升高时，两金属摩擦副的可焊性增加，强度降低，同时伴随有表面氧化。因此，高温下两金属摩擦副的摩擦特性取决于两金属的高温强度、可焊性以及所形成的表面膜。

对于大多数金属来说温度升高 100 ℃，摩擦系数仅降低百分之几。这种微弱的效应与前述的黏着理论是相符的，这是由于形成焊合的金属接点的接触面积取决于载荷和金属的屈服压力。大多数实验结果表明：随温度的升高，摩擦系数增加；当表面温度达到使材料软化时，摩擦系数将降低。

4.表面膜

金属的表面常覆盖有氧化膜、吸附气体膜及其他形式的污染膜。而摩擦过程中的表面变形和温度升高都促使表面膜的形成。这些表面膜的存在将对摩擦副的摩擦特性产生影响,而且会使摩擦系数发生变化。表 2.3 为钢－钢等摩擦副的表面膜对摩擦系数的影响。可以看出,表面存在各种薄膜时摩擦系数降低,这是因为摩擦主要发生在膜内,使金属摩擦表面不易发生黏着。而且由于一般情况下表面膜的剪切强度小于金属的剪切强度,因此摩擦系数较小。表面膜的减摩作用与润滑相似,在实际工作中常常在摩擦表面涂覆一层软金属(钢、镉、铅等),其目的是降低摩擦系数,减少材料的磨损。

表 2.3　表面膜对摩擦系数的影响

摩擦副	膜	摩擦系数	
		纯净表面	带膜表面
钢－钢	氧化膜	0.78	0.27
钢－钢	硫化膜	0.78	0.39
黄铜－黄铜	硫化膜	0.88	0.57
铜－铜	氧化膜	1.21	0.76
钢－钢	油膜	0.78	0.11
钢－钢	润滑油	0.78	0.32
钢－钢	硫化膜＋润滑油	0.78	0.19
钢－钢	氧化膜＋润滑油	0.78	0.16

表面膜的厚度对摩擦系数影响很大,图 2.8 为工具钢表面铟膜厚度与摩擦系数的关系。由图可知,摩擦系数有一极小值,相应于膜的厚度为 10^{-3} mm。当膜的厚度小于 10^{-3} mm 时,摩擦系数随膜厚增加而降低;当膜的厚度大于 10^{-3} mm 时,摩擦系数反而随膜厚增加而增大。

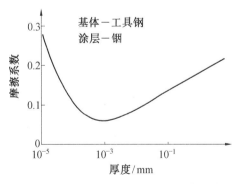

图 2.8　工具钢表面铟膜厚度与摩擦系数的关系

2.4　滚动摩擦

车轮与地面产生的摩擦就是滚动摩擦,影响滚动摩擦的因素有很多,所以研究滚动摩擦比研究滑动摩擦更为复杂。虽然人们很早就会利用滚动摩擦,但关于滚动摩擦的机理研究还不是很深入,本节将着重介绍滚动摩擦的基本概念和摩擦机理。

2.4.1　基本概念

如果一轮子沿固定平面滚动,当它滚过角度 φ 后,轮轴相对于平面移动了 R_φ,那么,这种运动称为无滑动的滚动,或称为纯滚动。滚动摩擦就是一个物体在另一物体表面上滚动时遇到的阻力。滚动摩擦可分为两类:一类是传递很大的切向力,如汽车驱动轮;另一类是传递很小的切向力,通常称为"自由滚动",如支承轮。

图2.9所示为沿平面滚动的物体,过 O_1 点而垂直于轮子滚动平面的轴称为瞬时旋转轴。实际上在滚动时,不是沿瞬时旋转轴线接触,而是沿一定的表面接触。如果轮子承受载荷为 L,其作用线为 OO_1,则为了使轮子作等速滚动,必须以某种方式对轮子施加旋转力矩。为此,对轮子只要加一 F_0 力而其作用线与瞬时旋转轴相距一段非零的距离即构成旋转力矩,这个力对 O_1 点的力矩称为驱动力矩,在数值上等于滚动阻力矩。

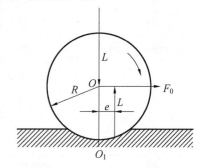

图2.9　沿平面滚动的物体

滚动摩擦系数 $\mu_滚$ 可定义为驱动力矩 M 与法向载荷 L 之比,即

$$\mu_滚 = \frac{M}{L} = \frac{F_0 R}{L} \tag{2.11}$$

由式(2.11)可以看出,滚动摩擦系数是一个具有长度因次的量纲,其常用单位是 mm。

此外,也存在一种无量纲的滚动摩擦系数,它在数值上等于滚动驱动力 F_0 在单位距离上所做的功与法向载荷之比。若一柱体滚过角度 φ,滚过的距离则为 R_φ,而驱动力做功为 $F_0 R_\varphi$,那么滚动摩擦系数为

$$\mu'_滚 = \frac{A_\mu}{L \Delta s} = \frac{F_0 R_\varphi}{L R_\varphi} = \frac{\mu_滚}{R} \tag{2.12}$$

2.4.2　滚动摩擦机理

滚动摩擦力一般比滑动摩擦力小,但滚动摩擦和滑动摩擦不同,在滚动摩擦中不存在界面间的犁沟及黏着接点的剪切。因此,滚动摩擦产生的原因不能用滑动摩擦的微观模型来解释。目前认为滚动摩擦机理主要有微观滑动、弹性滞后、塑性变形和黏着作用等。

1. 微观滑动

（1）雷诺滑移

1876 年雷诺（Reynolds）对滚动摩擦的性质做了详细研究,他认为,接触面积上存在有滑动摩擦力作用着的滑移区是引起滚动阻力的原因之一。许多学者经过研究指出,弹性模量不同的两个物体赫兹接触时,若发生一起自由滚动,每一物体受压变形程度不同,在两表面上引起的切向位移不相等,这就导致界面的微观滑移。

（2）希思柯特滑移

图 2.10 为希思柯特滑移。当一个球在槽型滚道内滚动时（如球轴承的滚珠沿滚道的运动）,与一个平面接触不同,其接触区域不在一平面内,接触面积为椭圆形。在这类接触中,球滚动时的瞬时转动中心并不是两物体的接触点 O,而是绕瞬时轴线 AA 转动。由于接触面积在垂直于滚动方向的平面内具有曲率,因此在接触区内各接触点与旋转轴线的距离不同,即各点的线速度不同,于是引起球上各接触点相对于槽发生滑移。由图可知存在三个滑移区:接触区中央部分,其滑移方向与滚动方向相反;两侧部分,其滑移方向与滚动方向相同。

这种滑移是由球和槽型滚道的结构特点引起的,当球和槽之间的几何形状贴合程度好时,接触区的滑移程度就显著,对摩擦的影响较大。

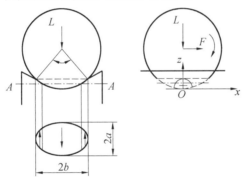

图 2.10　希思柯特滑移

（3）卡特 – 波利斯基 – 富波尔滑移

图 2.11 为滚动接触中的滑移区和未滑移区。尺寸、材料相同的两圆柱体相互滚动时,在滚动方向有切向牵引力。切向牵引力通过接触区传递,由于接触区内摩擦力的作用,两物体接触处的切向力方向必相反。这使主动轮 1 的表层进入接触区时受到压缩,而在离开接触区中点后受到拉伸;相反,从动轮 2 的表层在进入接触区时受到拉伸,而在接触区中点后受到压缩。这样两轮的表层便会产生不同情况的弹性变形,因此引起相对滑移。如果沿整个接触区都发生滑移,则接触界面上的总切向力就等于 μP（P 是单位长度上作用的压力）,两圆柱就要发生打滑。两物体相互滚动时,接触区分为滑动区和黏着区,在黏着区,两物体没有发生相对运动而是连接在一起;在滑动区,两物体之间有相对微观运动,但只占很小一部分,且滚动时黏着区不是位于接触区的中心,而是靠近接触面积的前沿,这一点很重要,因为这是滚动接触能传递机械功的原因。

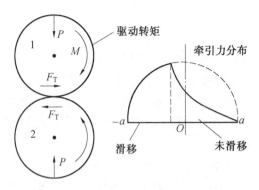

图 2.11　滚动接触中的滑移区和未滑移区

2. 弹性滞后

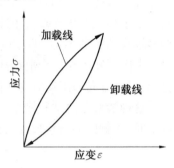

什么是弹性滞后? 当材料受力变形时,在弹性范围内,如果将应变量放大,常常发现加载线和卸载线不重合,加载线高于卸载线,即加载时用于变形的功大于卸载时材料放出的功,有一部分功被材料吸收,这种现象称为弹性滞后。加载线和卸载线所围成的封闭回线,称为弹性滞后回线。如图 2.12 为单应力下的弹性滞后回线。弹性滞后回线所包围的面积,表示材料在一次应力循环中以不可逆方式吸收的能量。由于应变常常落后于应力导致加载线与卸载线不重合。

图 2.12　单应力下的弹性滞后回线

1952 年泰伯提出滚动摩擦的弹性滞后理论,假定滚动阻力是由于滚动材料中的弹性滞后损耗造成的,即在滚动时物体变形的过程中,表面承受压缩及扭转二者的联合作用,弹性变形能在接触消除时大部分得到恢复,但是由于松弛效应的缘故,释放的能量比原先的能量要小,这个差别被看成滚动摩擦损耗。

泰伯认为,微观滑动对滚动摩擦阻力的影响较小,而弹性滞后损失是造成滚动摩擦阻力的主要原因。影响滚动摩擦系数的因素有很多,如滚动体的几何形状、作用载荷及两接触物体的弹性模量等。在接触区只发生弹性变形的情况下,弹性滞后损失与变形速率有关。在低速情况下,接触区后部的材料有充分的时间恢复变形,接触区的压力基本上是对称分布的,所以滚动摩擦阻力小;而在高速滚动下,滚动摩擦阻力增大。

3. 塑性变形

弹性滞后理论能解释硬金属沿橡胶的滚动阻力,但不适用于金属间的相互滚动。默温－约翰逊提出了塑性变形机理,可以较好地解释金属间的滚动阻力。

当金属物体滚动接触时,若表面接触压力超过一定数值,首先在距接触表面某一距离处产生塑性变形,随着载荷的增加,塑性变形区域增大。在这种情况下,产生塑性变形是需要能量的,这种能量表现为滚动摩擦阻力。

泰伯等学者观察到球体在第一次滚过平面时就在平面上形成一条塑性变形的滚道,并求得这种滚动摩擦力的经验公式为

$$F_{\mathrm{f}} \propto \frac{L^{\frac{2}{3}}}{R} \qquad\qquad (2.13)$$

式中，F_{f} 为滚动摩擦阻力；L 为法向载荷；R 为球体半径。

他们认为滚动阻力主要是由滚动球体前方的塑性变形造成的，由式(2.13)可知，滚子半径越大，接触面积和弹性变形越小，滚动摩擦阻力也越小。因此，在设计滚动摩擦机械时，要想减小滚动摩擦阻力，应尽可能地采用较大的滚子半径，并且必须设法减小接触处的接触面积或弹性变形。

4. 黏着作用

在滚动摩擦时，摩擦副之间也会产生黏着，但滚动摩擦产生的黏着接点在滚动中沿垂直接触面的方向分离。因此没有黏着接点的增大现象，所以黏着力很小。这是滚动摩擦系数小于滑动摩擦系数的原因之一。滚动摩擦的黏着力主要是范德瓦耳斯力，一般说来，滚动摩擦的黏附分量可能只占摩擦阻力中的一部分。但对于特定情况下的金属滚动，如硬球在不同的金属薄层上滚动时，黏附分量仍然是不同金属副滚动摩擦系数的主要部分。

另外，由于滚动摩擦的接点在分离时，仍有污染膜存在，这是滚动摩擦系数小于滑动摩擦的另一个原因。

综上所述，滚动摩擦是一个很复杂的过程，上述各种机理可解释一些摩擦副以及某些工况条件下的摩擦现象。在通常情况下，影响滚动摩擦的阻力因素要根据实际工况具体分析。

2.5　边界摩擦

边界摩擦又称边界润滑，它是指相对运动的两表面摩擦界面上存在一层与介质的性质不同的膜，这种膜具有良好的润滑性能。边界摩擦状态下的摩擦系数不是取决于润滑剂的黏度，而是取决于摩擦表面的特性和边界膜的特性。

相对于干滑动摩擦来说，边界摩擦的特点是具将较低的摩擦系数($\mu = 0.03 \sim 0.1$)；由于两表面不直接接触，可以减少零件磨损，延长使用寿命；能大幅度提高承载能力，扩大使用范围。

边界润滑中起润滑作用的膜称为边界膜，根据膜的结构形式，边界膜可分为吸附膜和反应膜。润滑剂的极性分子吸附在摩擦表面上所形成的边界膜称为吸附膜，这种膜还可分为物理吸附膜和化学吸附膜。摩擦表面与氧及润滑油添加剂中的硫、磷、氯等元素发生化学反应形成的膜称为反应膜。反应膜又分为化学反应膜和氧化膜。

2.5.1　边界摩擦机理

在载荷作用下有润滑的金属表面相互接触，由于润滑剂分子的极性端基附着在金属的表面，所以摩擦副之间并不发生接触，而接触发生在润滑剂的非极性端之间。因此摩擦阻力来源于边界膜分子层间的相互作用。图2.13为边界润滑机理模型。实际上，由于摩擦副表面是粗糙不平的,在载荷作用下接触微凸体的压力很大,当两表面相互滑动对,接触点上的温度很高,使部分的边界膜破裂,产生金属直接接触,如图 2.13 所示。这时摩擦力 F 为剪断表面黏着部分的剪切抗力与边界膜分子间的剪切阻力之和为

$$F = A[\alpha\tau - (1 - \alpha)\tau_1] \tag{2.14}$$

式中,A 为承担全部载荷的面积;τ 为金属黏着部分的剪切强度;τ_1 为边界膜的剪切强度;α 为润滑膜破裂面积的百分数。

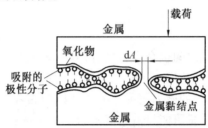

图 2.13　边界润滑机理模型

当边界润滑中边界膜起主要作用时,则 α 的值很小,这时摩擦力可近似地表示为

$$F \approx A\tau_1 \tag{2.15}$$

2.5.2　影响边界膜的因素

1. 边界膜自身性能的影响

润滑油的主要成分是碳氢化合物,有的还含有少量的其他元素。硬脂酸($C_{17}H_{2n} + 1COOH$)就是润滑油中常含有的一种脂肪酸,它是一种长链型的极性化合物,它的一端 COOH 称为极性团,这种物质的极性团能牢固地吸附在金属表面上。

(1)吸附力

图 2.14 为边界润滑油膜的形成。边界吸附膜通常由 3~4 层分子形成,距表面越远,分子的吸附能力越小,在外层的分子不受吸附力所约束。当接触表面相对移动时,第一层吸附分子不发生相对位移,而在上面的分子之间发生位移,代替了金属间的直接摩擦,保护了金属表面。

(2)链长

一般情况下,随极性分子链长的增加,摩擦系数下降,并达到某一定值。而极性分子中碳原子数的增加使得分子链长增加,最后表现为摩擦系数的下降。

(3)油性

润滑油在表面上形成边界膜的能力称为油性,它反映了润滑油的吸附能力。通常用摩擦系数来衡量油性的好坏,摩擦系数越小,油性越好,反之,油性越差。

(4)分子膜的厚度

载荷与分子膜的厚度对摩擦系数的影响,如图 2.15 所示。由图可知,分子膜的层数为 1,则摩擦系数为 0.15;当达到 3 层时,摩擦系数降到 0.09;若进一步增加层数,则摩擦系数下降的幅度减小,最后保持一稳定值。

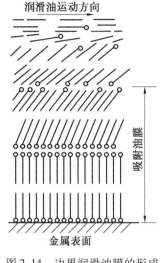

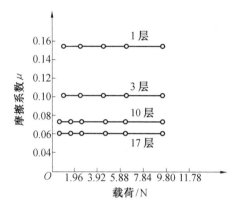

图 2.14 边界润滑油膜的形成　　图 2.15 载荷和分子膜的厚度对摩擦系数的影响

2.温度的影响

各种吸附膜都有一定的临界温度,超过这一临界温度,吸附膜将发生失向、散乱或脱吸,使润滑失效。表 2.4 为某些极性物质的摩擦系数和临界温度。

表 2.4　某些极性物质的摩擦系数和临界温度

极性物质		摩擦副	临界温度	在临界温度下的摩擦系数
名　称	熔点/℃			
胺类 辛胺	—	钢-铸铁	20	0.11 ~ 0.13
庚胺	—	钢-铸铁	70	0.11
饱和脂肪酸 辛酸	16	钢-铸铁	70	0.11
	16	钢-钢	70	0.13
十二酸	44	铜-铜	97	0.10
	44	钢-钢	84	0.09
十六酸	64	钢-钢	91	0.08
	64	铜-铜	105	—

3.速度的影响

图 2.16 为滑动速度对边界膜摩擦系数的影响。在速度非常低的情况下,对于吸附膜其摩擦系数随速度增加而下降,然后保持某一稳定值;对于化学反应膜其摩擦系数随速度增加而增大,然后保持某一稳定值。

4.载荷的影响

一般情况下摩擦系数不受载荷的影响,在滑动摩擦时,对吸附膜来说,若载荷不使吸附膜脱吸,则润滑效果好。若载荷达到使吸附膜脱吸,则可能使

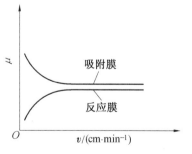

图 2.16　滑动速度对边界膜摩擦系数的影响

摩擦系数和表面磨损急剧增大。对化学反应膜来说,在一般的载荷作用下表现不明显,由于它具有很高的抗黏着能力,所以只有在极高压力下,能阻止金属表面直接接触,有效地降低摩擦系数,减少磨损。

第3章　摩擦过程中金属表层的变化

摩擦过程是物体施载于另一个物体的相对运动过程。材料在摩擦过程中,将使摩擦表面发生一系列变化,这是由于在摩擦时受力的物体必然发生变形,而摩擦产生的热量使摩擦表面温度急剧升高。材料表层的变化主要包括有表层几何形状的变化、表层组织结构的变化以及表面膜的变化。

3.1　摩擦表面几何形状的变化

在摩擦过程中,表面粗糙度不断改变而趋于一个稳定值,即原来粗糙的表面将变得光滑,而原来光滑的表面将变得粗糙。例如,同一种材料在相同外部条件下发生摩擦时,经几小时磨合后,两者的表面将达到同样的粗糙度。苏联学者把这种在摩擦磨损过程中,除了摩擦初期外,在任何后继过程中都会重复出现的固定不变的粗糙度称为"平衡粗糙度"。

机器零件在摩擦开始时,只有很少的微凸体相互接触,因此接触面积上的真实应力很大,从而使机械加工后形成的微凸体发生剧烈破坏、压碎和塑性变形,这是最初的磨合阶段。由于磨合的结果,最突出的微凸体被压平,原来的微凸体局部或完全消失,与此同时,新的微凸体相继产生。到目前为止对摩擦时微凸体形成机理的研究尚不充分,有资料报导,摩擦面的微观几何形状是由于发生塑性挤压过程和疲劳破坏而形成的,在某些情况下是由于微切削形成的。对于硬度不同的摩擦副,其较软者的粗糙度在磨合过程中逐渐接近较硬者的粗糙度,直到处于给定摩擦条件下的某个平衡状态。因此,平衡粗糙度可理解为在磨合过程结束后,摩擦状态不变时在摩擦接触面上新形成的粗糙度。而且平衡粗糙度与原始粗糙度无关。当然,零件处于磨损期,由于黏着磨损中金属的黏着、撕裂、转移或产生犁沟等,都将改变摩擦表面的几何形状,从而加速零件的磨损。

3.2　金属表面受力与变形

3.2.1　表面和次表面应力

任何一个摩擦副中,如轴承、齿轮、密封件等,在摩擦过程中不仅受法向载荷作用,而且两物体在切向力的作用下要发生相对运动。现以常用的销盘或滑块与平面接触为例来进行分析。图3.1为接触区最大应力分布示意图。一滑块在一平面上滑动,所加

载荷为 L,则最大剪应力区位于平面的次表层,最大
拉应力区位于实际接触点后面,如图 3.1 中 A 点所
示。如果滑块沿图中所示的方向移动,那么在平面
的拉应力区将可能产生表面裂纹。对于脆性材料来
说,裂纹也可能在次表层最大剪应力区产生。

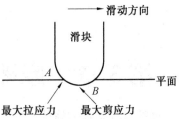

图 3.1　接触区最大应力分布示意图

　　图 3.2 为平面材料为玻璃时的表面应力分量。
实际上,球与平面静态接触时,最大压应力是在表面
上,位于接触面的中心。但最大切应力 τ_{max} 并不在表面,而是在位于 $x = 0$ 且表面为 0.
$47a$ 的材料内部,其中 a 为接触区域圆半径,且 $\tau_{max} = 0.31\sigma_{max}$。实际的摩擦副是处于动
态接触,由于摩擦阻力的作用,最大切应力的位置位于接触表面或移向近表面,且最大
剪应力数值也将随之发生改变。

　　哈米尔顿和古得曼对滑动中摩擦阻力对切应力分布的影响进行了计算,如图 3.3
所示为不同摩擦系数时最大剪应力的数值和位置。可知圆柱与平面静接触时($\mu = 0$),
$\tau_{max} = 0.322\sigma_{max}$,且位于表面下 $0.7a$;随摩擦力增大,最大切应力 τ_{max} 的值也增大,且作
用位置也移近表面。两固体接触时,研究最大剪应力的位置是非常重要的,这是因为磨
屑的最初形成与最大剪应力位置有关。

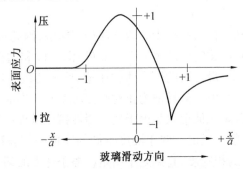

图 3.2　平面材料为玻璃时的表面应力分量

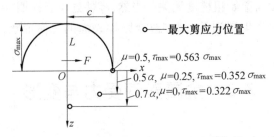

图 3.3　不同摩擦系数时最大剪应力的数值和位置

3.2.2　塑性变形

1. 金属摩擦表面塑性变形的特点

金属摩擦副摩擦时,由于应力作用就会发生变形。当载荷较小时,发生弹性变形;

当载荷较大时,则发生塑性变形。图 3.4 为金属和金属摩擦时的接触。这种摩擦副的接触,从微观上看是表面的微凸体发生接触。由于接触表面和受力状态不同,摩擦表层的变形具有以下特点:

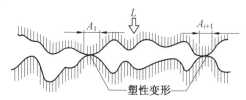

图 3.4　金属和金属摩擦时的接触

① 摩擦表面的接触首先发生在较高的微凸体上,随外力的加大,发生接触的微凸体数目增多。这些接触的微凸体将发生弹塑性变形,且各微凸体变形程度不同。

② 摩擦表面的塑性变形是不连续的,且是反复发生的。

③ 摩擦表面的接触状态使得应力分布不均匀,导致巨大的微观应力。

④ 在摩擦表面的近表层(10 ~ 100 nm),塑性变形使组织呈强烈的方向性,产生表面层织构。

⑤ 摩擦表面晶体缺陷密度大,如在相同变形量条件下,摩擦表面位错密度比一般变形高一两个数量级。

由于摩擦金属表面的塑性变形,将使金属表面层发生一系列物理和力学性质的变化以及组织变化,如:

① 表面产生加工硬化;

② 形成表面织构,增大内应力;

③ 使表面晶粒细化,亚晶尺寸减小,即发生回复和再结晶,甚至有时在表层形成微薄熔化层;

④ 由于变形和温度的共同作用,可使摩擦表面发生二次淬火和二次回火,并促进表面扩散过程。

3.2.3　塑性变形的深度

摩擦时塑性变形主要发生在材料的表层,磨屑的形成和尺寸的大小直接受塑性变形层深度的影响。曾有学者提出摩擦表面塑性变形深度 h 与法向压力 p、材料屈服强度 σ_s 的关系为

$$h = \sqrt{\frac{p}{2\sigma_s}} \tag{3.1}$$

可见材料屈服强度越高,法向压力越小,则塑性变形越小。

哈尔滨工业大学在法向载荷、滑动速度及表面状态对摩擦表面的塑性变形层厚度的影响方面进行了研究,结果表明,摩擦表面的塑性变形厚度 h 与法向载荷成正比,同时磨屑的最大尺寸也与法向载荷的大小成正比。

3.2.4 塑性变形沿深度的分布

无论摩擦表层中的组织状态如何变化,摩擦表面中塑性变形的分布只有两种情况:一种如图3.5所示的塑性变形程度沿深度的分布(一),是摩擦表层中塑性变形程度最严重,随着与表面距离的增加,塑性变形程度下降,最后是无变形的金属基体,如图3.5(a);图3.5(b)为其塑性变形程度随距表面深度变化的示意图。另一种如图3.6所示的塑性变形程度沿深度的分布(二),是在次表层中某一深度处塑性变形最严重,随着深度增加,塑性变形程度下降,最后是无变形的金属基体。

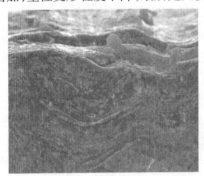

(a)摩擦表层变形形貌

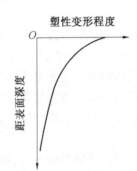

(b)摩擦表层变形程度沿深度的分布

图3.5　塑性变形程度沿深度的分布(一)

一般来讲,摩擦后的金属次表层的组织状态可分为三个变化区,即白亮层、细晶区及塑变层。只有在严酷的摩擦条件下才能出现白亮层,在塑变层和白亮层之间的细晶区也不是经常出现的,摩擦后金属表层最常见的是塑变层。若摩擦金属次表层仅有塑变层,则塑变程度随深度的分布一般如图3.5(b)所示,即在摩擦表面塑性变形最严重。如果摩擦金属的次表层为塑变层和细晶区,因为细晶区是动态再结晶的产物,所以摩擦表面的塑性变形程度沿深度的分布往往如图3.6所示。

图3.6　塑性变形程度沿深度的分布(二)

3.3　摩擦表面结构的变化

摩擦过程中,表面结构会产生各种变化,主要有晶体结构缺陷和金属的结构变化两个方面。金属晶体的结构缺陷包括点缺陷、位错及面缺陷(孪晶界、晶界、晶粒位相变化等)和体缺陷(空位积聚、形成孔隙)的扩展。摩擦过程中除亚结构发生变化外,金属的结构也会发生变化,如金属表层的塑性变形和加工硬化、碳化物的形成和溶解、元素由一个物体扩散到另一个物体以及一个物体内元素的再分配、相变和再结晶等。

金属在摩擦时,表面的空位和位错等缺陷由于在应力和温度等的作用下,促使表层的空位和位错扩展。摩擦时,金属表层所形成的空位数可达 2.5×10^{21} 原子/立方厘米,而在一般情况下却不超过 $10^{18} \sim 10^{19}$ 原子/立方厘米。

摩擦时由于表层材料的变形和摩擦热的结果,势必增加某些原子的势能,也就是增加了这些原子的振动幅度,从而也就增加了这些原子脱离原来位置的几率,因此平衡的空位密度增大。这些空位将聚集成微裂纹,导致耐磨性下降。

图 3.7 为摩擦表面结构的变化。由于摩擦表面的塑性变形,导致在塑性变形区材料的晶粒受到挤压变形,沿摩擦方向受到滑移拉长、扭曲、破碎、晶粒形状与大小发生变化。随着塑性变形的增加,位错运动阻力增大。

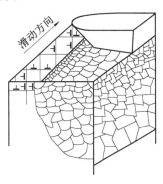

图 3.7　摩擦表面结构的变化

金属中除了由空位聚集成裂纹外,更重要的是由位错产生的。在一定应力场的作用下,位错可能以不同方式进行增殖。由于位错的增殖、滑移,引起这一区域产生塑性变形,在塑性变形过程中,滑移的位错受到第二相粒子、晶界等阻碍作用会形成位错列,即发生塞积。这样形成的位错组态可以产生较高的内应力,促使裂纹萌生。

3.4　摩擦表面温度及组织的变化

3.4.1　摩擦表面温度的变化

摩擦表面的温升是一个不容忽视的问题,因为在摩擦过程中所做的功 90% 以上转变为热,它不仅使表面化学状态发生变化(氧化),而且还能使表面组织和性能发生变化,这些变化又将影响材料本身的摩擦磨损性能。

图 3.8 为摩擦接点的温度分布示意图,可见金属整体是相互作用表面产生的摩擦热的一个良好的散热器,摩擦表面产生的热通过微凸体传向金属整体经过一定时间后,靠近摩擦表面的区域将变热,这引起微凸体的温度 T 与整体温度 T_0 的差值 $(T - T_0)$ 下降,因而,在微凸体上产生的热量的散失效率亦下降。在运转一定的周期后,固体表面的温度将达到一个稳定状态,其表面温度为

$$T_s = 整体表面温度 T_0 + 闪温$$

整体表面温度是由表面重复的滑动而产生的,闪温是由微凸体间不断相互作用产生的温升。也就是说,闪温是真实接触面的摩擦热引起的温升,故只产生在真实接触面积上。闪温持续时间很短,通常为 1 μs。根据热平衡,即产生的摩擦热等于向外做出的热量,可求出闪温温升(平均最高表面温升)为

$$T_f = K \frac{\mu L (v_1 - v_2)}{(c_1 \sqrt{v_1} - c_2 \sqrt{v_2}) \sqrt{\dfrac{b}{2}}} \tag{3.2}$$

式中,L 为法向载荷;K 为常数;μ 为摩擦系数;v_1, v_2 为金属 1 和金属 2 的表面速度;c_1, c_2

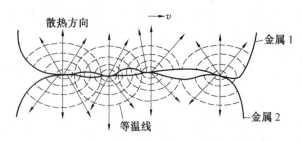

图 3.8　摩擦接点的温度分布示意图

为金属 1 和金属 2 的材料常数。其中

$$c = \lambda \rho c'$$

式中，λ 是导热系数；ρ 是密度；c' 是比热；b 为接触带宽度。

从式(3.2)中可以看出：

① 若材料相同，则 $c_1 = c_2$，$T_f \propto \sqrt{v_1} - \sqrt{v_2}$，即平均闪温温升与相对速度成正比。

② $T_f \propto L$，载荷越大，闪温温升越高。

摩擦过程中组织的变化主要取决于闪光温度，但温度梯度、材料蓄热的能力（材料的热性能、接触情况）和热交换条件等也影响摩擦磨损。

3.4.2　摩擦表面组织的变化

就摩擦的结果而言，重要的不是材料的原始组织和性能，而是在摩擦过程中形成的组织和性能。

1. 摩擦过程中金属组织变化的动力学特点

① 热源是由机械能转化为热能（摩擦生热），是脉冲加热方式（因为是微凸体接触）产生的。

② 加热与冷却速度异常快，与一般热处理过程的加热和冷却大不相同。

③ 在材料的微观体积中发生加热和冷却过程，因此二次组织（二次淬火、二次奥氏体等）是在微区形成的。

摩擦时相和组织的转变程度取决于一系列因素，如材料的性能、表面的宏观与微观形貌、机械脉冲大小、接触点存在的时间以及原始组织等。

2. 摩擦过程中相和组织变化

在摩擦热的作用下，表面局部处于高温区，可能导致合金元素的重新分布、相变以及重结晶等。

（1）同素异构转变

钴在室温呈密排六方结构，具有低的摩擦系数，其值约为 0.35。然而，当摩擦温度升高至约 417 ℃时，摩擦系数增大许多倍。这是因为在 417 ℃以上，钴转变为面心立方结构。

（2）二次淬火

在摩擦热的作用下，金属的状态将随着温升而变化。对于钢铁材料，如果摩擦过程中钢铁材料的表层温度超过 Ac_1,奥氏体就将重新形成,与此同时,材料的塑性变形抗力急剧下降,因此有明显的塑性流动发生。在摩擦中形成的奥氏体也有形核、长大以及成分均匀化的过程。冷却时,奥氏体将转变为热力学更加稳定的相,如马氏体,这种由二次奥氏体转变得来的马氏体称摩擦马氏体,该过程称二次淬火。可是表层的奥氏体由于结构上、成分上以及冷却制度等一系列的原因,有时发生严重的陈化稳定,致使在摩擦表面形成大量的残余奥氏体。如果在冷却时,奥氏体不发生马氏体相变而保持至室况,这种奥氏体称为摩擦奥氏体。摩擦奥氏体的硬度高于原始(残余)奥氏体。

摩擦前的金属组织中若存在残余奥氏体,在摩擦热作用下,它可能成为"摩擦奥氏体"的晶核,加速奥氏体的形成。由于奥氏体的均匀化、碳化物的溶解等都是以微区扩散的方式进行的,因此弥散的组织更容易发生相变,因为弥散组织相互间的接触表面更大。

如果摩擦过程中形成的奥氏体不稳定,则在冷却的过程中转变为马氏体。快速冷却是马氏体形成的必要条件。总之,凡是有利于摩擦奥氏体稳定化的因素都不利于摩擦马氏体的形成。摩擦马氏体的组织特点是它具有致密分散的组织,马氏体亚结构发展充分,总的应力较大,其硬度值为 HV850 ~ 925。

(3)二次回火

淬火钢在摩擦热的作用下会发生二次回火,其回火程度取决于摩擦温度和时间等。快速回火组织具有下述特征:

①马氏体分解后形成的 α 相具有高弥散性与高应力状态的亚组织,并且具有高的显微硬度。

②残余奥氏体分解和碳化物质点的聚集受阻。

③原始组织的位相不变。

(4)其他组织变化

摩擦过程中除了发生二次淬火外,还可能发生碳化物的溶解与析出、再结晶、马氏体逆转变及熔化现象等。

①碳化物的溶解与折出。在摩擦过程中,接触区所受到的加热和冷却的作用,可使过剩相和铁的晶格之间发生相互转变而产生相变,即

$$\alpha + K \longrightarrow \gamma \longrightarrow \alpha + K$$

式中,α 为铁素体或马氏体;γ 为奥氏体;K 为受热时被溶解的弥散碳化物。

在摩擦热和力的作用下,将发生碳化物溶解、析出、聚集与球化等过程。摩擦时温度越高碳化物溶解越多;试样开始冷却的温度越高,析出的碳化物越多。

另外,由于摩擦热及表面层在摩擦过程中强大的塑性流变,还会发生碳化物的碎化和分解以及碳原子结晶成石墨点阵。

综上所述,可知在固溶体中碳浓度的变化可能使材料局部微区的耐磨性发生变化,同时,在摩擦时析出的石墨可起到润滑作用。

②再结晶。摩擦过程中金属材料也可能发生再结晶,但摩擦时的再结晶温度比通常的再结晶温度要低,如对于铁,摩擦时的再结晶温度为 350 ~ 500 ℃。这个温度对于提高原子的扩散能力和改善材料的耐磨性是足够的。再结晶会使材料的塑性发生变

化,而且也改变材料的黏着性能。

③马氏体相变。在奥氏体钢摩擦过程中存在摩擦诱发马氏体相变,据研究表明,碳含量低的奥氏体比碳含量高的奥氏体易于转变成为诱发马氏体,且摩擦诱发马氏体量随着原始奥氏体含量的增加或摩擦接触应力水平的提高而增加。

这种摩擦诱发马氏体相变有利于提高材料的耐磨性,诱发马氏体相变量越多,耐磨性提高的幅度越大。

3.5 摩擦时的扩散过程

在摩擦过程中,摩擦表面不断地反复地受到应力和热的作用,这必然会发生扩散。扩散使表层的组织和性能发生相应变化,影响着摩擦磨损过程,因此,研究摩擦中的扩散过程具有重要的实际意义和理论价值。

研究摩擦时的扩散过程,在实验上是比较困难的。定性地说,摩擦时的扩散过程是由于摩擦副表面微观体积多次承受热和力的作用,造成不稳定的温度场和压力场,同时具有很大的温度梯度 ΔT 和压力梯度 ΔP,由于存在 ΔP,ΔT,ΔG(浓度梯度),于是造成扩散原子流的定向流动。

在金属的摩擦过程中,扩散原子流动的方向是由温度场和压力场决定的。由于在金属表面压力与温度最高,原子将由点阵结点的一些平衡位置迁移到另外的一些平衡位置。在材料摩擦工作体积中,扩散原子的流动方向是指向摩擦表面的接触区域,而空位则向着表层内部迁移,此时,在整个体系中空位聚集浓度提高,在热力学上空位的聚集引起系统自由能下降,导致近表层扩散空隙的形成,由此,表面宏观缺陷才有可能产生。

在摩擦条件下的扩散过程可用微观扩散机制来分析。在快速加热和冷却时,如有温度梯度,摩擦扩散以微观扩散方式进行,对于相变所需的时间可近似为

$$t = \frac{L^2}{D} \qquad (3.3)$$

式中,t 为扩散时间;L 为扩散的距离;D 为扩散系数。

由此可以看出,在 $10^{-3} \sim 10^{-4}$ s 这样极短时间内,原子也可以发生可见的迁移(微米级)。

摩擦时的结构变化会引起合金元素的扩散、碳化物的重新分布等。有研究报导,当扩散过程与形成碳化物有关时,基体中合金碳化物形成元素明显贫化,钢的耐磨性也随之发生改变。总之,摩擦变形的能力与合金元素在金属表面中的集聚能力、扩散活性以及与碳及基体元素的结合力有关。

3.6 摩擦表面的氧化

在摩擦状况下,固体机械相互作用引起固体表层的结构变化和物理变化,摩擦使金属产生各种缺陷,温度升高,弹塑性变形,表面扩大,诱发电子等,从而使得金属活化。使得摩擦表面处于不稳定状态,因而摩擦表面很易与大气中的氧发生反应而形成一层

氧化膜。

一般说来,氧化膜的硬度较高,表3.1为铁的各种氧化物的形成温度和硬度。

表3.1 铁的各种氧化物的形成温度和硬度

氧化物	形成温度/℃	显微硬度(HV)
$\alpha-Fe_2O_3$	200	
$\gamma-Fe_2O_3$	200	1 000
$\alpha-Fe_2O_3 + Fe_3O_4$	400 ~ 570	500
$FeO + Fe_3O_4$	570	300

氧化膜的性质如硬度、薄厚、膜的成分与基体的结合强度等强烈地影响着摩擦磨损。由于金属在常温时表面就会迅速生成一层氧化膜,厚度大约为几十埃,如果生成氧化膜与金属比容的比值大于1且接近于1时,生成的氧化膜致密,这层氧化膜会隔开金属与氧气,使反应基本停止,这是初期氧化过程。这种致密且与基体的结合牢固的氧化膜,使得摩擦系数大大降低;但在摩擦时由于温升、机械活化等原因,氧化膜增厚,若氧化膜太厚,则膜能封锁位错,使之不能在表面露头,结果在表面膜下面将形成高的应力和变形,氧化膜也随之产生裂纹或破裂剥落,剥落的氧化膜可成为磨料,造成磨料磨损。

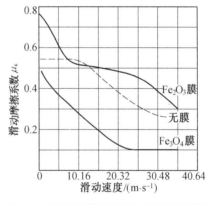

图3.9 钢-钢干滑动摩擦时的摩擦系数

图3.9为钢-钢干滑动摩擦时的摩擦系数。某些金属(如镍合金)在空气中摩擦时生成的润滑性氧化膜可以降低摩擦系数,提高耐磨性。在钢铁中,一般认为形成Fe_3O_4膜是非常有利的,可大大降低摩擦系数和磨损,而Fe_2O_3则对磨损不利。对氧化膜而言,在缓和条件下,摩擦产生的是Fe_2O_3氧化物,而当载荷和速度增加超过一定值时便生成Fe_3O_4氧化物。

第4章 材料的磨损

4.1 磨损概述

4.1.1 磨损的定义

磨损是机械零件失效的三种主要原因(磨损、腐蚀、疲劳)之一。各种机械零件磨损造成的能源和材料的消耗是十分惊人的,据统计,世界工业化发达国家的能源约30%是以不同形式消耗在磨损上的。在美国每年由于摩擦磨损和腐蚀造成的损失约1000亿美元,占国民经济总收入的4%。据美国评议局(OTA)的报告,美国切削机床每年维修费用为750亿美元,飞机由磨损造成的损失为134亿美元,船舶为64亿美元,汽车为400亿美元。2004年末在中国召开的"摩擦学科与工程前沿研讨会"上,统计数据表明中国每年由于摩擦磨损造成的损失近600亿元,仅全国工矿企业在此方面的节约潜能约为400亿元。在全球面临资源、能源与环境严峻挑战的今天,研究摩擦与磨损对于节能、节材、环保以及支撑和保障高新技术的发展具有重要的现实意义。

磨损是伴随摩擦而产生的,但与摩擦相比,磨损是一个十分复杂的过程。直到目前磨损的机理还不十分清楚,也没有一条简明的定量定律。对大多数机器来说,磨损比摩擦显得更为重要,实际上人们对磨损的理解远远不如摩擦。对机器磨损情况的预测能力也是十分差的。对于大多数不同系统的材料而言,其在空气中的摩擦系数大小相差不超过20倍,例如聚四氟乙烯 $\mu = 0.5$,洁净金属 $\mu = 1$。而磨损率之差却很大,例如,聚乙烯对钢的磨损和钢对钢的磨损之比可相差105倍。

在有关磨损的著作中对磨损定义和概念的论述是不完全相同的,克拉盖尔斯基把磨损定义为"由于摩擦结合力的反复扰动而造成的材料破坏";1969年,欧洲经济合作与发展组织(OECD)对工程材料的磨损定义是,构件由于其表面相对运动而在承载表面上不断出现材料损失的过程。1979年的标准(DIN50320)中对磨损定义为,磨损是两个物体由于机械的原因,即一个物体与另一固体、液体或气体的配对件发生接触和相对运动,而造成表面材料不断损失的过程。Tabor将磨损定义为,物体表面在相对运动中,由于机械的和化学的过程使材料从表面上除掉,即为磨损。

因此,关于磨损的定义,有几点需要指出:

(1)磨损并不局限于机械作用,由于伴同化学作用而产生的腐蚀磨损,由于界面放电作用而引起物质转移的电火花磨损,以及由于伴同热效应而造成的热磨损等现象都在磨损的范围之内。

(2)定义强调磨损是相对运动中所产生的现象,因而橡胶表面老化、材料腐蚀等非相对运动中的现象不属于磨损研究的范畴。

(3)磨损发生在摩擦副接触表面材料上,其他非界面材料的损失或破坏,不包括在磨损范围之内。

(4)磨损是转移和脱落的现象,转移和脱落都是磨损;在表面材料转移过程中,对两个表面磨损的称呼应有所区别,损失材料的一方应是遭到磨损,承受材料的一方称为负磨损。

4.1.2 磨损的分类

磨损是十分复杂的微观动态过程,磨损的分类方法很多,主要有以下三种分类方法。

①按发生磨损的环境及介质,可分为干磨损、湿磨损、流体磨损。

②按发生磨损的表面接触性质,分为金属-金属、金属-磨粒、金属-流体。

③按磨损机理,分为黏着磨损、磨粒磨损、腐蚀磨损、接触疲劳磨损、冲蚀磨损、微动磨损和冲击磨损。其中,前四种的磨损机理是各不相同的,但后三种磨损机理常与前四种有类似之处,或为前四种机理中几种机理的复合。

如冲蚀磨损有与磨粒磨损类似之处,但也有其自身的特点,微动磨损常包含黏着、磨粒、腐蚀及疲劳等四种或其中的三种综合而成。应该特别指出的是,材料或工件发生磨损常常是不止一种机理在起作用,而是几种机理同时存在,只是在不同条件下,某一种机理起主导作用。当工作条件发生变化时,磨损有可能从一种机理转变成另一种机理,例如磨粒磨损往往伴随着黏着磨损,只是在不同条件下,某一种机理起主要作用而已。而当条件发生变化时,磨损也会以一种机理为主转变为另一种机理为主。图 4.1 为磨损分类图,简单地归纳了几种常见的分类方法。

磨损机理与磨损表面的损坏方式有关系,在不同条件下,一种磨损机理在会造成不同的损坏方式,而一种损坏方式又可能是由不同机理所造成的。图 4.2 为常见的表面破坏方式和磨损机理的关系图。

4.1.3 磨损的评定方法

关于磨损评定方法目前还没有统一的标准,这里介绍比较常用的方法。

1. 磨损量

评定材料磨损的三个基本磨损量是质量磨损量、体积磨损量和长度磨损量。

(1)质量磨损量(W_w)

质量磨损量是指材料或试样在磨损过程中质量的减小量,以 W_w 表示,单位为 g 或 mg。

(2)体积磨损量(W_v)

材料或试样在磨损过程中体积的减小量,是由测得的质量磨损量和材料的密度换算来的。从磨损的失效性考虑,用体积磨损量比质量磨损量更合理,体积磨损量以 W_v 表示,单位为 mm^3 或 μm^3。

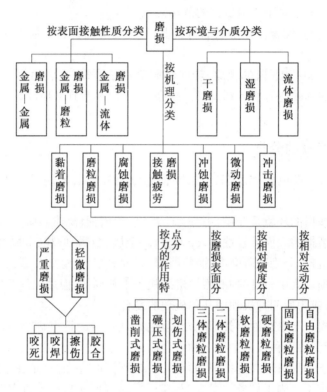

图 4.1　磨损分类图

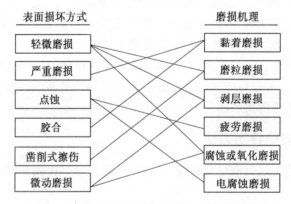

图 4.2　表面破坏方式和磨损机理的关系图

（3）长度磨损量（W_l）

在磨损过程中材料或试样表面尺寸的变化量，以 W_l 表示，单位为 mm 或 μm。

2. 耐磨性

材料的耐磨性是指在一定工作条件下材料耐磨损的特性。材料耐磨性分为相对耐磨性和绝对耐磨性两种。

（1）相对耐磨性

在相同的工作条件下，某材料的磨损量（以该磨损量做标准）与待测试样磨损量之

比称为相对耐磨性,其表达式为

$$\varepsilon_{相对} = \frac{W_{标准}}{W_{试样}}$$

式中,$\varepsilon_{相对}$为相对耐磨性;$W_{标准}$为标准试样的体积磨损量,μm^3 或 mm^3;$W_{试样}$为待测试样的体积磨损量,μm^3 或 mm^3。

磨损量 $W_{标准}$ 和 $W_{试样}$,一般用体积磨损量,特殊情况下可使用其他磨损量。

(2)绝对耐磨性

绝对耐磨性是某材料或试样体积磨损量的倒数,其表达式为

$$\varepsilon_{绝对} = \frac{1}{W_{试样}}$$

式中,$\varepsilon_{绝对}$为绝对耐磨性,μm^{-3} 或 mm^{-3};$W_{试样}$为被测试样的体积磨损量,μm^3 或 mm^3。

耐磨性使用最多的是体积磨损量的倒数,也可用体积磨损率、体积磨损强度或体积磨损速度的倒数表示。

绝对耐磨性和相对耐磨性的关系是

$$\varepsilon_{相对} = W_{标准} \times \varepsilon_{绝对}$$

(3)磨损率

冲蚀磨损过程中常用磨损率,磨损率是指待测试样的冲蚀体积磨损量与造成冲蚀磨损所用磨料的质量之比,表达式为

$$\eta = \frac{W_{试样}}{m_{磨料}}$$

式中,η为磨损率,$\mu m^3/g$ 或 mm^3/g;$W_{试样}$为待测试样的体积磨损量,μm^3 或 mm^3;$m_{磨料}$为冲蚀磨损所用磨料的质量,g。

这种方法必须在稳态磨损过程中测量,在其他磨损阶段所测量的磨损率将有较大的差别。

上述三种磨损评定方法所得数据均是相对的,都是在一定条件下测得的,因此不同实验条件或工况下的数据是不可比较的。

4.2 黏着磨损

4.2.1 黏着磨损的特点与分类

黏着磨损是最常见的一种磨损形式,当两个固体表面相互滑动或拉开压紧的接触表面时常会发生这种磨损。黏着磨损的定义是指两个相互接触表面发生相对运动时,由于接触点黏着和焊合而形成的黏着结点被剪切断裂,被剪断的材料由一个表面转移到另一个表面,或脱落成磨屑而产生的磨损。黏着磨损通常以小颗粒状从一表面黏附到另一表面上,有时也会发生反黏附,即被黏附的表面材料又回到原表面上去。这种黏附和反黏附,往往使材料以自由磨屑状脱落下来,同时会沿滑动方向产生不同程度的磨痕。

在实际的摩擦条件下,界面往往是相互运动着的。例如用一黄铜圆销在旋转的钢制圆盘上滑动时,可以见到钢盘表面被涂抹上一层黄铜。这是由于在接触点发生塑性流动而形成黏着接点。接点在运动方向上长大并被剪断,然后又形成新的接点,新接点又被剪断,如此反复下去,整个表面布满了被剪断的接点和转移过来的黄铜而产生黏着磨损。这种材料的转移是黏着磨损的重要特征。转移过来的黄铜用肉眼看似乎是连续的,但使用中等放大倍数的显微镜便可明显地看到黄铜具有分散的转移特性。黏着磨损除消耗材料外,还造成表面的严重破坏,而且大多数配对材料都会发生黏着磨损。不仅金属与金属之间会发生黏着磨损,金属与非金属之间也会发生黏着磨损。巴克莱(D. H. Buckley)用单晶体碳化硅的(0001)面和(1010)面与各种金属相摩擦。选用两组试验,第一组为球形碳化硅滑块在金属表面上滑动;第二组为球形金属滑块在碳化硅平面上滑动。结果表明,第一组的磨损是由于在界面上及金属内发生剪切以及金属表面上的犁沟而起的;第二组的磨损则是由于金属内的剪切所引起的。这说明黏着磨损在金属-非金属的接触表面也会发生。

黄铜圆销在钢盘上滑动时,因为黄铜比钢软,所以黄铜不断地黏附到铜上。但仔细观察发现黏附到钢上的黄铜还会反黏附回到黄铜销上,这样,钢与黄铜的摩擦实际上变为黄铜与黄铜间的摩擦。通过对两种材料界面的摩擦系数进行测量,可以得出,在开始时两界面之间是钢盘和黄铜的摩擦系数,但经过一段时间后,当黄铜涂满钢表面时,则界面的摩擦系数变成了黄铜与黄铜间的摩擦系数。

被转移过去的黄铜经过反复转移及挤压等过程,会发生加工硬化、疲劳、氧化或其他原因而脱落下来,形成游离的磨屑。需要指出的是,两种材料在相互接触发生黏着磨损时,剪断不一定只发生在较软材料一边,较硬材料也会黏附到较软表面上去。如钢与黄铜发生黏着磨损,不仅黄铜转移到钢上去,而钢颗粒也会在黄铜表面上出现,只是数量上比黄铜的转移少得多。

根据零件磨损表面的损坏程度,通常把黏着磨损分为五类,其各自的破坏现象和原因如表4.1所示。

表 4.1 黏着磨损的类型及破坏现象、破坏原因

类型	破坏现象	破坏原因
轻微磨损	黏着接点的剪切损坏基本上发生在黏着面上,虽然此时摩擦系数较大,但表面材料的转移十分轻微	黏着接点强度低于摩擦副基体金属的强度
涂抹	黏着接点的剪切破坏发生在离黏着面不远的较软金属的浅层内,使较软金属黏附并涂抹在较硬金属表面上,从而成为软金属之间的摩擦与磨损	黏着接点的强度比较硬金属的强度低,但比较软金属的高
擦伤(胶合)	黏着接点剪切破坏主要发生在较软金属的浅层内,有时硬金属表面也有擦痕,转移到硬表面上的黏结物又擦削较软表面。	黏着接点的强度比两基体金属的强度都高

续表 4.1

类型	破坏现象	破坏原因
撕脱(咬焊)	比擦伤更重一些的黏着磨损,其实质是固相的焊合及随后的撕脱,摩擦表面温度低时产生"冷焊",温度高时产生"熔焊",此时,黏着接点的剪切破坏发生在摩擦副一方或两方的较深处,表面呈现宽而深的划痕,磨损比较严重	接点黏结强度大于任一摩擦件基体金属的剪切强度
咬死	摩擦副之间黏着面积大,不能产生相对运动	黏着接点的强度较高,黏着面积较大,剪切应力低于剪切强度

4.2.2 黏着磨损的实验研究

黏着磨损实际上是相互接触表面上的微凸体不断地形成黏着接点和接点断裂而导致摩擦表面破坏并形成磨屑的过程。黏着磨损的产生和发展主要决定于摩擦表面间的黏着和断裂。因此,首先从黏着实验着手研究影响黏着的主要因素及黏着机理,然后进一步介绍黏着磨损的模型、机理和规律。

1. 黏着磨损实验

黏着磨损实验是近代的实验方法,其原理示意图如图 4.3 所示。该实验是在超高真空中进行的,用扩散泵使真空室内压强在 10^{-4} Pa 以下,先加热钨丝 W_1 到接近于玻璃的熔点(627 ℃),抽去吸附在玻璃上的污染物,再加热钨丝 W_2 使其接近于铝的熔点(660 ℃),并抽去铝表面上的粘染物。然后加热钨丝 W_3,以除去金表面的粘染物。移去挡板 Ⅰ,将 W_2 快速升温到 2 000 ℃以上,使铝蒸发,真空中残留的微量氧气和铝化合,在玻璃板上首先形成一层 Al_2O_3,它的上面是纯铝层。最后移去挡板 Ⅱ,使已洁净的金坠落在铝表面上。取出后发现金很牢固地黏在铝上,它们的结合力很强,以至于想从铝表面上拉开金粒时,断裂不发生在铝-金间而是在玻璃内,如图 4.3(b)所示。可见两种金属在没有污染的情况下,存在着很强的黏着力,其大小超过了玻璃 SiO_2 的内聚力。

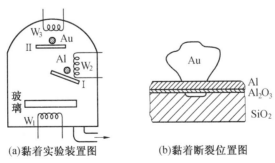

(a)黏着实验装置图　　　　(b)黏着断裂位置图

图 4.3　黏着实验装置图

McFalane、Tabor 的实验是首先磨去试件表面的污染,其次为防止弹性恢复,用易产生塑性变形的铟作为试件材料,将这个试件与钢球组合进行实验。实验必须在空气中进行,首先给予初始滑动,测定其摩擦系数,然后照原样接触,测定黏着系数,研究确切两者的关系,这种方法称为预滑动-黏着法试验。Buckley采用非预滑动的方法实验,该方法是用氩气离子轰击实现表面净化的物理方法。把试样放入容器中用非机械真空泵达到 $10^{-8} \sim 10^{-9}$ Pa 的超真空,然后导入氩气至 $10 \sim 10^{-1}$ Pa 的压力,由离子冲击清除氧化层等表面的污染物。这会使表面十分清洁,即使不进行预滑动,也容易黏着。

有人把离子显微镜和俄歇谱仪联机使用来研究黏着现象,从原子的角度观察元素的黏着和转移。实验是在超真空中进行的,把纯金及钨放在场离子显微镜的真空室中,用离子溅射法清除两金属表面的粘染物,以得到洁净的表面。在两金属接触前先测定其成分,证实各为纯金属。然后将两金属接触后分开,并分别观察其表面,发现有相当数量的微小金属黏附在钨表面上,金的晶体结构和钨的晶体结构是不同的,但还是发生了元素的转移,说明洁净表面间原子的作用是十分强烈的,黏着和转移并不困难。

在空气中,机械零件之间在发生相对运动时,在零件表面都有一层氧化膜,起到防止纯金属新鲜表面那样的黏着现象的作用。在较高的载荷作用下,零件表面的微突体间相互作用,在法向应力或切向应力作用下,使氧化膜破裂,显露出新鲜的金属表面,尽管 10^{-8} s 的时间间隔,就可使98%以上的新鲜表面吸附氧而生成氧化膜。但是,在运动副中,微突体表面氧化膜的破裂和金属的塑性流动几乎同时发生,纯金属间接触的机会总是存在的,那么纯金属之间的黏着就是不可避免的,黏着磨损也成为不可避免的磨损方式。

2. 影响黏着的主要因素

（1）完全净化对摩擦和黏着的影响

在真空中低温往往很难获得非常洁净的表面,以达到极大的摩擦系数。通过对银、铜、铝、铂、金、镍等金属的实验表明,增高脱气温度,则摩擦系数（在室温时测量）随着脱气温度的升高而稳定地增大,如图4.4所示。同时发现在某一温度以上（各金属都不相同,相当于接近该金属的蒸发点）,随着脱气的加深,摩擦迅速上升,并观察到明显的黏着。到金属大量蒸发之后,摩擦系数急剧上升,此时会发生宏观咬死。脱气温度升高,使表面完全净化,达到纯净的状态,这对摩擦和黏着影响显著。

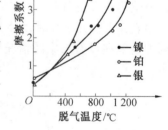

图 4.4　预先脱气温度与摩擦（室温测量）间的关系

（2）黏着力和切向力的关系

如果在室温时用上述方法将两试样表面净化并加以载荷,便会形成接点,这种接点一般只要用四分之一原载荷之力,便可将它们拉开。但若两试样间发生相互滑动时,情况就不一样。如果两试样在法向载荷下再加切向载荷,然后将两载荷都卸去,则此时破坏接点所需之力就显著地增大了,同时被破坏表面的接点间的接触面积也增大了。这就是前面所说的在复合应力下接点的长大,即试样微观位移的结果,但宏观位移一般未曾发生。通过实验表明,黏着力大致与切向预应力成正比。

（3）延性的作用

材料延性增大，黏着也比较容易，可以通过以下实验说明延性的作用。将两块铂滑块在 0.212 N 的载荷和 730 ℃温度下放置接触 20 min 后卸载，发现需用 0.75 N 的力才能把接点破坏（在 730 ℃进行）。在这样短的时间内和这样的温度下，对铂来说，扩散不是主要的，而蠕变则在此过程中起了显著作用，并且是黏着力大增的原因，所以若施加 0.78 N 的力，几秒钟内就可将接点破坏，而施加 0.36 N 之力，试样就处于拉伸状态，约需 10 min 才能脱开；若用更小的力，如 0.18 N，则 20 min 仍不能脱开，若把力直接增至 0.27 N，则立刻脱开。图 4.5 表示黏着系数（黏着力/法向载荷）和拉力施加时间（以拉力施加时间和黏着施加时间之比来表示）的关系。

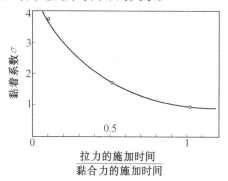

图 4.5　温度在 730 ℃时，洁净铂表面黏着系数与拉力施加时间的关系

若试样不在 730 ℃时拉开，而让它们先冷却到室温再把它们分开，则所需的拉力就要增加一倍以上。说明在冷却过程中接点不仅保持它们的完整性而且变得更为牢固。这些实验表明，洁净金属在室温中的低黏着是由于接点缺乏延性之故。当载荷卸除后，四周的接点便断开。在 730 ℃下加载和卸载的过程可以看做是一个退火过程。由于相互作用表面微凸体间的点阵失配，在室温中形成的接点就含有许多缺陷，所以结合的强度是微弱的。加热后可以促使扩散和消除严重的缺陷，因为扩散和退火是相互有关的现象，且不易把它们分开。而退火和因它所得延性的提高对黏着是一个非常重要的因素。一般来说，粘染大大地降低黏着作用，但在较高温度下，粘染就显得不太重要了，所以钢和锡在空气中和室温下不那么容易黏着，而在 210 ℃时钢和锡在空气中就十分有效地黏着，在 400 ℃时，钢与铝能强固地黏着。

（4）开始产生强烈黏着的温度

为了排除黏着和卸载时间的影响，故用室温下卸载的方法，因为室温下黏着受卸载时间的影响较小。即在某一规定温度下，将试样表面加热加载至一定时间，然后冷却到室温，测其黏着力。图 4.6（a）为铂表面的典型结果，可以看到在 20 min 固定的加载时间下，当加热温度超过 650 ℃时，黏着迅速增大。其他金属也表现出类似的结果。出现强烈黏着的温度 T_a 决定于金属本身。图 4.6（b）表示 T_a 温度以上（730 ℃）测得的黏着力（冷却到室温下）与加热加载时间的关系。说明加热时间增长，黏着力增大，但时间再增大则效应显得不明显。表 4.2 为彻底净化金属间开始产生强固黏着的温度。

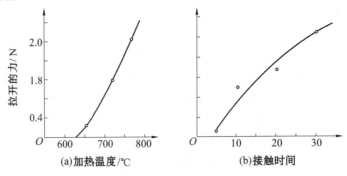

图 4.6　法向载荷为 0.21 N 时洁净铂圆柱间的黏着

表 4.2　彻底净化金属间开始产生强烈黏着的温度

（T_a 为发生强烈黏着的温度，T_m 为熔点）

金　属	T_a/K	T_m/K	T_a/T_m
铂	880	2 046	0.44
镍	780	1 728	0.45
金	520	1 315	0.40
银	~480	1 233	0.40
铝	~300	600	0.50
铟	300	429	0.70

4.2.3　黏着磨损的机理

　　实验表明,当两洁净的金属表面相互接触时,会形成强有力的金属接点。接点的形成对金属材料来说,根据齐曼(Ziman)的"胶体模型",金属中的"自由电子云"类似于黏结液,能够使两金属界面上靠得很近的正离子结合起来,形成金属键,黏着强度基本决定于界面上的电子密度。

　　表面粗糙的两固体,在法向压力作用下相互接触时,一小部分微凸体的顶峰受到很大的压应力,当达到了流动压力时,就会发生塑性变形。当表面洁净时,两固体表面上的粒子随着距离的缩短,将先后出现物理键与化学键,当两表面上有成片的粒子相结合就形成凸体桥,即接点。根据内聚功和黏着功的概念,如果两个固体的内聚功不同,而黏着功的大小又介于两内聚功之间,则断裂将发生在内聚功较小的固体内。

　　实际上,固体间的黏着受到两个主要因素的影响而被大大地削弱,一个是表面上的氧化膜或其他沾染膜。但这些表面膜往往会被表面变形,特别是剪切应力所破坏,显露出新鲜的表面而被黏着。另一个因素是弹性应力恢复效应,即使完全净化的表面,在同一金属的半球体和平板试样间所观察到的黏着面积比预计的值要小。这是由卸去载荷后的弹性应力恢复效应所造成的。在接触区内,接点在其形成过程中被强烈地加工硬化,当载荷卸除后,界面发生了弹性变形,此时周边的连接桥处于拉力状态,由于延性不足而被拉断,所以只有一小部分接点被保留下来。当法向载荷存在时,对试样施加切向应力,便可见到黏着增大,这是由于法向和切向应力复合的结果,使接触面积增大。

根据以上结论,对大多数金属来说,在施加了法向载荷之后黏着之所以不大,是由微凸体桥缺乏延性和界面形状发生了变化所致。由于加工硬化了的微凸体桥缺乏延性,使得它们在略微延展时即发生断裂,这可通过在卸载前使接点退火而得到补救,退火温度约为其熔点的1/2。退火可获得很大的法向黏着。西蒙诺夫曾提出,在洁净的表面上影响黏着的另一个因素是结晶表面间的结晶位向。具有完全配合的位向时,很容易发生黏着,在位向失配时,必须对界面供给一定的能量才能保持强固的黏着。能量可以是热量也可以是塑性变形功。这样低温比高温时需要更多的塑性变形来造成界面上强固地黏着。

金属的塑性变形产生于晶体滑移,即重叠原子平面间的剪切。滑移是各向异性的,滑移的方向总是沿着原子密排的方向,滑移面也是在金属原子最多的面上。因此滑移的方向按照晶体的结构而变化。面心立方金属是<110>,体心立方金属沿<111>滑移,而密排六方金属的滑移方向为<$2\bar{1}\bar{1}0$>。面心立方和密排六方的滑移面各为{111}及(0001)。体心立方结构的滑移面为{110},{112}和{123}。上述平面都是原子密度较大的晶面。滑移还受温度影响,例如密排六方金属高温时会在{$10\bar{1}\bar{1}$}及{$10\bar{1}2$}面上滑移,因此界面上的塑性受晶体结构影响很大,故对黏着也有很大的影响。例如,半球形的钴制滑块在钴制圆盘上在10^{-2}Pa的真空中滑动。钴为密排六方结构,实验时用单晶体钴以消除其他变量及晶界的影响。滑动时滑块的基本平面(0001)和圆盘同一平面相接触,测得摩擦系数为0.35。若将实验温度提高,则得到如图4.7所示的结果,在417 ℃时几乎焊死。当用单晶体的铜滑块在铜盘上滑动而且用{111}为摩擦平面,这和钴所选的(0001)面一样,都是原子密度最高的面,但摩擦系数则为21.0。这是由于钴在常温时为密排六方结构,只有三个滑移系,而到417 ℃时转变为面心立方结构,有12个滑移系之故。同样,铜为面心立方金属,有12个滑移系,使得在切应力作用下滑移的概率增加。但滑移是由于位错运动所致,而这些位错运动在交叉的滑移面上形成位错

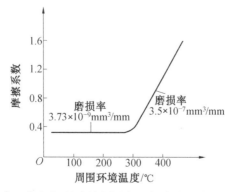

图4.7 在10^{-9}Pa真空中,钴在钴制圆盘上滑动时不同温度下的摩擦系数

滑动速度:198 cm/s;载荷:10 N

节点,它就起了壁垒作用而阻碍了进一步的滑移。因此,开始时容易滑移,微凸体也容易焊在一起,然而由于晶体结构的特性,当这些接点加工硬化后就变得难以断开,使黏着增大。

材料间的溶解度或互溶性也是影响黏着的一个重要因素。有人用 38 种金属对钢在真空中进行了试验,发现在铁中溶解度极小或者和铁组成金属化合物的材料不易黏着。因为接点的形成和生长与在原子范畴之内发生扩散这一个过程有关,虽然时间比较短暂,但在微凸体接触时的瞬间,温度可能很高,是造成接点生长的原因。上面我们说到金属间的黏着,其实非金属材料本身之间以及金属与非金属材料之间同样有类似的特性。例如,将两片刚刚劈理出来的正方形岩盐,沿其(100)轴相平行的方向贴合并加以压缩,直到面积变大到原来的两倍,然后取下,发现两片岩盐黏得很牢固,如将它们拉开,发现需 4 Pa 强度的拉力,相当于岩盐晶体的抗拉强度。这就有力地表明两片岩盐产生了塑性变形与黏着。若结晶方向相互倾斜,黏着就不显著。

我们来讨论一下黏着的本质,当一片洁净的铜被压紧在另一片洁净的铜表面上时,一个微凸体上的原子靠近,甚至于靠近到铜本身内部原子间的距离程度,此时无法区分界面上的原子是属于哪一边,所以界面间的力就和金属整体中铜原子间的力具有完全相同的性质。然而由于相遇铜晶格间的错配,界面总是有缺陷的,使接触区的黏着变弱。塑性流动可以使这些缺陷消除一些,但最有效的方法还是热扩散,若缺陷完全被消除了,则界面就没有存在的意义了。此时两块试样变成一块试样,接触区的黏着强度相当于材料本身的强度。对异类金属可应用同样的推理,若有可能形成合金,则相互作用的性质就比较复杂。若不形成合金,则界面力可能为两金属各自原子间的平均值。因此,可以设想像铟那样比较"弱"的金属和像金那样比较"强"的金属黏着时,要比铟-铟原子间的结合力强。所以要把铟-金表面拉开往往断裂发生在铟试块中,实验结果也是如此。可以看出,强固的黏着是原子间力的结果,可以很自然地当作存在于整个固体内部的内聚力。如果在实践中看不到强固的黏着,可能主要是由于粘染膜或弹性应力恢复效应之故。

4.2.4 黏着磨损的模型

1. 黏着磨损的发生

两摩擦表面的金属直接接触,在接触点上产生固相焊合(黏着),若两摩擦表面相对运动,则黏着点被剪切,同时新的黏着点又形成。这样黏着点被剪切,然后再黏着,再剪切,最后形成磨屑。这种接触表面黏着是由于两材料表面原子间的吸引力。黏着磨损的发生过程如图 4.8 所示,它是两接触材料界面的示意图,其中一个物体受到切向的位移,若从材料界面断裂所需之力大于从其中内部断裂所需之力,则断裂从后者内部发生,同时发生磨屑和移附。若接点的剪切强度大于上物体而小于下物体的基体强度,则剪切沿 2 剪断,并产生磨屑移附在下物体上,那么在洁净的金属接点附近的断裂可能存在四种情况:

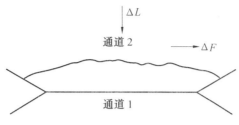

图 4.8　接点的剪切示意图

①界面比滑动表面中任一金属都弱,则剪切发生在界面上,并且磨损极小,例如锡在钢上滑动。

②界面比滑动中的一金属强而比另一金属弱,这时剪切发生在较软金属的表层上,并且磨屑黏附到较硬金属表面上去,如铝与钢滑动。

③界面比滑动中的一金属强,偶尔也比另一金属强,这时较软金属明显地转移到较硬金属上去,但偶尔也会撕下较硬金属,铜在钢上滑动往往出现这种情况。

④界面比两金属都强,这时剪切发生在离界面不远的地方。同种金属相互滑动时会发生这种情况。

从这些简单的情况可以看出,这四种情况之间磨损量可能相差很大,也许从 1 到 100 倍。前面已经指出,由于接触材料的界面常为断面积最小处,且有大量缺陷如空隙等存在,故强度较低,断裂很可能发生在界面上,根据实验统计的结果,材料副在滑动时在其切断的接点中能形成较大磨屑的不到接点总数的 5%。图 4.9 是格林伍德(Greenwood)和泰伯(Tabor)的磨屑形成过程模型的图解说明。他们用不同金属与塑料的两维模型说明微凸体及其剪切,在某些情况下,特别是当接点的平面和滑动方向不平行时,黏附磨屑将会形成。不平行性肯定会存在的,因为原始表面是粗糙的,或是在滑动过程中变粗糙的。另外芬恩(Feng)曾指出,若接点与滑动方向平行,则通过滑动使接点变得粗糙,使切屑容易形成。

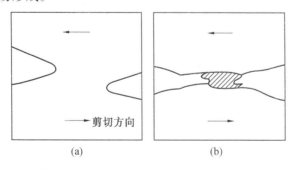

图 4.9　铜形成磨屑的两维模型

考虑到图 4.9 所示的磨屑形成模型,提出所有的断裂不发生在界面上而只发生在较软材料的内部,这是较软材料机械性能较低之故。其实并非如此,即较硬材料也会形成磨屑,只是在多数情况下较软材料形成较多的磨屑,且通常所形成的磨屑也较大而已。事实证明,在所有研究过的两种不同材料在滑动或法向应力接触下,较硬材料也形成磨屑,这可能是较硬材料内部也有局部的低硬度区。假如这是符合实际的,那么接点上也有较软材料的高硬度区,这样较硬材料就会形成磨屑,如图 4.10 所示。

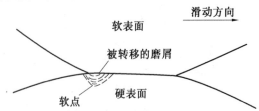

图 4.10　硬表面的低强度点磨屑形成示意图
（硬材料所生成的磨屑一般比接点小）

2. 黏着磨损的原子模型（汤姆林逊模型）

由于金属以及许多非金属材料滑动时亚表面的复杂性,想用一简单的方程式来表达磨损是很难成功的。但人们常用某些工程变量如载荷、速度以及金属与非金属材料的某些机械性能,如屈服应力或硬度来表达磨损。硬度是容易测量的参量,并有助于设计时材料和工艺的选择。但是较硬材料不一定耐磨,这是由于相互作用时亚表层发生复杂的变化所致。亚表层的变化只能用 X 射线和电子衍射等方法来研究。

汤姆林逊的黏着理论认为,当摩擦两表面十分接近时,原子将相互排斥,被排斥的原子将回到原来的位置上去,不仅如此,另一方面一个原子可能会从其平衡位置上被驱逐出来并黏着在另一表面的原子上,而不回到原来平衡的位置上去。这就是由于原子俘获而生的磨损。滑动时,金属磨损由于原子从表面上被俘获的理论可用俘获过程中形成原子配对的能量消耗来推导出。若一原子对的能量消耗为 $E_c l$, E_c 为原子间的内聚力,l 是一个自由状态原子所走的距离,则原子质量 m 为

$$m = \rho \left(\frac{\pi}{6} \right) d^3$$

式中,ρ 为被磨损金属的密度;d 为原子直径。

若在滑动中有 n 个原子对发生相互作用的能量消耗值为 E,则有

$$n = \frac{E}{E_c l}$$

在此过程中被磨损原子的总质量为

$$M = nm$$

代入 n,求得

$$M = \frac{Em}{E_c l} = \frac{E\rho\pi d^3}{6E_c l} \tag{4.1}$$

按摩擦原子理论

$$\mu = \frac{aE_c l}{dp}$$

式中,μ 为摩擦系数;p 为平均排斥力;a 为原子分开概率。

将 $E_c l$ 代入式(4.1),得

$$M = a \frac{\pi}{6} \cdot \frac{E\rho d^2}{p\mu} \tag{4.2}$$

金属的流动应力 σ_y 就是晶格点阵所能承受的极限载荷,为

$$\sigma_y = p_{max}/(d^2/4)$$

p_{max} 为最大排斥力,由于 $p = p_{max}/2$,故

$$\sigma_y = 8p/d^2$$

代入方程(4.2)中,得

$$M = a\frac{4\pi}{3} \cdot \frac{E\rho}{\mu} \cdot \frac{1}{\sigma_y} = a\frac{4\pi}{H} \cdot \frac{E\rho}{\mu} \tag{4.3}$$

式中,H 为金属的硬度。

式(4.3)表明总磨损量和金属的硬度成反比,这是合理的,但错误的是磨损和摩擦系数成反比。

3. 磨损定律

摩擦表面的黏着现象主要是界面上原子、分子结合力作用的结果。两块相互接触的固体之间相互作用的吸引力可分为两种,即短程力(如金属键、共价键、离子键等)和长程力(如范德瓦尔斯力)。任何摩擦副之间只要当它们的距离达到几纳米以下时,就可能产生范德瓦尔斯力作用;当距离小于 1 nm 时,各种类型的短程力也开始起作用。如两块纯净的黄金接触时,在界面之间形成的是金属键,界面处的强度与基体相似。净化的钨和金在高真空中接触再分开时,发现有相当数量的金黏着转移到钨的表面,这表明清洁表面原子间的作用力是非常强的。实际当中,黏着现象也受许多宏观效应,如表层弹性力、表面的结构与特性、表面污染等的影响。

关于黏着磨损的机理和模型,荷姆(Holm)、阿查德(Archard)、鲍登(Bowden)、泰伯(Tabor)、巴克莱(Buckley)等人虽然都做过深入的研究,但至今对许多基本问题还没有统一的、准确的结论。这里主要介绍得到各国许多学者承认的阿查德(Archard)黏着磨损模型及黏着磨损方程式。

阿查德用屈服应力 σ_y 与滑动距离来表达金属体积磨损 W_v。固体的表面是凹凸不平的,因此即使在十分微小的载荷下,表面至少有三点接触。当载荷逐渐加大,则接触点沿径向增大,同时邻近的接触点数也增多了。即载荷增大使真实接触面积 A_t 通过两个途径增大,一是原有接触点的接触面积增大;二是新的接触点增多。

阿查德模型示意图如图4.11所示,设球冠型的微凸体在载荷 L 的作用下压在另一相同的微凸体上。若上半球十分坚硬,而磨损只发生在无加工硬化的下半球体上。由于载荷 L 的作用,首先使上半球体压入下半球体中,并使下半球体发生塑性流动,见图4.11(a)、(b)。设接触区圆平面的直径为 $2a$。

当相对滑动至图4.11(c)时,真实接触面积达最大值 πa^2,若有 n 个同样的接触点,则真实接触面积为 $A_t = n\pi a^2$,可以认为每个接触面积的半径并不完全相等,但可把 a 当作平均半径。当然接触面也不完全是圆形的,但为了计算方便起见,作此假设。当为塑性接触时,塑性变形由真实接触面积支承,$L = n\pi a^2\sigma_y$。其中 L 为法向载荷,σ_y 为被磨损材料的屈服应力。随滑动过程的进行,两表面发生如图4.11(d)、(e)的位移。只要滑动 $2a$ 的距离,在载荷的作用下就会发生黏着点的形成、破坏,磨屑就会在微凸体上形

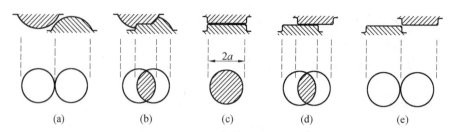

图 4.11 黏着磨损模型

成,并在较软材料上产生一定量的磨损。在此过程中,有 n 个微凸体被剪切,故单位滑动距离所剪切的微凸体 $n_0 = n/2a$。假定当微凸体被剪切时,形成半球形磨屑

$$\Delta V = \frac{2\pi a^3}{3}$$

由于在滑动过程中接点的形成和剪断是连续不断地随机分布在整个表观面积上,不能说下表面的微凸体在每一接触中总是永远损耗去相当体积的材料;实际上微凸体经过长期接触后,要塑性变形和加工硬化,而黏附到上表面的材料也会反黏附到下表面上来。这时下表面不仅不损耗材料反而增加材料,故要计算有多少接点发生磨损是不可能的。只有假设有一概率 K,K 为单位滑动距离的 n_0 个接点中发生磨损的概率。

设 S 为总滑动距离,W_v 为较软材料上的总体积磨损,则

$$W_v = K \times n_0 \times S \tag{4.4}$$

将 n_0 代入,得磨损率为

$$\frac{W_v}{S} = K \frac{L}{3\sigma_y} \tag{4.5}$$

由于 σ_y 近似等于 $H/3$,H 为较软材料的硬度,可求得

$$\frac{W_v}{S} = K \frac{L}{H} \tag{4.6}$$

这就是著名的阿查德方程。在此以前汤姆林逊和荷姆(Holm)都有类似的公式。即体积磨损量和载荷与滑动距离成正比,与材料的硬度成反比。量纲为一的常数 K 通常称为黏着磨损系数,一般情况下 $K \ll 1$,决定于摩擦条件和摩擦材料。

现在若设一圆锥形的微凸体与硬平面接触,剪切后圆锥体顶尖磨损,并留下一直径为 $2a$ 的表面,用上述同样方法,微凸体的体积损失为 $(\pi a^3 \tan \theta)/3$(θ 为圆锥体的基角),则磨损率为

$$\frac{W_v}{S} = K \frac{L}{H} \cdot \frac{\tan \theta}{2} \tag{4.7}$$

由上可知,磨损率与材料的硬度成反比,而与法向载荷成正比。式(4.3)把磨损率与工程变量及零件材料的机械性能联系起来,这是阿查德方程有意义之处。

从阿查德磨损方程可以得出,磨损体积与滑动距离成正比,这已被实验所证实。然而,磨损率与法向载荷呈严格的正比关系却很少见。人们常常发现,随载荷增加,磨损率会从低到高发生突然变化。如图 4.12 所示,黄铜销与工具钢环磨损时,黄铜的磨损

率服从式(4.6);然而铁素体不锈钢销在载荷小于 10 N 时,与式(4.6)吻合很好,但载荷超过 10 N 时,则磨损率迅速增加。

阿查德模型简单明了地阐明了载荷、材料硬度和滑动距离与磨损量之间的关系。其不足之处在于,这个模型忽略了摩擦副材料本身的某些特性,如材料的变形特性、加工硬化、摩擦热对材料的影响等。图 4.13 为钢制销钉在钢制圆盘上滑动摩擦时的结果。图中表示钢的黏着磨损系数与硬度比 K/H 和平均压力(载荷/表观接触面积)的变化曲线。当压力值小于 $H/3$ 时,磨损率小而且

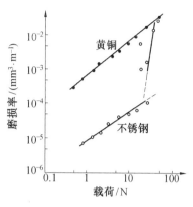

图 4.12 磨损率与载荷的关系

保持不变,即磨损率与载荷成正比,但当压力值超过 $H/3$ 时,K 值急剧增大,磨损量也急剧增大,这意味着在这样高的载荷作用下会发生大面积的黏着焊合。此时整个表面发生塑性变形,因而实际接触面积与载荷不再成正比关系。

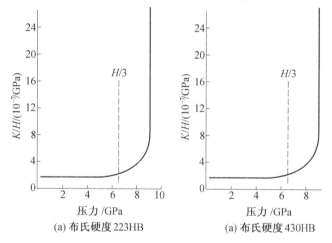

(a) 布氏硬度 223HB   (a) 布氏硬度 430HB

图 4.13 钢的摩损系数随表观压力变化曲线

4.2.5 磨屑的形成过程

1.黏着与转移

黏着与转移的原因是由于固体原子间的结合力,即所谓黏着分子理论。当软表面和硬表面摩擦时,软表面的材料将黏附到硬表面上。将表面净化的钨与金在高真空中接触后分开,发现有相当数量的金黏着转移到钨上去。金与钨的晶体结构是不同的,但能发生转移,也不需加载荷,说明清洁表面原子间的作用力是十分强烈的,黏着和转移是完全可能的。

克列其(M. Kerriage)和兰卡斯特(J. Lancaster)用一个经放射处理的黄铜销在无放射性的不锈钢盘上滑动,用盖格-弥勒计数管记录下金属的转移量和磨损量与时间的

关系,如图 4.14 所示。

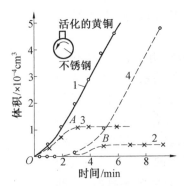

图 4.14　黄铜销在不锈钢圆盘上滑动时金属转移和磨损与时间的关系

1,3—无润滑,载荷 50 N;2,4—十六烷润滑,载荷 225 N

○—磨损;×—转移

在滑动开始时,黄铜往不锈钢圆盘转移得很快,所以黄铜销的磨损率很大,但是当金属转移量到一定值时,就达到了稳定状态。在润滑条件下,即使在 225 N 的很高载荷时,由于润滑剂的作用,金属转移量小于无润滑情况下的磨损,但转移和磨损都与低载荷干摩擦状态下所观察到的情况相类似,而且体积磨损曲线的斜率相同,意味着磨损率相同。从曲线的特性可见,黄铜对钢的磨损有两个明显不同的阶段:黄铜转移沉积到钢表面和沉积层形成磨屑。当金属的转移量和磨屑形成量相等时,则达到了平衡状态。即当滑动开始时,短时期内的效果是黄铜销将一定量的黄铜涂覆在钢上,但没有自由磨屑出现,金属的转移量随时间的增长以指数关系增加,而且,对于摩擦继续到约为 2.75 min,而对有润滑时约持续到 5 min。然后接着为第二阶段,转移过去的黄铜层形成自由磨屑。继续滑动的结果,使屑片的尺寸增加,且涂覆上的黄铜的表面粗糙度也增加。金属是以不连续的颗粒状被转移过去的,而且界面上脱落的磨屑片的面积约为转移过去颗粒的 8 倍,而厚度约为 6 倍。

退火钢在淬火钢上滑动时,情况则与上述有些不同,转移过去的金属在脱落以前先被氧化,而且磨屑产生的速度决定于钢的氧化速度,这与铜对钢的摩擦不同。磨屑是由 1 pm 大小的颗粒聚成,且有氧化物存在。所以钢对钢的磨损机理比较复杂,可能是黏着磨损、氧化磨损与磨料磨损同时存在。

2. 磨屑的形成过程

1979 年日本的研究人员加藤等人在扫描电镜内对接点的形成、剪切和磨屑脱落过程进行了动态研究,观察微凸体的接触形状和它们的相互接触情况,提出了黏着磨损的两种模型。

(1)片状屑形成过程

图 4.15 为舌状屑形成过程模型。

①施加法向载荷,使两微凸体静止接触,如图 4.15(a)所示;

②施加切向载荷,使黏着点的塑性变形增长到开始滑移的极端状态,塑性区为

ABC,如图4.15(b)所示;

③在滑移线AC上发生滑移并形成舌状物$ABCB'$,形成新的接触面AA',如图4.15(c)所示;

④由于剪切作用使滑移舌状物$ABCB'$弯曲,同时第二个塑性区$A'B'C'$也形成,接触面为$A'B'$,如图4.15(d)所示,而③、④几乎是同时发生的;

⑤滑移舌以同样方式连续形成,并在滑移舌状物的根部出现裂纹,如图4.15(e)所示;

⑥滑动发生的接触面上,形成转移的片状屑,如图4.15(f)所示。

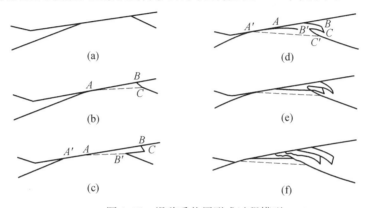

图4.15 滑移舌状屑形成过程模型

（2）黏着楔形屑形成过程

黏着楔形屑形成过程如图4.16所示。

①施加法向载荷,使两微凸体静止接触并形成黏着点,如图4.16(a)所示;

②施加切向载荷,使黏着点塑性变形到达极限程度,并产生塑性区ABC,如图4.16(b)所示;

③在AD部位产生裂纹,塑性变形使BC外凸,如图4.16(c)所示;

④第二个塑性区$DC'E$从裂纹尖端相应的接触面DC'以下形成,如图4.16(d)所示;

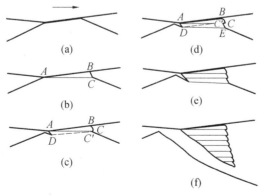

图4.16 黏着楔形屑形成过程模型

⑤剪切裂纹扩展,微观滑动在第二滑移线上产生,并形成第三个塑性变形区,如图4.16(e)所示;

⑥以同样方式继续下去,最后形成楔形状黏着屑,如图4.16(f)所示。

上述磨屑的形成过程都与塑性变形有关,只是具体磨屑的形成过程不同。黏着转移磨屑形成过程使磨屑断面上具有剪切波纹和剪切撕裂的特征。尖锐的微凸体比圆钝的微凸体更易形成这两种类型的磨屑。图4.17为扫描电镜下观察到的片状磨屑。

图4.17 铍青铜/工具钢在环-块磨损试验机上干摩擦形成的片状磨屑

4.2.6 影响黏着磨损的因素

影响黏着磨损的因素很多,也十分复杂,概括起来,主要包括两个方面,一是工作条件,包括载荷、速度及环境因素(如真空度、湿度、温度及润滑条件等);二是材料因素,如材料的成分、组织及机械性能等。

1.载荷

苏联学者系统地研究了产生胶合的影响因素,发现在一定速度下,当表面压力达到一定临界值,并经过一段时间的运行后,才会发生胶合。几种材料胶合磨损的临界载荷值见表4.3。通过观察不同材料的试件在球磨机实验中磨痕直径的变化,可以反映出胶合磨损的情况。在一定速度下,当载荷达到一定值时,若磨痕的直径骤然增大,则这个载荷称为胶合载荷。四球试验机上胶合载荷试验,如图4.18所示。

表4.3 胶合磨损的临界载荷值

摩擦副材料	临界载荷	胶合发生时间/min
钢/青铜	170	1.5
钢/GCr15	180	2.0
钢/铸铁	467	0.5

但是根据实验发现各种材料的临界载荷值随滑动速度的增加而降低,这说明速度也对黏着磨损(特别是胶合)的发生起着重要作用。因此,仅载荷或者速度本身并不是直接导致黏着磨损的唯一原因,它们两者的影响是相关的。

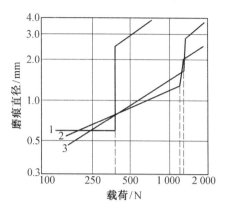

图 4.18　四球试验机上胶合载荷试验
1—钢-钢;2—钢-铸铁;3—钢-黄铜

2. 滑动速度的影响

当载荷固定不变时,黏着磨损随着滑动速度增加而降低,然后又出现第二个高峰,接着又下降。如图 4.19 为铅质量分数为 2% 的 60/40 黄铜销与硬钢环在不同速度和温度下摩擦时的磨损率。

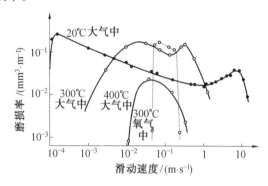

图 4.19　铅质量分数为 2% 的 60/40 黄铜销与硬钢环在不同速度和温度下摩擦时的磨损率

随滑动速度的变化,磨损机理也发生变化。图 4.20(a)为钢铁材料磨损量随滑动速度的变化。当滑动速度很小时,磨损粉末是红褐色的氧化物(Fe_2O_3),磨损量很小,这种磨损是氧化磨损。当滑动速度增大时,则产生颗粒较大并呈金属色泽的磨粒,此时磨损量显著增大,这一阶段为黏着磨损。如果滑动速度继续增大,则又出现了氧化磨损,这时产生的磨损粉末是黑色的氧化物(Fe_3O_4),磨损量又减小。再进一步增加滑动速度,则又出现黏着磨损,磨损量又开始增加。图 4.20(b)为钢铁材料磨损量随载荷的变化。当载荷低于临界载荷时产生氧化磨损,高于临界载荷时产生黏着磨损。

图 4.21 为利姆(S. C. Lim)等人提出的,空气中钢/钢无润滑滑动情况下的磨损模式图。图中的归化压力定义为法向载荷除以法向接触面积与较软材料的压入硬度,归化速度定义为滑动速度除以热流速度。上方横坐标是典型钢种的代表性滑动速度值,从磨损模式图可以大致预测出磨损程度。该磨损图分为 8 个区域,Ⅰ区为高接触压力区,表面发生大面积咬死,真实接触面积等于表观面积。Ⅱ区为高载荷和相对低的滑动

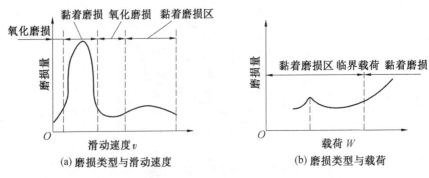

图4.20 钢铁材料磨损量与滑动速度和载荷的关系曲线

速度区,在微凸体接触区处钢表面薄的氧化膜被压破,金属磨屑形成,属严重磨损区。在Ⅱ和Ⅲ区热效应可以忽略,但在Ⅳ和Ⅴ区热效应则非常重要。在高载高速下(Ⅳ区),由于摩擦热作用导致界面温度很高,金属发生熔化。在低载高速下(Ⅴ区),界面温度仍然很高,但温度低于金属的熔化温度,因此金属表面发生氧化磨损,形成氧化磨屑。在滑动速度范围很窄的Ⅵ、Ⅶ和Ⅷ区,发生等温状态(低速时)和绝热状态(高速时)的转变。

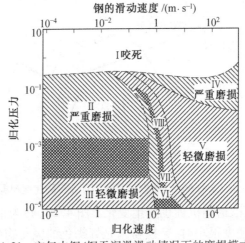

图4.21 空气中钢/钢无润滑滑动情况下的磨损模式图

3. 温度的影响

在摩擦过程中,特别在局部微区中所产生的热量,可使温度达到"闪温"。摩擦副表面局部微区(微凸)所产生的热量,可使瞬时温度达到很高,称之为"闪温"。摩擦副表面温度的升高会发生一系列的化学变化和物理变化,会导致表面膜破坏、表面强烈氧化、相变、硬化和软化,甚至使表面微区熔化。但表面的瞬间局部温度是难以准确测定的,目前尚是摩擦学中的一个难题。

摩擦表面温度与载荷和滑动速度密切相关,实验表明:当滑动速度与载荷的乘积(即 pv 值)达到一定值时,就会产生黏着磨损,如果它们的乘积很大则会发生严重的黏着磨损——胶合。载荷与速度的乘积与摩擦副间传递的功率成正比,也就是与摩擦损耗的功率成正比。pv 越大,摩擦副间耗散的能量就会越多,因此摩擦过程中这些能量产生的热使表面温度升高。但是,产生的热量在接触表面间并不是均匀分布的,大部分的热量产生在表面接触点附近,形成了半球形的等温面。在表层内一定深度处各接触点的等温线将汇合成共同的等温面,如图 4.22 所示。

图 4.23 为温度沿表面深度方向的分布。由图可知,摩擦热产生于最外层的变形区,此时表面温度 θ_s 最高,又因热传导作用造成变形区非常大的温度梯度。变形区以内为基体温度 θ_v,变化平缓。

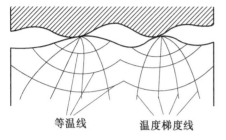

图 4.22　表层内的等温与梯度线　　　图 4.23　温度沿表面深度方向的分布

摩擦表面的温度对磨损的影响主要有三个方面。

(1)使摩擦副材料的性能发生变化

金属的硬度通常与温度有关,温度越高则硬度越低,由于微凸体间发生黏着的可能性随着硬度的降低而增加,因此在无其他影响时,磨损率随着温度升高而增加。为了抵消这种影响,故在高温下工作的零件材料(如高温轴承材料),必须选择热硬性高的材料,如工具钢和以钴、铬、铝为基的合金等。当工作温度超过 850 ℃ 时,必须选用金属陶瓷及陶瓷。温度还会引起摩擦表面材料强烈的形变及相变,使磨损率发生极大的变化。

(2)使表面形成化合物薄膜

大多数金属表面在空气中都覆有一层氧化膜,氧化膜的形式和厚度都取决于温度。克拉盖尔斯基用工业纯铁在不同速度下(即在不同界面温度下)相互摩擦的实验表明,低速度下磨损率很高,表面黏着很多,但在较高速度下,磨损率几乎降低三个数量级,而且表面变得光滑发亮。据估计在转变速度下,界面温度约为 1 000 ℃,故滑动速度对磨损率的变化,往往可用温度的变化来解释。

(3)使润滑剂的性能改变

如用油润滑的零件,温度升高后,润滑油的黏度下降,先氧化而后分解,超过一定极限后,润滑油将失去润滑作用。因此高温下必须使用其他润滑剂,如石墨、二硫化钼等固体润滑剂。油的氧化和分解会使其润滑性能发生不可逆的变化。一般来说,在边界润滑状态下,固体润滑剂能起最大的保护作用。

4. 材料性能的影响

(1)摩擦副的互溶性

摩擦副的互溶性大时,当微凸体相互作用时,特别在真空中容易形成强固的接点,使黏着倾向增大。相同金属或相同晶格类型、晶格常数、电子密度和电化学性能相近的金属则互溶性大,容易黏着。

（2）材料的塑性和脆性

脆性材料比塑性材料抗黏着能力强。塑性材料形成的黏着结点的破坏以塑性流动为主,接点的断裂常发生在离表面较深处,磨损下来的颗粒较大,有时长达 3 mm,深达 0.2 mm。而脆性材料黏结点的破坏主要是剥落,损伤深度较浅,同时磨屑容易脱落,不堆积在表面上。根据强度理论可知,脆性材料的破坏由正应力引起,而塑性材料的破坏决定于切应力。而表面接触中的最大正应力作用在表面,最大切应力却出现在离表面一定深度,所以材料塑性越高,黏着磨损越严重。

（3）金相组织

金属材料的耐磨性与其本身的组织结构有密切的关系,材料在摩擦过程中由于摩擦热和摩擦力的作用,显微组织会发生变化。一般来说,多相金属比单相金属黏着的可能性小;金属化合物相比单相固溶体黏着可能性小;金属与非金属组成摩擦副比金属与金属组成的摩擦副黏着可能性小;细小晶粒的金属材料比粗大晶粒的金属材料耐磨性好。在实验条件相同的情况下,钢铁中铁素体含量越多,耐磨性越差;相同含碳量时,片状珠光体的耐磨性比粒状珠光体好。由于低温回火马氏体组织稳定性比淬火马氏体稳定,因而其耐磨性高于淬火马氏体。

（4）晶体结构

一般条件下,密排六方晶体结构的金属比面心立方的金属抗黏着性能好,这是由于面心立方金属的滑移系数大于密排六方金属。在密排六方晶体结构中,元素的 c/a 比值越大,则抗黏着性能越好。图 4.24 为钴在不同温度下的摩擦系数和磨损率的变化情况。从该图可知,在 417 ℃以下,钴为密排六方晶体结构,而到 417 ℃时转变为面心立方晶体结构。由于晶体结构的变化,摩擦系数和磨损率都发生了很大的变化,400 ℃以上的磨损率比 300 ℃以下的磨损率约大 100 倍。

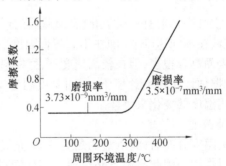

图 4.24　钴在不同温度下的摩擦系数和磨损率

5. 表面粗糙度的影响

一般来说,降低摩擦副的表面粗糙度会提高抗黏着磨损能力,但表面过分光洁可使润滑油在表面的储存能力下降,反而容易造成黏着磨损。

6. 表面膜的影响

实际零件表面在空气中都会有表面覆盖膜,表面覆盖膜虽不能防止两摩擦副金属的直接接触,却能减少接点生长,减少摩擦。在真空中,由于接点的生长并没有受到表面膜存在的阻碍,因此焊合容易发生,导致摩擦系数增大。

（1）氧化膜

大多数金属表面都覆上一层氧化膜,经切削加工后表面洁净的金属在空气中会立即覆盖上一层单分子层的氧化膜。在载荷很小时,氧化膜并不防止金属的接触,而在切向力作用下氧化膜容易破裂。在轻载荷下,氧化膜能减轻摩擦和磨损,这时接触电阻高,磨屑很细,且主要由金属氧化物组成,而摩擦表面被磨得很光,即轻微磨损。当载荷增大后,氧化膜阻碍作用减少,这时接触电阻降低,微凸体接点增加,焊合面积增大,磨屑为较粗的金属粒,磨损表面粗糙,为严重磨损。氧化膜的性质也很重要,脆而硬的氧化膜如铝,常不能防止严重磨损,反而使磨损增加,而坚韧并能牢固黏附在基体上的氧化膜,则有利于减少摩擦和磨损。

（2）边界润滑膜

所谓边界润滑是指两摩擦面间存在着油膜,但油膜的厚度不足以防止微凸体穿过油膜发生接触。有些机械虽然设计在完全流体动力润滑状态下工作,但由于油膜厚度为速度的函数,故在起动和制动时也会出现边界润滑状态。边界润滑膜与氧化膜的作用有类似之处,即能限制金属微凸体的接触,抑制接点生长,同时还能限制腐蚀性气体或液体的侵蚀,以减轻磨损。但边界润滑剂的主要效果不是由于其流变性能而是它的化学性能。脂肪酸比链长的酒精润滑剂更佳,是由于活性较强的脂肪酸能化学吸附在金属上的缘故,1~2个分子层就能使磨损减小1/10,所以若金属表面能形成一层金属皂,就可使边界润滑效果提高。

（3）固体润滑膜

应用树脂一类的黏结剂将固体润滑剂(石墨、二硫化钼、一氧化铝等)黏在摩擦表面,或将它们制成粉末状放在承受轻载的两表面之间,这时它们就能黏附在金属表面上,最后形成一层覆盖层并黏附得很牢。固体润滑剂还可制成粉末掺入液体润滑剂中,从而使摩擦表面最后获得一固体润滑膜。固体润滑膜能减少金属接触点的数量,并抑制接点生长。特别在高真空和高温中,因为常规润滑剂失效,必须用固体润滑剂减轻磨损。

摩擦表面的滑动速度和载荷,以及表面温度与黏着磨损是直接相关的,因此选用稳定性适当的零件材料和润滑材料及润滑方法,加强冷却措施,是防止产生黏着磨损的有效方法。

4.3 磨粒磨损

4.3.1 磨粒磨损的定义与分类

1.磨粒磨损的定义

所谓的磨粒磨损是因物料或硬凸起物与材料表面相互作用使材料产生迁移的一种现象或过程。这里所说的物料或硬凸起物通常指非金属,如岩石、矿物等,也可以是金属,如轴与轴承之间的磨屑。同时,物料或凸起物尺寸的变化范围也是很大的,它可以是几个微米的小磨屑,也可以是几十公斤甚至是几吨的岩石或矿物。磨粒磨损许多资料上也叫磨料磨损,其实磨料与磨粒是两个概念。磨料是指参加磨损行为的所有介质,如空气、水、油、酸、碱、盐和各种磨粒,即硬颗粒或硬凸出物等。而磨粒则指参加磨损行为的具有一定几何形状的硬质颗粒或硬的凸出物,如非金属的砂石和金属的微屑和金属化合物,以及非金属化合物颗粒。从而可以看出,磨料磨损应计入磨料的物理化学作用及机械作用的综合结果,而磨粒磨损只计入颗粒机械作用。所以磨料磨损是包括磨粒在内的与外界介质有关的磨损,磨粒只是磨料的一组元;磨粒磨损是磨粒本身性质而与外界无关的机械作用结果。

磨粒磨损在大多数机械磨损中都能遇到,特别是矿山机械、农业机械、工程机械及铸造机械等,如破碎机、挖掘机、拖拉机、采煤机、运输机、砂浆泵等,它们有些是与泥砂、岩石、矿物直接接触,也有些是硬的砂粒或尘土落入两接触表面之间,造成各种不同程度和类型的磨粒磨损,机器和设备的失效分析表明,其中80%是由于磨损引起的,因此提高机器的耐磨性是延长机器寿命的主要有效措施。如果不能建立在工程中使用的磨损和耐磨性计算方法,就不可能很好地使相互摩擦的机器零件间的耐磨寿命得到延长。目前对于磨损只有简单的数学模型,这种模型离正确的计算方程还很远,因为实际的磨损条件是十分复杂的,我们必须考虑到两个磨损表面材料的物理化学性能和机械性能、摩擦工况、介质、磨粒条件,以及摩擦件的结构特点等。

2. 磨粒磨损的分类

图 4.25 为磨粒磨损示意图。由于磨损的复杂性使得磨粒磨损的分类也比较困难,就目前来说分类方法比较繁多,归纳起来有以下几种。

(1)工业中常见的磨粒磨损的分类

①高应力碾碎式磨粒磨损,如图 4.25(a)所示。磨粒在两个工作表面间互相挤压和摩擦,磨粒被不断破碎成越来越小的颗粒。也就是说,当磨粒与机械零件表面材料之间接触压应力大于磨粒的压溃强度时,有些金属材料表面被拉伤,塑性材料产生塑性变形或疲劳,而后由于疲劳产生破坏,脆性材料则发生碎裂或断裂,如滚式破碎机中的滚轮、球磨机的磨球和衬板等。

②低应力划伤式磨粒磨损,如图 4.25(b)所示。松散磨粒自由地在表面上滑动,磨粒本身不产生破碎,也就是说,磨粒与材料表面之间的作用力不超过磨粒的压溃强度,材料表面被轻微划伤。这种磨损多发生在物料的输送过程中,如溜槽、漏斗、料仓、犁铧、料车等。

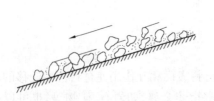

(a)高应力碾碎式磨粒磨损示意图　　　　　(b)低应力划伤式磨粒磨损示意图

图 4.25　磨粒磨损示意图

③冲击磨粒磨损,如图4.26所示。磨粒(一般为块状物料)垂直或以一定的倾角落在材料的表面上,工作时局部应力很高,如破碎机中的滑槽或锤头。

④凿削型磨粒磨损,如图4.27所示。磨粒对材料表面有高应力冲击式运动,从材料表面撕下较大的颗粒或碎块,从而使被磨材料表面产生较深的犁沟或深坑,如挖掘机斗齿,颚式破碎机中的齿板、辗辊等。

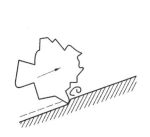 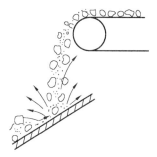

图4.26　冲击磨粒磨损示意图　　　　图4.27　凿削型磨粒磨损示意图

⑤腐蚀磨粒磨损。与环境条件发生化学反应或电化学反应相比,磨损是材料损失的主要原因,如含硫或有水介质环境的煤矿设备、选矿及化工机械等。

⑥冲蚀磨粒磨损,如图4.28所示。气体或液体带着磨粒冲刷零件表面,在材料表面造成损耗,如泵中的壳体、叶轮和衬套。

⑦气蚀-冲蚀磨损,如图4.29所示。固体与液体作相对运动,在气泡破裂区产生高压或高温而引起磨损,并伴有流体与磨粒的冲蚀作用,如泥浆泵中的零件。

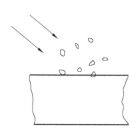 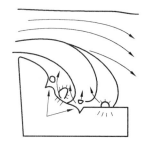

图4.28　冲蚀磨粒磨损示意图　　　　图4.29　气蚀-冲蚀磨损示意图

(2)以工作环境分类

①一般磨粒磨损是指正常条件下的磨粒磨损。

②腐蚀磨粒磨损是指在腐蚀介质中发生的磨粒磨损。

③热磨粒磨损是指高温下的磨粒磨损,高温和氧化加速了磨损,如燃烧炉中的炉箅、沸腾炉中的管道等。

(3)以磨粒的干、湿状态分类

①干磨粒磨损使用的磨粒是干的。

②湿磨粒磨损使用的磨粒是湿的。

（4）以磨粒和材料的相对硬度分类

①硬磨粒磨损是指金属硬度 H_m/磨粒硬度 H_a<0.8，如一般钢材受石英砂的磨损。

②软磨粒磨损是指金属硬度 H_m/磨粒硬度 H_a>0.8，如煤或其他软矿石对钢零件的磨损。

（5）以磨损接触物体表面分类

①两体磨粒磨损是指硬质颗粒直接作用于被磨材料的表面上，如犁铧、水轮机叶片。

②三体磨粒磨损是指硬质颗粒处于两个被磨表面之间，两个被磨表面之间可以是相对滑动运动，磨粒处于两个滑动表面中，如活塞与气缸间落入磨粒；两个被磨表面之间也可以是相对滚动运动，磨粒处于两个滚动表面中，如齿轮间落入磨粒。

（6）以磨粒固定状态分类

①固定磨粒磨损是指磨粒固定，并和零件表面作相对滑动，磨粒可以是小颗粒，如砂纸、砂轮、锉刀等；磨粒也可以是很大的整体，如岩石、矿物等，如采煤机截齿、挖掘机斗齿。

②自由磨粒磨损是指磨粒自由松散与零件表面相接触，磨粒可以在表面滚动或滑动，磨粒之间也有相对运动，如工作状态中的输送机溜槽、正在犁地的犁铧等。

上述分类主要是介绍各种磨粒磨损的定义，比较复杂，为清晰起见，根据不同系统特性的磨粒磨损分类见表4.4。

表4.4　根据不同系统特性的磨粒磨损分类

系统特性	磨粒磨损类型
使用条件	低应力磨粒磨损
	高应力磨粒磨损
	冲击磨粒磨损
	气蚀-冲蚀磨粒磨损
	腐蚀磨粒磨损
接触条件	两体磨粒磨损
	三体磨粒磨损
磨粒条件	滑动磨粒磨损
	滚动磨粒磨损
	开式磨粒磨损
	闭式磨粒磨损
	固定颗粒磨粒磨损
	半固定颗粒磨粒磨损
	松散颗粒磨粒磨损
磨粒和材料的相对运动	软磨粒磨损 H_m/H_a>0.8
	硬磨粒磨损 H_m/H_a<0.8

续表4.4

系统特性	磨粒磨损类型
表面损坏形貌	擦伤型磨粒磨损
	刮伤型磨粒磨损
	研磨型磨粒磨损
	凿削型磨粒磨损
	犁皱型磨粒磨损
	微观切削型磨粒磨损
	微观裂纹型磨粒磨损
磨粒磨损机理	塑性变形磨粒磨损
	断裂磨粒磨损
特殊环境	普通型磨粒磨损
	腐蚀磨粒磨损
	高温磨粒磨损

4.3.2 磨粒磨损的简化模型

拉宾诺维奇在其"材料的摩擦与磨损"一书中提出简单的磨粒磨损模型,现以两体磨粒磨损为例推导以切削作用为主的磨粒磨损的定量计算公式。

如图4.30所示,假定单颗圆锥形磨粒在载荷力 L 的作用下,压入较软的材料中并在切向力的作用下,在表面滑动了一定的距离,犁出了一条沟槽,则

$$L = H \times \pi r^2 \tag{4.8}$$

式中,L 为法向载荷;H 为被磨材料的硬度;$2r$ 为压痕直径。

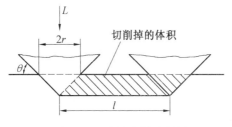

图4.30　磨粒磨损示意图

设 θ 为凸出部分的圆锥面与软材料表面间的夹角,当摩擦副相对滑动了 l 长的距离时,沟槽的截面积为

$$A_g = \frac{1}{2} \times 2r \times t = r^2 \times \tan \theta \tag{4.9}$$

式中,t 为沟槽深度。

将式(4.8)代入式(4.9),得

$$A_g = \frac{L \times \tan \theta}{\pi H} \tag{4.10}$$

由此可知被迁移的磨沟槽体积,即磨损量为

$$\Delta W_v = A_g \times l = \frac{L \times l \times \tan\theta}{\pi H} \tag{4.11}$$

单位滑动距离材料的迁移为

$$\frac{\Delta W_v}{l} = A_g = K_1 \, (2r)^2 = K_2 t^2 \tag{4.12}$$

式中，K_1、K_2 为磨粒的形状系数。

式(4.12)表明单位滑动距离体积迁移与磨沟的宽度平方或深度平方成正比。

假如把所有作用的磨粒加起来，则可得磨损率

$$W = \frac{W_v}{l} = \frac{\overline{\tan\theta}}{\pi} \times \frac{L}{H} \tag{4.13}$$

式(4.13)即简化的磨粒磨损方程式，式中 $\overline{\tan\theta}$ 为各个圆锥形磨粒 $\tan\theta$ 的平均值。

式(4.13)与阿查德的磨损方程式基本相同，即磨损量与载荷及滑动距离成正比，而与被磨损材料的硬度成反比。但式(4.13)的推导只是基于简化模型，微凸体的高度、形状分布和微凸体前方的材料堆积等因素并未考虑。

根据阿查德方程

$$\frac{W_v}{S} = K\frac{L}{H}$$

可以得到一种适用于较大范围的磨粒磨损的情况，其表达式为

$$W_v = K_{abr}\frac{L}{H} \tag{4.14}$$

式中，K_{abr} 是磨粒磨损系数，它包括微凸体的几何形状和给定微凸体的剪切概率，因此表面粗糙度对磨损体积的影响十分明显。

两体磨粒磨损的 K_{abr} 值在 $2 \times 10^{-1} \sim 2 \times 10^{-2}$ 之间，而三体磨粒磨损的 K_{abr} 值在 $10^{-2} \sim 10^{-3}$ 之间，比两体磨粒磨损的数量级要小。由于两种磨损方式所用的磨粒是一样的，因此可能在三体磨粒磨损时，磨粒大约 90% 的时间处于滚动状态，其余时间才是产生滑动并磨削表面，故磨损较小。这也可以解释拉宾诺维奇测得的三体磨粒磨损的摩擦系数为 0.25，而两体磨粒磨损为 0.60，三体比两体摩擦系数低的原因。

磨粒磨损方程由于只考虑磨粒的形状系数，并假设所有的磨粒都参加切削，同时犁出的沟槽体积全部成为磨屑。而实际磨损过程中影响因素是十分复杂的，从外部的载荷大小、施力情况，磨粒的硬度，相对运动情况，迎角，环境因素，材料的组织和性能等都对磨损有较大的影响。虽然如此，但这个简化的磨粒磨损模型不失为有效的模型，有理论和实用价值。目前许多研究者都在此基础上加以修正，以期获得较完善和符合实际的方程。

4.3.3　磨粒磨损机理

磨粒磨损机理是指零件表面材料和磨粒发生摩擦接触后材料的磨损过程，亦即材料的磨屑如何从表面产生和脱落下来的。零件磨损的机理，目前可对磨损表面、亚表面

及磨屑进行光学显微镜、电子显微镜、离子显微镜,X 射线衍射仪、能谱、波谱仪以及铁谱仪、光谱仪等综合分析,以及把磨损试验放到电镜中进行直接观察与录像,用单颗粒试验机进行试验等方法,以寻求揭示磨粒磨损的机理。现将目前提出的关于磨粒磨损机理,综合论述如下。

1.微观切削磨损机理

磨粒在与材料表面发生作用产生的力,可以分为法向力和切向力两个方向上的分力。法向力垂直于材料表面使磨粒压入表面,由于磨粒有一定的硬度,在材料表面上形成压痕。切向力使磨粒在材料表面向前推进,当磨粒的形状、角度与运动方向适当时,磨粒就像刀具一样,对材料表面进行切削,从而形成切屑。但是这种切削的宽度和深度都很小,由它产生的切屑也很小,在显微镜下观察这些切屑形貌,与机床上的切屑形貌很相似,即切屑的一面较光滑,而另一面有滑动的台阶,有些还产生了卷曲的现象,由此称为微观切削。图 4.31 为微观切削与产生的磨屑。

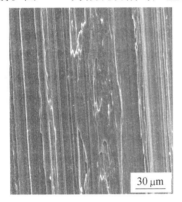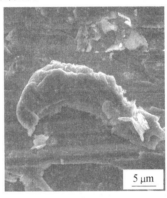

图 4.31 微观切削与产生的磨屑

微观切削磨损在生产和实验中是经常遇到的一种磨损,尤其是在固定磨粒磨损和凿岩式磨损中,微观切削磨损是材料表面磨损的主要机理。赫鲁晓夫当年曾在固定磨粒的 X-4B 实验机上进行过多次实验,并指出微观切削在整个磨损中起主要作用,同时估算出了它的概率。尽管在某种条件下切削磨损量占总磨损量的比例较大,但磨粒在和材料表面接触时发生切削的概率并不是很大。当磨粒或材料表面具备下列条件之一时发生微观切削磨损的概率就更小了。

①磨粒和被磨材料表面间夹角太小时;

②在犁沟的过程中磨粒的棱角而不是棱边对着运动方向时;

③磨粒形状较圆钝时;

④冲击角较大的冲蚀磨损以及球磨机磨球对磨粒进行冲击时,经常在表面上形成压坑和在压坑四周被挤压出唇状凸缘,只能使表面发生塑性变形而切削的分量很少;

⑤表面材料塑性很高时,磨粒在表面划过后,往往只是犁出一条沟来,而把材料推向两边或前面,而不能切削出切屑来,尤其是松散的自由磨粒,可能有 90% 以上的磨粒发生滚动接触,这样只能是压出印痕来,而形成犁沟的概率只有 10%,这样切削的可能

性就更小了。

2. 多次塑变导致断裂的磨损机理

表面材料塑性很高,当磨粒滑过表面时,除了切削外,大部分磨粒只把材料推向两边或前面,虽然这些材料的塑性变形很大,但它仍没有脱离母体,在沟底及沟槽附近的材料也同样受到较大的塑性变形。产生犁沟时可能有一部分材料被切削而形成切屑,而另一部分则未被切削,在塑变后被推向两边或前面。如果犁沟时全部的体积被推向两边和前面而不产生任何切屑时,就称为犁皱。犁沟或犁皱后堆积在两边和前面的材料以及沟槽中的材料,当再次受到磨粒的作用时,一种可能是把堆积起的材料重新压平,另一种可能是使已变形的沟底材料遭到再一次的犁皱变形,这个过程的多次重复进行,就会导致材料的加工硬化或其他强化作用,最终剥落而成为磨屑。

在磨粒磨损过程中,材料表面的塑性变形主要表现为犁削、堆积和切削,如图 4.32 所示。由于较软材料产生塑性流动,犁沟在表面形成一系列沟槽,当表面产生犁沟时,材料从沟槽向侧边转移,但并未剥离表面,如图 4.32(a)所示。但当表面受到多次犁削作用后,低周疲劳作用使材料剥离表面。一旦表面形成犁沟,无论是否产生磨粒,沿沟槽侧边都形成脊缘,经过反复加载和卸载,这些脊缘被滑动的微凸体碾平并最终断裂,如图 4.33 所示。这种犁削过程同时引起亚表面的塑性变形,形成表面和亚表面裂纹形核点,后续的加载和卸载过程导致这些裂纹在表层内扩展并与邻近裂纹相连,最终扩展到表面形成磨损碎片。

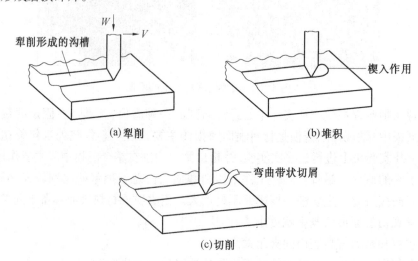

图 4.32　材料的表面塑性变形

由于多次塑变而导致断裂的磨粒磨损在球磨机的磨球和衬板、颚式破碎机的齿板以及圆锥式破碎机的壁上所造成的磨损更具典型性。当磨粒的硬度超过零件表面材料的硬度时,在冲击力的作用下,磨粒压入材料表面,使材料发生塑性流动,形成凹坑及其周围的凸缘。当随后的磨粒再次压入凹坑及其周围的凸缘时,又重复发生塑性流动,如此多次地进行塑性变形和冷加工硬化,最终使材料产生脆性剥落而成为切屑。

通过进一步地分析磨损机理可以知道,材料多次的塑性变形的磨损是因为多次变形引起材料的残余畸变,达到材料不破坏之间的联系而无法改变其形状的极限状态,这是由于材料不可能再继续变形和吸收能量的缘故。塑性变形降低了材料应力重新分配的能力,有些截面(当外力不变时)由于应力增长而逐渐丧失塑性并转变成脆性状态,在冲击力的作用下断裂成磨屑。

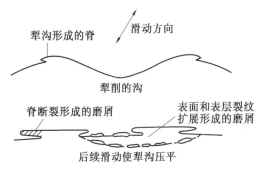

图 4.33　犁沟的形成、碾压和表面裂纹扩展产生磨粒示意图

3. 疲劳磨损机理

有专家指出:"疲劳磨损机理在一般磨粒磨损中起主导作用"。这里的疲劳一词是指由重复作用应力循环引起的一种特殊破坏形式,这种应力循环中的应力幅不超过材料的弹性极限。疲劳磨损是因表层微观组织受周期载荷作用产生的。

标准的疲劳过程常有发展的潜伏期,在潜伏期内表面不出现任何破坏层,材料外部发生硬化而不会发生微观破坏。当进一步发展时,在合金表层出现硬化的滑移塑变层和裂纹。

近年来研究发现在超过弹性极限的周期性重复应力作用下有破坏现象,这种现象称之为低应力疲劳,因而扩大了疲劳的含义。尽管如此,当前对疲劳磨损的机理依然存在着不同的观点,比如:疲劳磨损与剥层理论以及多次塑变理论之间存在的共性和差异;它们的破坏形式及条件等都在不断的讨论之中。

4. 微观断裂磨损机理

由于磨损时磨粒压入材料表面具有静水压的应力状态,因此大多数材料都会发生塑性变形。但是有些材料,特别是脆性材料,断裂机理可能占主导地位。当断裂发生时,压痕四周外围的材料都要被磨损剥落,即简单磨损方程中的 K_{abr} 要比 1 还大,因此磨损量比塑性材料的磨损量大。

脆性材料的压入断裂,其外部条件决定于载荷大小、压头形状及尺寸(即磨粒形状及尺寸)和周围环境等参量,内部参量则主要取决于材料的硬度与断裂韧性等。压入试验时若为球形压头,在弹性接触下伸向材料内部的锥形裂纹常会形成断裂。若用小曲率半径的压头,常会变成弹塑性变形。如果压头是尖锐的,则压痕未达到临界尺寸前不会发生断裂,而且这个临界尺寸随着材料硬度的降低和断裂韧性的提高而增大。这些静态压痕现象同样适合于滑动情况,但产生断裂压痕的载荷要变得多些。此外,环境条件也有影响,像在玻璃磨粒作用下,假如有水和酸性溶液存在,则会使断裂增强。至于多晶体脆性材料,即使压痕尺寸小于临界尺寸,也会发生次表面断裂。

对于脆性材料来说,压痕带有明显的表面裂纹,这些裂纹从压痕的四角出发向材料内部伸展,裂纹平面垂直于试样表面而呈辐射状,压痕附近还有横向的无出口裂纹。裂纹长度随压痕大小可粗略计算,而且断裂韧性低的材料裂纹较长。对于磨粒磨损来说,当横向裂纹互相交叉或扩散到表面时,就造成微观断裂机理的材料磨损。

实际上脆性材料的体积磨损决定于断裂机理、微观切削机理和塑性变形机理所产生的磨损。这种有关材料磨损各种机理的平衡,取决于平均压痕深度和产生断裂的临界压痕深度。尖锐的压头在压入材料表面时,弹塑性压入深度随着载荷增大而逐渐增加。在达到临界压痕深度时,因压入而产生的拉伸应力使裂纹萌生并围绕压入的塑性区扩展。在滑动时,产生裂纹的临界压入深度比静态压入时要浅得多,这大概是由于滑动作用而使拉伸应力提高所致。劳恩等人提出临界压痕深度与断裂韧性和硬度之间的关系为

$$t \propto (K_c/H)^2 \tag{4.15}$$

式中,t 为临界压痕深度;K_c 为材料的断裂韧性;H 为材料的硬度。

莫尔的试验证明了磨粒的压痕深度和材料的断裂临界压痕深度的相对值,对材料断裂机理在磨粒磨损中所造成的影响,并指出高的 K_c/H 值趋向于低的磨损。

由此可见,磨粒磨损可能出现的几种机理,有些机理及其细节还有待于进一步深入研究。有的人曾提出不同的理论,如克拉盖尔斯基提出的磨屑分离是由于重复变形、原子磨损及疲劳破坏。其中没有包括断裂破坏,那是脆性材料或硬化过程脆化材料所出现的现象。至于原子磨损机理,盖拉库诺夫提出原子从一个物体的晶体点阵中扩散到另一个物体的晶体点阵中去。这种机理的研究还不充分,并且没有基础,它还不能作为磨损的基本机理。磨粒磨损过程中不只是有一种机理而往往有几种机理同时存在,由于磨损时外部条件或内部组织的变化,磨损机理也相应地发生变化。

4.3.4　磨粒及其磨损性能

磨料分为天然和人造两类,天然磨料系指自然地质构成的岩石、泥砂、土壤等;人造磨料又分为金属磨料制品和非金属磨料制品。前者有各种形状的钢粒和铁砂,后者有刚玉、碳化硅和碳化硼等。这些磨料为粒状或无定形固体,大小从微米或亚微米级到很大尺寸的矿岩;硬度从很软的石膏(30 HV)到很硬的金刚石(10 000 HV)。磨粒的磨损性能和磨粒的机械性能(如硬度、强度等)、存在状态、结合状态及其大小、形状和运动条件等有关。其中磨粒的硬度是决定磨粒磨损性能的关键因素,在实际应用上常以它来判定磨粒磨损性能的大小。除硬度外,其他如磨粒的大小、形状、破碎后的角度等对磨粒磨损性都有一定的影响。

1. 磨粒的形状

尖锐的、多角形的磨粒比圆而钝的磨粒磨损得快,尖锐的磨粒在同一载荷下压入深度大,容易造成金属表面的微观切削,增加磨损量,圆而钝的磨粒压入深度小,大多数产生浅的犁沟或压坑,使材料发生弹塑性变形或甚至只在弹性变形范围内,不发生切削,且在自由状态时圆钝形磨粒容易发生滚动,使磨损量变得很小。从介绍的简单模型的

公式可知,单位滑动距离的磨损量为

$$\frac{W_v}{l} = \frac{\overline{\tan\theta}}{\pi} \times \frac{L}{H}$$

当载荷与材料表面硬度等条件相同时,则磨损率决定于磨粒与材料表面夹角的正切平均值,即磨粒越尖,则 θ 角越大,$\overline{\tan\theta}$ 也越大,磨损率也越大。

但式(4.13)只表示沟槽的体积,并不是磨损的体积,除非从沟槽中排出的材料都成为切屑。但实际上并非如此,只有一部分沟槽体积成为磨屑,而其余的只是推向两边与前缘。

2.迎角

迎角 α 是指磨粒与材料表面接触时和表面间的夹角,图4.34 为迎角 α 及其对磨损的影响。在实际磨粒磨损中,磨粒的形状一般接近于角锥体,当用角锥的棱面去切削时,能否产生一次切削与迎角 α 有关,如图4.34(a)所示。当迎角超过临界迎角 α_c 时,才能产生切屑,否则,若 $\alpha < \alpha_c$ 则只能产生塑性犁沟,将金属排向两边及边缘。图4.34(b)中的曲线 A 和 B 是根据切削力和切削断面计算出来的,而曲线 C 是根据鲍登的黏附和犁沟理论计算出来的。图上的黑点是实验所得数据,说明理论和实际基本相符。不同材料的临界迎角是不同的,一般在30° ~ 90° 之间变化,摩擦系数增大,钢的硬度增大,会使临界迎角减小,即容易产生切屑。固定磨粒和自由磨粒的迎角分布是不同的,根据迎角分布的概率和临界迎角,可以计算出切屑形成的概率。

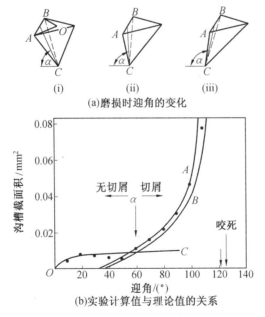

(i)   (ii)   (iii)

(a)磨损时迎角的变化

(b)实验计算值与理论值的关系

图4.34 迎角 α 及其对磨损的影响

3.磨粒尺寸与形状

图4.35 为磨粒尺寸和磨损率的关系。磨损率与磨粒尺寸有关,一般是随着磨粒直径的增大而增大,当达到某一临界尺寸后就不再增大。金属材料性能不同,磨损情况也

不同。若载荷增大,粒径超过临界尺寸后,磨粒的大小对磨损仍有影响,不过影响略小。磨粒的临界尺寸大约在 80 μm 左右,并与材料的成分、性能、速度与载荷等因素有关。

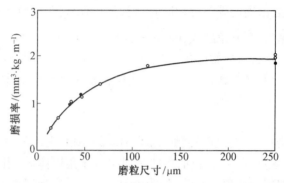

图 4.35　磨粒尺寸和磨损率的关系

克拉盖尔斯基提出,半径为 R 的球形微凸体在金属表面滑动并压入一深度 h,根据 h/R 的值不同,可以得出各种微凸体和表面的相互作用,对于铁金属来说,当 $h/R < 0.01$ 时发生弹性变形;当 $0.01 < h/R < 0.1$ 时发生塑性变形;当 $h/R > 0.1$ 时发生切削。

克拉盖尔斯基粗略地估计,磨粒尺寸在 1 μm 以下,只会产生弹性变形,成为磨损极微的滑动磨损。故润滑油中只要将 1 μm 以上的磨粒过滤,就会使机器的磨损减至极小。

磨粒尺寸和形状可使磨损由滑动磨损转变为磨粒磨损,也可以从弹性变形转变到塑性变形以至于切削。所以磨粒的尺寸、形状和位向对磨粒磨损有很大的影响,因为它们影响到从弹性接触到塑性接触的载荷和应力,以及引起临界断裂压痕尺寸与沟槽尺寸的变化。图 4.36 为不同载荷下磨粒尺寸与磨损量的关系。

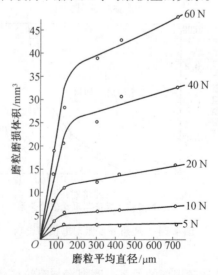

图 4.36　不同载荷下磨粒尺寸与磨损量的关系

在实际工作条件下要想根据磨粒的形状和大小对磨损率作定量计算,困难很大,因为任何环境中磨粒的尺寸总在某一范围内,大小不一,形状不一,位向不一,而且在磨损过程中磨粒还有碎裂,而磨粒的接触面积通常只有表观总面积的 10% ~ 30% ,加之磨损率不仅决定于磨粒的形状、大小、位向,并且其本身又与材料表层的性能、摩擦系数等有关,因此使问题变得更为复杂。有些研究者曾提出用能量来表达磨损量的模型。如认为材料的磨粒磨损系数可用下式来表达

$$K_{abr} = W_c/(W_c + W_p + W_s) \tag{4.16}$$

式中,W_c 为切削能量;W_p 为犁皱能量;W_s 为次表层变形能量。

从式(4.16)可以看出磨损时总能量消耗中,各分量决定着磨损系数。图 4.37 为磨损能量分配与磨粒直径之间的关系。由图可知,在磨粒磨损中大部分能量用于次表层变形,约在 70% 以上,而用于切削的能量却很小,而且磨粒越细、越圆、越能自由滚动,则切削量就越小。

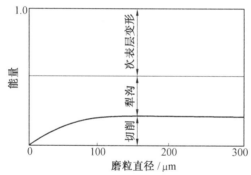

图 4.37 磨粒直径与磨损能量之间的关系

4. 磨粒硬度

一般情况下,材料的硬度越高,耐磨性越好,图 4.38 为材料硬度对耐磨性的影响。其基本规律有两点。

一是纯金属及未经过热处理的钢,耐磨性与硬度成正比关系,如图 4.38(a) 所示;

二是经过热处理的钢,其耐磨性随硬度的增加而增加,但变化的斜率较低,如图 4.38(b) 所示,图中每条直线代表一种钢材,随含碳量的增多,直线的斜率增大,相对耐磨性增加。

通常情况下磨粒磨损是指磨粒的硬度比材料表面硬度高得多,但当磨粒的硬度比材料硬度低时,也会发生磨损,只是磨损量很小而已。故材料的耐磨性不仅决定于材料的硬度 H_m,而且更主要的是决定于材料硬度 H_m 和磨粒硬度 H_a 的比值。当 H_m/H_a 超过一定值后,磨损量便会迅速降低,即 $H_m/H_a \leqslant 0.5$ 时为硬磨粒磨损,此时增加材料的硬度 H_m 对其耐磨性增加不大。

当 $H_m/H_a \geqslant 0.5$ 时为软磨粒磨损,此时增加材料的硬度 H_m 便会迅速地提高耐磨性。

将 T8 钢淬火后用不同温度回火,可以得到三种不同的硬度,然后用相同粒度、不同

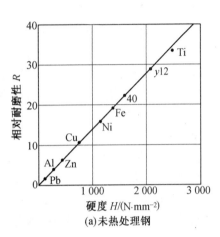

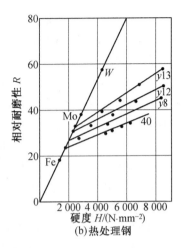

图 4.38　材料硬度对耐磨性的影响

硬度的磨粒进行磨损试验,磨粒硬度和材料硬度的关系如图 4.39 所示。图 4.39(a)表示磨粒硬度和试样长度磨损量的关系,所用的磨粒不仅硬度不同,且形状、强度及尖锐度也不同,故不仅代表磨料硬度对磨损的影响,而且也表示了磨粒其他性能对磨损的影响。图 4.39(b)表示相对磨损与磨粒硬度的关系。

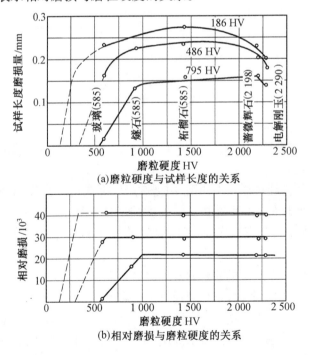

图 4.39　三种硬度的 T8 钢与磨粒硬度的关系

由图 4.39 可知,曲线右侧,表示当磨粒硬度比材料硬度大得很多时,材料相对磨损与磨粒硬度无关;但较软材料的相对磨损比较硬材料要大些,亦即随着材料硬度的下降相对磨损量增高。而在曲线的左侧,当磨粒硬度接近于材料硬度或比材料硬度更低些时,则材料的相对磨损急剧下降到某一定值,相对磨损接近于零。

图4.40为磨粒硬度与材料硬度
比值相对磨损和相对耐磨性的关
系。该图是用17种金属和非金属
材料及7种不同硬度的磨粒(从玻璃
到碳化硼)进行磨损试验的结果。
由图可知,当$H_m/H_a \leqslant K_2$时,几乎不
发生磨损,这种情况下耐磨性接近
于无穷大;如果$H_m/H_a \geqslant K_1$,则相对
耐磨性有一最大值,并且大小一定,

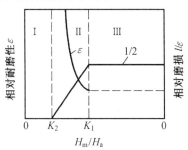

图4.40 相对耐磨性和相对磨损与H_m/H_a的关系

且与H_m/H_a值无关。一般情况下,$K_1 = H_a/H_m = 1.3 \sim 1.7$(即$H_m/H_a = 0.77 \sim 0.59$);
$K_2 = H_a/H_m = 0.7 \sim 1.1$(即$H_m/H_a = 1.4 \sim 0.9$)。当$H_a/H_m$在$K_1$与$K_2$之间时,此时若
材料的硬度略有增加,则相对耐磨性增加迅速,这在选择耐磨材料时是十分重要的。

最近的研究表明,直接决定材料耐磨性的是金属材料表面经磨损后(材料表面在
不断地塑性变形和加工硬化后)的最大硬度H_u,而不是材料的本身硬度H_m。图4.41为
铸铁和钢在磨损试验前后材料硬度和磨损量的关系,磨损前材料硬度和磨损量的不完
全存在明显的关系(白口铁除外),但磨损后,材料表面硬度与磨损量间却存在着明显
的关系。

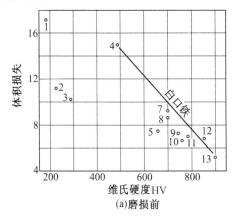

(a)磨损前

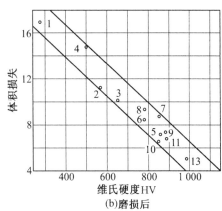

(b)磨损后

图4.41 磨料磨损量与硬度的关系

1—钢(100 HV);2—高锰钢(217 HV);3—奥氏体球铁(290 HV);4—低合金白口铸铁(485 HV);5—高铬铸铁
(661 HV);6—Mn-Mo 马氏体球铁(703 HV);7—马氏体球铁(709 HV);8—白口铁(镍硬1号,719 HV);9—白口
铁(镍硬4号,743 HV);10—共析钢(761 HV);11—13% Cr 白口铁(780 HV);12—Ni-Cr 白口铁(845 HV);
13—Cr-Mo 白口铁(895 HV)

但磨损后表面硬度不易准确测量,且磨损前后的硬度存在一定的关系,故用磨损前
的硬度来估计耐磨性还是有一定可取性的。表4.5为一些矿物、铁相和碳化物的硬度。

表 4.5 矿物、铁相和碳化物的硬度

矿物	硬度		材料或相	硬度	
	K_{noop}	HV		K_{noop}	HV
滑石	20				
碳	35				
石膏	40	36	铁素体	235	70 ~ 200
方解石	130	140	珠光体(无合金)		250 ~ 320
萤石	176	190	珠光体(有合金)		300 ~ 460
磷灰石	335	540	奥氏体,12% Mn	305	170 ~ 230
玻璃	455	500	奥氏体(低合金)		250 ~ 350
长石	550	600 ~ 750	奥氏体(高合金)		300 ~ 600
磁铁矿	575		马氏体	500 ~ 800	500 ~ 1010
正长石	620		渗碳体	1025	840 ~ 1100
燧石	820	950	$(Fe,Cr)7C3$	1735	1200 ~ 1600
石英	840	900 ~ 1280	Mo2C	1800	1500
黄玉	1330	1430	WC	1800	2400
	1360		VC	2660	2800
金刚砂	1460		TiC	2470	3200
刚玉	2020	1800	B4C	2800	3700
碳化硅	2585	2600			
金刚石	7575	10000			

5. 磨粒的其他性能

磨粒的其他性能如韧性、压碎强度等也影响着磨损率。磨粒受压力后,先是边缘受力处发生少量的塑性流动,接着就断裂,塑性变形和断裂都使磨粒变质。磨粒压碎后形成小的切削刃面,增加磨损性能,故磨粒断裂比边缘尖角处塑性变形后剥落对磨粒的磨损性影响大。由塑变而衰退变质的细磨粒,因表面变钝,成为弹性接触,不易形成沟槽。因此,磨粒碎裂和变质后,其使材料表面的磨损量增加还是减小,决定于磨粒的性质和磨损条件。

6. 磨粒的磨损性

磨粒的磨损性一般是指磨粒破坏零件或刀具的能力,这种能力与磨粒本身的特性以及其与零件表层接触应力的大小及方向有关。应用到矿山工作条件,必须了解岩石特殊的物理-化学性质,表明其在摩擦过程中对接触零件或刀具的磨损能力。磨粒磨损性的定量测定,从概念上至少应当表征为对表层破坏的大小(磨损量或磨损体积)。

磨粒磨损性不只是包括磨粒的内在性质,因为磨粒对零件或工具的破坏,既决定于磨粒的物理和机械性能及结合状态(结合强度、湿度等),而且也决定于磨粒和零件相互作用特性及环境条件等,因此磨粒磨损性也决定于被磨材料的相对性能。

(1)矿物和岩石的磨粒磨损性测定方法

磨粒磨损性的评定方法,应当根据摩擦的接触条件和模拟的实际情况进行,目前关于磨粒磨损性的研究用类似于材料耐磨性研究的方法进行。因此,所有研究材料耐磨性的方法都用于磨粒及其结合体的磨粒磨损性研究。这两种研究方法的区别在于,一个是磨粒不变而改变材料,一个是材料不变而以不同磨粒的性能函数表示其磨粒磨损性,同时磨粒的结合状态应当全部固定不变。矿物和岩石是在开采和掘进工作中,工具和机械经常遇到的磨粒,对这种整体磨粒的磨损性测定通常是用任何的结构和工具材料与所测定的岩石或矿物试样相摩擦。几种试验方法如图4.42所示。

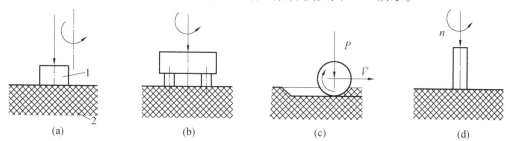

图4.42 矿物和岩石的磨粒磨损性试验方法
1—金属或硬质合金试样;2—岩石与矿物试样

这几种试验方法中(c)方法比较合理,它是利用在岩石试样上旋转着的钢或硬质合金圆盘的磨损量来测定磨粒磨损性的。瑞列涅尔(Щрейнер)教授在该实验中使用的圆盘是用 y8 (相当于我国的 T8)钢制成,显微硬度 895HV 和用 20ХН3А (20CrNi3A)渗碳钢(950HV)及 Рφ1 (W18Cr4V)高速钢(975HV)制成,外径 30 mm ,厚度 2.5 mm ,最大载荷 300N ,转盘在载荷下以 500 r/min 转速并以 4 mm/min 的慢速移动切割试样表面,根据磨粒磨损性的不同,每个试验圆盘旋转 4 000~10 000 转,实验结束时测定圆盘和岩石的磨损体积。岩石的磨粒磨损性按单位滑动距离的圆盘磨损量来测定,即

$$W = \omega L$$

式中,W 为钢圆盘单位滑动距离的体积磨损;ω 为磨粒磨损性系数;L 为载荷。

表4.6 为 T8 钢相对于矿物和岩石的磨粒磨损性,是邵荷生教授等使用 T8 钢所得出的实验数据。由此得到矿物和岩石的显微硬度与 T8 钢磨损率的关系,如图4.43所示。这些数据基本上显示出随着矿物和岩石显微硬度的增高而磨粒磨损性有增高的倾向。同时,也有许多不对应的地方,说明磨粒的硬度是其强度的间接指标,不能单一地表征其磨粒磨损性。

表 4.6　T8 钢相对于矿物和岩石的磨粒磨损性

材料	显微硬度 HV	单位滑动距离磨损 /(10^7 cm · m^{-1})		磨粒磨损性系数	相对磨粒磨损性		修正后的相对磨粒磨损性
		T8,Wm	岩石矿物				
石膏	30	0.35	473	3.5	1.0	0.74	1.0
大理石	110	2.5	260	25	7.5	9.6	13.0
重晶石	120	1.2	222	12	3.5	5.3	7.1
石灰石	135	1.9	103	19	5.5	18.5	25.0
石灰石	180	2.2	93	22	6.5	23.6	32.0
天水石膏	200	0.45	137	4.5	1.5	3.3	4.45
白云石	325	2.2	57	22	6.5	38.6	52.0
白云石	415	1.8	37	18	5.0	48.7	66.0
玉石	600	3.5	32	35	10.0	109.0	147.0
微晶黏土	695	4.0	29	40	12.0	138.0	186.0
正长石	720	4.1	28	41	12.0	146.0	197.0
石髓	925	3.2	14	32	9.0	228.0	308.0
燧石	1 000	2.9	12	29	8.5	242.0	327.0
石英	1 080	5.3	17	53	15.0	312.0	122.0
石英岩	1 130	6.2	21	62	18.0	295.0	398.0
黄玉	1 500	9.0	—	90	26.0	—	
刚玉	2 300	17.0	—	170	170		

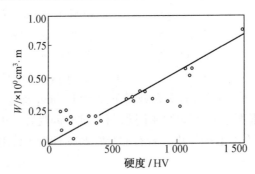

图 4.43　矿物和岩石的显微硬度与 T8 钢磨损率的关系

（2）各种矿物和岩石的磨粒磨损性

表 4.6 后两列是计算得出的 T8 钢相对岩石的体积磨损值，以及按此得出的岩石相对磨粒磨损值。从表上数据可知，岩石与矿物的磨粒磨损性经重新计算后其值迅速增加且比原来的排列次序也有所变化，但不能补偿试验方法所带来的误差。

巴龙（Л. И. Борои）用图 4.42（d）的方法对矿物和岩石的磨粒磨损性作了广泛的试验研究，岩石与矿物的磨粒磨损性见表 4.7 。巴龙指出，磨粒的结合状态对磨损性有很大的影响，不同地方采掘出来的砂岩其磨粒磨损性相差很大，根据磨粒磨损性的大小，他把矿物和岩石按磨粒磨损性分为 8 类，见表 4.8。

表4.7 岩石与矿物的磨粒磨损性

岩石与矿物	磨粒磨损性/mg	岩石与矿物	磨粒磨损性/mg
石灰岩	0.3 ~ 17.0	石英砂岩	16.8 ~ 44.5
黏土板岩	0.52 ~ 1.4	石英岩	17.6 ~ 25.9
煤质黏土页岩	0.61 ~ 8.3	黄铁矿	18.1
岩盐	2.0	闪长岩	19.3 ~ 82.0
氟石	3.0	赤铁矿	20.1 ~ 22.5
磷灰石	3.58	辉绿矿	20.6 ~ 30.0
大理石	4.1	碧玉铁页岩	21.5 ~ 26
细粒砂岩	6.1	斑状碧玉铁页岩	21.5
磁铁矿石	6.6 ~ 15.0	辉岩	21.7
黄铁黏土页岩	7.8 ~ 11.6	磷灰石霞石岩	25.8
石英	8.5 ~ 35.1	正长岩	31.1
凝灰岩所成砂岩	9.7	细粒砂岩	32.4
花岗岩	10.1 ~ 74.5	辉长岩	41.6
黄铁	10.5 ~ 26.8	霞石	42.4 ~ 61.0
碧玉铁页岩	11.8	正长石	42.1 ~ 63.8
花岗岩质砂岩	15.8 ~ 37.3	黄玉	46.2
褐铁矿	15.9	刚玉	103.0

表4.8 矿物和岩石按磨粒磨损性分类

类别	矿岩的磨粒磨损性	磨粒磨损性指标/mg	属于本类的特征性矿岩
I	磨粒磨损性极小	<5	石灰岩、大理石、软硫化物矿、磷灰石、岩盐、黏土页岩
II	磨粒磨损性小	5 ~ 10	硫化物和硫酸钡矿、泥页岩、软页岩
III	磨粒磨损性中下	10 ~ 18	碧玉铁页岩、角岩、岩浆细粒岩石、铁矿石
IV	磨粒磨损性中等	18 ~ 30	石英质和花岗岩中等和大粒砂岩,辉绿岩、大粒黄铁、石英、石英石灰石
V	磨粒磨损性中上	30 ~ 45	中等和大粒石英质和花岗岩质砂岩、小粒花岗岩、玢岩、辉长岩、片麻岩
VI	磨粒磨损性较高	45 ~ 65	花岗岩、闪长岩、玢岩、霞石正长岩、辉岩、石英页岩
VII	磨粒磨损性高	65 ~ 90	斑岩、花岗岩、闪长岩
VIII	磨粒磨损性极高	>90	金刚玉的岩石

　　磨粒的磨损能力不仅决定于其硬度,而且还决定于其与被磨材料硬度的比值,以及磨粒的大小、形状、尖度、强度、脆性、固定状态,磨粒与被磨表面接触的角度等,而砂纸

的磨损能力还决定于砂粒与基体的黏结强度,摩擦重复次数等。

4.3.5　外部摩擦条件对磨粒磨损的影响

磨粒磨损过程是一个非常复杂的摩擦学系统,利用系统分析方法可知磨粒磨损结构受到诸如摩擦面材料、磨粒、工况和环境等一系列条件的影响。图 4.44 为影响磨粒磨损的各种参数。设计性能常与工作情况不符合,在相当大的范围内磨粒磨损决定于磨粒的性能与材料的组织与性能。

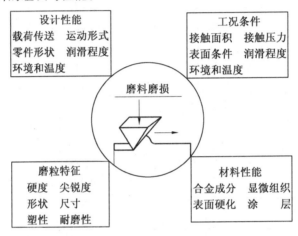

图 4.44　影响磨粒磨损的各种参数

影响磨粒磨损的因素可分为外部因素与内部因素。外部因素即磨损时的工作条件,包括载荷、速度、温度、相对运动及受力状态、磨粒、介质与环境因素等,内部条件包括受磨材料的化学成分、组织和机械性能等。

1. 载荷

根据磨粒磨损的简单模型可知,磨损量与载荷成正比。

在单位面积载荷很大的变化范围内,对有色金属和钢与氧化铝相摩擦时进行固定磨粒磨损试验,结果如图 4.45 所示。从图可知,在到达某一临界载荷之前,磨损量与载荷成正比。

内森(Nathan)等人在回转式磨粒磨损试验机上以不同大小的磨粒,不同载荷(5～60 N),用黄铜和铁进行试验,结果如图 4.46 所示。由图可知,用 125 μm 和 70 μm 大小的磨粒作试验时,当载荷小于 20 N 时,体积磨损与载荷成正比,当载荷大于 20 N 时,则磨损量随载荷增高的增量逐渐下降。但直径较大的磨粒,载荷到达 60 N 时,磨损量与载荷仍为正比关系。

实际上,在任何试验条件下,磨损率和载荷的线性关系一般都有一临界值,到达此极限载荷,线性关系开始破坏。但原因是多种多样的,主要的如磨粒被压碎,砂纸破裂,相互作用表面的摩擦热使温度升高发生一系列的组织和性能变化,材料表面加工硬化,磨粒受摩擦热的影响而变质,以及三体磨粒磨损时磨粒对表面的相对运动发生变化等,都能引起磨损量改变,破坏磨损量与载荷的线性关系。

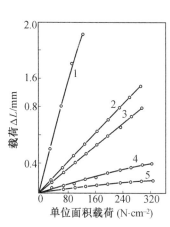

图 4.45 载荷与磨损量的关系

1—铅;2—锡;3—铝;4—铜;5—40 号钢

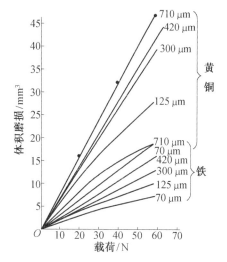

图 4.46 磨粒磨损时体积磨损与载荷的关系(速度 0.5 m/s,行程 6 m)

2. 滑动距离

若磨粒在滑动过程中条件不变,如磨粒不变圆钝或碎裂,则磨损量与滑动距离一般成正比,否则磨损量将有改变。

3. 磨粒和材料表面的相对速度

滑动速度对磨损的影响是非常复杂的,磨损条件和环境的改变会使滑动速度对磨损的影响产生不同的结果。

密斯拉和芬尼在销盘式试验机上进行磨粒磨损试验,使滑动速度变量差 3 个数量级(0.2~200 mm/s)对不同金属不同磨粒进行试验,得出耐磨性与滑动速度之间的关系,如图 4.47 所示。

由图 4.47 可以看出,在 115 μm 的碳化硅磨料纸上,耐磨性(磨损率的倒数)与滑动速度有一定的关系,当滑动速度在 100 mm/s 以下时,随着滑动速度的增加磨损率降低,当滑动速度超过 100 mm/s 时,滑动速度对磨损率的影响就小了。同时在 1.0 mm/s 以上,磨损率几乎不变。这可能是由于低速滑动时会出现黏-滑现象的原因。

但内森和琼斯用带式固定磨粒磨损试验机,用 70 μm 和 300 μm 的碳化硅磨粒,在 20 N 载荷下,速度为 0.032~2.5 m/s,得出体积磨损与滑动速度之间的关系,如图 4.48 所示。

无论是哪一种金属,只要磨粒的大小相同时,曲线的斜率都相同。但是大磨粒的线图表明,到达一定的速度后,曲线成为水平线。由于所有金属在一定的磨粒尺寸下的斜率相同,所以磨损体积百分率随着磨损体积的增加而下降,意思就是说,高耐磨的磨粒磨损材料的耐磨性对速度的依赖关系比较显著。

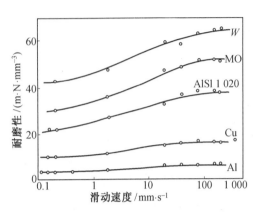

图 4.47   耐磨性与滑动速度之间的关系

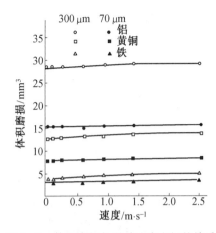

图 4.48   体积磨损与滑动速度之间的关系

密斯拉和芬尼的实验是在低速(0.2～200 mm/s)做出的,而内森和琼斯采用的速度范围则较大(32～2 500 mm/s)。从分析内森等人的线图可以知道,如果速度较小,磨损率随着速度的增加而有下降的趋势,以后又逐渐升高,到达一定速度后又趋于恒定。鲍登和泰博发现,金属表面由于摩擦而引起的温度升高随着摩擦速度增加而增高,而到达金属的熔点时就与速度无关了。因此磨损增大可能与温度升高有关,磨粒磨损时金属表面的热量的增加率,大颗粒磨粒比小颗粒磨粒要大。在低速时,速度对磨损的影响并不重要,而高速时,特别是高速运转时,速度对磨损的影响实际上是温度对磨损的影响,若此时将载荷减小,这种影响将会减小。

4. 热和温度

摩擦时载荷和速度对磨损的影响,实际上是由于热和温度的影响所致。特别在高温时,热能引起材料表面的氧化、软化、硬化甚至于熔化,这样就使表面的磨损变得复杂了。鲍登和泰伯用镓(熔点32 ℃)、伍德合金(熔点72 ℃)、铝(熔点327 ℃)和康铜(熔点1290 ℃)做成的圆柱体试样在钢表面上滑动,得到如图4.49所示的温升和滑动速度的关系图。虽然,在滑动时温度(以及摩擦力)是波动着的,而且画出的温度是检流纪录的最高温度值。但对每一种金属来说,结果是相似的,即温度随着滑动速度增加而升高,并达到一个不可超越的最大值,此最大值相当于该金属的熔点。由于材料表面都是凹凸不平的,且表面不平度的形状及载荷的分布各不相同,所以接触时各接触点的接触面积以及所发生的摩擦热量也各不相同,故在任一瞬间用热电电动势法测得的温度是一组接触点的并联情况下的温度,显然,表面某些点的温度可能高于或低于所测得的温度。

图4.50为钢与钨的圆柱体试样在玻璃盘上滑动的结果。该图表示产生一定温度的热点所必须达到的滑动速度与载荷的关系。首先可看到温升和滑动速度成正比,其次是温升随载荷而增高。

温度升高是由于表面摩擦功所生的热量,但值得注意的是,两相对微凸体的接触时间可短到10^{-4},热量在这些实际面积上发生,然后扩散到四周,一旦达到传热的稳定状态,则整个界面的温度保持不变。运动体的整体温度是可以测量出来的,但接触点温度

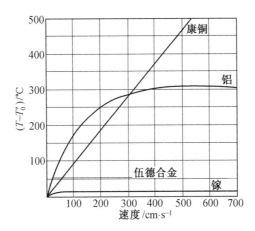

图 4.49 不同试样在钢表面滑动时达到的最高温度(载荷 1 N)

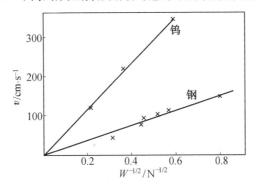

图 4.50 产生一定温度的热点必须达到的滑动速度和载荷的关系

的计算和测量都比较困难。由于接点的温度变化迅速,且延续时间很短暂,故被称为实际接触点上的闪燃温度。

图 4.51 为 0.52%C 钢载荷为 10 N 时在不同速度下的磨损率。从该图可以看出摩擦热和温度对金属磨损的影响,有助于对金属磨损时机理发生变化的了解。由图可知,钢的磨损在开始时先是随着滑动速度的增加而增加,当载荷为 10 N 时,最大磨损率是在滑动速度略低于 100 cm/s 时发生的,这个严重磨损发生的原因一种解释是因温度低,氧化膜不能有效地形成以起保护作用。但根据计算,在 50 cm/s 速度和 10 N 载荷下,这种钢的闪燃温度为 537 ℃。可以认为,一方面有氧化膜形成,但另一方面金属基体则因为高温剪切强度下降而容易剪切,其结果使氧化膜与金属两者都容易发生磨损。图 4.51 的曲线中磨损率随着速度增加而下降的部分,可能是闪燃温度高于 800 ℃ 以后而发生相变的结果。即当温度升高时,接触点奥氏体化,并由于高速使之迅速淬火而形成一些马氏体之故。这是不可思议的,特别是由于滑动速度变化 2 倍时使温度增加 3 倍,而相应的磨损率下降到两个数量级以上,这是一个很大幅度的下降。

载荷的作用也在于增加摩擦热,它使钢易生马氏体转变。载荷作用还有众所周知的形成强烈的加工硬化层,而某些合金在重载荷作用下由于形成很硬的表面而变得十分耐磨。

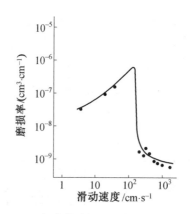

图 4.51　0.52%C 钢载荷为 10 N 时在不同速度下的磨损率

环境温度的变化将改变金属摩擦表面的吸附、氧化和材料的机械性能而影响磨损。金属的氧化速度随温度的增高而增大,这需要通过两方面因素来体现:①反应速度常数(在表面氧化膜初始阶段);②扩散系数(在表面氧化膜形成后,金属离子通过膜的扩散)。另外随着温度的变化可形成不同的金属氧化物,例如 Fe 能形成三种稳定的氧化物:FeO,Fe_3O_4,Fe_2O_3。Fe 在大气中氧化通常是先形成 Fe_2O_3,随后反应的进行将决定于氧通过膜向内和金属离子通过膜向外扩散速率。Fe_2O_3 膜长到一定厚度后,继续增厚将取决于温度。在 200 ℃以上金属离子通过膜的扩散是决定性的因素,在高温时主要形成 Fe_3O_4。对于铁及其合金随摩擦表面温度的变化形成不同的氧化物,而有不同的摩擦磨损特性。

5. 腐蚀环境和水蒸气

在机器工作的许多场合中,存在有酸性液体介质的作用,对零件有腐蚀和磨损的双重作用,促使磨损量增加。

水气的存在也足以使磨损加速,例如,水气的存在使铝表面变形,使钢的腐蚀加速。

实验证明,三体磨料磨损时,在大于通常湿度下,特别是绝对湿度大于 10% 以上时,磨损率随湿度的增长而增大的非常迅速,而小于 10% 时影响不大。两体磨料磨损时,相对湿度从 0~65% 变化时,磨损率随着增加,在更高湿度时,较软材料的磨损率下降,较硬材料的磨损率将继续增加。

4.3.6　材料内部因素对磨粒磨损的影响

材料内部因素主要包括材料的成分、微观组织特征及机械性能等,这三方面相互联系,相互影响。

1. 材料的成分

金属材料的化学成分和热处理状态决定了它们的组织。以铁基材料为例,耐磨性与化学成分和微观组织有关。对一定成分的材料,它的耐磨性和体性硬度在一定范围内呈线性关系。对于淬火和回火钢,碳是最有影响的元素,珠光体类钢的耐磨性随着碳量的增加而增加,但过共析钢的增加量要较小些,这是因为过共析碳钢的碳增加后形成连续的碳化物网所致。马氏体和回火马氏体钢的耐磨性也与含碳量有关,相同硬度的马氏体钢,含碳量增加耐磨性也增加。其他合金对钢的耐磨性的影响没有碳那么大,形成碳化物元素能使耐磨性增加,但增加量决定于碳化物的类型、大小、形状、分布和共格性等。马氏体和回火马氏体钢的耐磨性与其硬度成正比,但比例系数在不同回火温度范围内是不同的。贝氏体比同硬度、同成分的马氏体钢更耐磨。强化铁素体基体的元素,一般对磨粒磨损的影响并不显著。

2. 材料组织的影响

材料的组织对材料的耐磨性有着重要的影响,微观组织包括基体组织、第二相、夹杂物、晶界、内缺口和各向异性等。图4.52为与合金微观组织有关的基本因素图。

图4.52　与合金微观组织有关的基本因素图

(1)基体组织对材料耐磨性的影响

已经有许多材料工作者发现,金属材料的化学成分和热处理决定了它们的组织,钢铁材料的基体组织对耐磨性起着重要作用。朱卡尔等人在综述钢铁材料的基体组织与耐磨性的相互关系时指出,不同基体组织的耐磨性按着马氏体、贝氏体、珠光体、铁素体依次递减。图4.53为钢铁基体组织对耐磨性的影响。

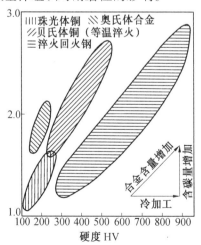

图4.53　钢铁基体组织对耐磨性的影响

知道各种组织的相对耐磨性大小,只是给人们一个客观上的认识,在实际的工作中,对具体的选用钢铁耐磨材料就不能进行如此简单的选择。在一定的系统中,究竟采用哪种基体的钢铁材料,要根据磨料条件、运动形式、工作温度、负荷大小、工件的几何形状、工作环境等诸多因素而定。

由于铁素体基体的硬度比较低,所以一般情况下,很少用铁素体基体的钢铁材料作耐磨工件。大多数耐磨工件都是选用珠光体、贝氏体、回火马氏体或奥氏体基体组织的钢铁材料制成。珠光体是铁素体和渗碳体的机械混合物,由于渗碳体的硬度远远大于铁素体,使得高碳钢的磨粒磨损抗力大于低碳钢,这一点已经被实验所证明。由图4.54看出,珠光体质量分数增加时,钢的耐磨性明显增大。

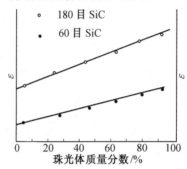

图 4.54   钢中珠光体质量分数对耐磨性的影响

从珠光体的结构可知,渗碳体对低应力下的磨粒有两方面的作用,一方面是阻碍了磨粒的切削作用,并使其韧口变钝;另一方面是阻止塑性变形的发展,因此可以改变耐磨性。贝氏体组织的结构特点是在铁素体的基体上均匀分布着弥散的碳化物,与淬火马氏体相比,在贝氏体组织中没有显微裂纹。同时,贝氏体组织中的残余奥氏体含量比马氏体组织高,在硬度相同的情况下,贝氏体组织的耐磨性比马氏体组织的要好,这是因为贝氏体与奥氏体的硬度差比马氏体与奥氏体的硬度差小;韧性的奥氏体膜包围着铁素体,阻止裂纹的萌生与扩展;奥氏体能提供高的加工硬化率和塑性,所以贝氏体中的奥氏体对材料的耐磨性特别有益。

在充分考虑材料基体组织对耐磨性的影响时,也应该注意到,一定的基体组织和特征在某种工作环境中有利于提高耐磨性,而在另一些工作环境中就不一定适用。比如,具有奥氏体基体组织的高锰钢材料只是在有较大冲击力的作用下才充分显示出它的耐磨性,而在较平稳的工况下高锰钢的耐磨特性就表现得不明显。

(2)第二相粒子对材料耐磨性的影响

耐磨钢铁材料中通常含有合金元素 Si,Mn,Cr,Mo,W,V 等,这些元素在钢铁材料中一般以固溶体、碳化物或金属间化合物的形式存在,而碳化物和金属间化合物是以第二相粒子的方式存在于基体组织中的。

①碳化物相。材料的基体组织对耐磨性有重要作用,同样碳化物相在某种程度上对耐磨性更能起到决定性的作用,由于碳化物的组成类型不同,对材料耐磨性的影响也不同,即使是同一类型的碳化物也会因存在的形式、相对含量和分布的情况不同而对耐磨性产生不同的影响。实验证明,如果碳化物沿晶界析出呈网状时,对材料耐磨性总是

不利的,因为网状碳化物的脆性容易促使裂纹扩展。同样如果显微组织含有大量树枝状一次碳化物,而只有很少量二次碳化物,对材料的耐磨性也没有太大的帮助。要想得到能够提高耐磨性的碳化物,就要控制它的形态分布,选择适当的铸造工艺,或者对工件进行合理的热处理,如扩散处理或正火处理,以消除晶界上的网状碳化物和树枝状一次碳化物。

除了碳化物的形态对耐磨性有影响之外,碳化物颗粒的大小同样对耐磨性有一定的作用,如果在硬基体中碳化物的颗粒比较小,以至于小于微观切削截面,这样在微观切削磨损过程中将被挖掉,就不能起到阻止磨粒擦划的作用。Zum Gahr 也发现,当碳化物颗粒很小时(约 1 μm),随着碳化物含量的增加,耐磨性会下降。相反,如果在硬基体中存在比较大的碳化物颗粒,又有可能成为裂纹源,从而促进裂纹扩展,剥落机制的磨损有降低耐磨性的作用。因此,只有碳化物的尺寸大于微观切削磨损截面,并且与基体有牢固结合,其形状、大小不利于显微裂纹的产生时,硬的基体上的碳化物才能提高耐磨性。

②金属间化合物相。金属间化合物的沉淀析出相有软、硬两种。软质点(共格或轻微的不共格)在塑性变形时被位错剪断。硬质点(非共格)在变形时绕过。软的共格质点,对材料的硬度和屈服点有一定的提高,但它的耐磨性比过饱和的固溶体不大多少,原因是由于位错剪切而产生的局部加工软化及低的压入硬度的缘故。不能被剪切的非共格硬质点使耐磨性随硬度提高而成比例地提高。细而分散的半共格质点的微观组织,具有很高的耐磨性。

(3)夹杂物的影响

夹杂物对耐磨性来说是一个不利因素,它在机体内容易形成裂纹源。因为它破坏机体的连续性,造成应力集中;如果形状是棱角状的或是不变形的夹杂物对疲劳寿命影响更严重。夹杂物容易形成点蚀,不锈钢中的钝化膜会由于夹杂物的存在而形成点蚀。夹杂物颗粒在产品生产过程中由于塑性拉伸而断裂,所有这些夹杂物颗粒都产生局部高应力,内缺口会大大地增加磨损率。

(4)晶粒度的影响

众所周知,细化晶粒会提高材料的机械性能,在一定情况下,提高硬度耐磨性也随之增加。晶界常因溶质原子偏析或微粒析出而变脆,这种偏析或析出会使达到晶界开裂所需的临界应力下降。但有的实验也表明,通过对合金钢的奥氏体化来细化晶粒,虽然其冲击韧性和断裂韧性有所提高,但其硬度、拉伸强度和耐磨性并没有提高。由此看出,通过热处理改变钢的晶粒大小对磨粒磨损耐磨性的影响是极其复杂的,这是因为钢在热处理的过程中虽然改变了晶粒度的大小,但同时也改变了其他的组织因素。比如,随着淬火温度的提高,晶粒有所长大,基体合金化程度提高,残余奥氏体量增加,会使耐磨性提高,但随着晶粒的长大,淬火后得到的马氏体组织粗大,脆性增大,又会使耐磨性下降。因此,对于实际的工件要想提高耐磨性,要正确选择热处理制度和严格控制晶粒度的大小。

（5）内缺口

材料内部存在的孔穴、片状和球状石墨、粗大碳化物和夹杂物、微观裂纹等都影响着耐磨性，它们在材料内部起到了内缺口的作用。

有人以球墨铸铁和灰口铸铁为例做实验，实验中用 200# 的 Al_2O_3 作磨料，先施加低载荷，发现球状和片状石墨的马氏体铸铁的磨损率相差无几。随之用 80# 的 Al_2O_3 作磨料，并且增大载荷，结果发现球状石墨的马氏体铸铁比片状石墨的马氏体铸铁耐磨性好得多。图 4.55 为内缺口对磨损的影响。

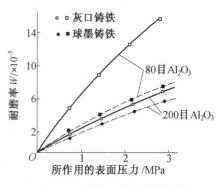

图 4.55　内缺口对磨损的影响

这是由于片状石墨比球状石墨的缺口效应大得多（约大 1~2 个数量级）的缘故，在载荷的作用下，灰口铸铁中的片状石墨会使裂纹沿石墨扩展而导致磨损增加。

（6）各向异性

各向异性可以分为晶体的各向异性和织构的各向异性。因为晶体的各向异性使材料的机械性能和磨损率受载荷方向的影响，尤其是单晶体或织构性强的多晶体。织构的各向异性是由于磁场或应力场中的第二相沉淀，或是第二相沉淀在纤维状组织物中，或是由于单相结晶。无论何时，只要微观组织中含有不同硬度的两相，且第二相为非球形时，第二相的体积分量就不能代表耐磨性，而耐磨性与相对于第二相的滑动方向及磨损面上所占的分量有关。

3. 材料性能的影响

材料机械性能对耐磨性的影响主要包括弹性模量、宏观硬度和表面硬度、强度、塑性和韧性。

（1）弹性模量的影响

弹性模量是金属对弹性变形的抗力指标，也就是说，弹性模量就是产生单位应变所需的应力。以铅锡合金为例，用销盘式磨粒磨损试验机测定材料的相对耐磨性，得到工业纯金属的相对耐磨性 ε 和弹性模量 E 的关系为

$$\varepsilon = C_1 E^{1.3} \times 10^{-4} \tag{4.17}$$

式中，E 按兆帕计时；$C_1 = 9.523$（E 按 kgf/mm^2 计时，$C_1 = 0.49 \times 10^{-4}$）。

某些纯金属的弹性模量与相对耐磨性之间的关系，如图 4.56 所示。

由图 4.56 可知，工业纯金属的耐磨性与它的弹性模量成正比，弹性模量越大，使其发生一定的弹性变形的应力就越大。因为弹性模量大则具有较大的内在阻力来阻止被磨表面产生塑性变形。弹性模量的大小主要取决于组成合金的基体金属的原子特征和晶格常数，所以这种关系不适用于热处理后的钢，因为热处理不会改变材料的弹性模量却使材料的耐磨性大大的提高了。因此，工业纯金属的这种耐磨性与弹性模量的关系不是磨粒磨损过程的典型特征。

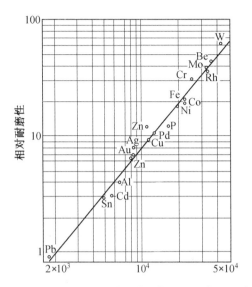

图 4.56   工业纯金属的弹性模量与相对耐磨性的关系

（2）宏观硬度和表面硬度的影响

通过试验数据，人们发现，工业纯金属和不同类型钢的相对耐磨性与它的宏观硬度成正比，如图 4.57 所示。

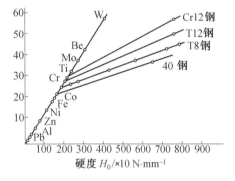

图 4.57   纯金属和钢的相对耐磨性与它的宏观硬度之间的关系

对钢来说可用下式表达

$$\varepsilon = \varepsilon_0 + b'(H - H_0)$$

式中，ε 为钢的相对耐磨性；ε_0 为钢在未经热处理退火状态下的相对耐磨性；b' 为与钢的化学成分有关的常数；H 为钢的宏观硬度；H_0 为钢在退火状态下的硬度。

由公式可见，未经热处理钢的耐磨性单值决定于其宏观硬度，而热处理钢的相对耐磨性随宏观硬度的增高而线性地增加，但比未经热处理钢要慢一些。人们通过实验还发现耐磨性不仅与钢的宏观硬度有关，而且与它们的化学成分也有关，不同成分的热处理钢尽管具有相同的硬度但耐磨性却不相同，这说明各种钢的耐磨性与其宏观硬度间并不存在单值的对应关系。宏观硬度不能完全决定磨损量的大小，因为它既不能代表塑性流动特征的大小，也不能代表材料对裂纹的产生和扩展的敏感程度。所以说，在不同的钢铁材料中,只是从宏观硬度的角度来判断耐磨性并不是完全恰当的,除宏观硬度以外,还有其他因素影响金属的耐磨性。

既然材料的耐磨性与宏观硬度之间没有简单的对应关系,冷却硬化也不影响耐磨性,这就说明已磨损的金属表面发生了最大限度的"加工硬化"。鲍伊斯对 13 种经常用来制造耐磨件的钢铁材料进行磨粒磨损实验,同时测定磨损后的表面硬度,结果发现耐磨性与表面硬度有良好的线性关系。13 种材料的化学成分与硬度见表 4.9。磨粒磨损与磨损后材料的表面硬度的关系,如图 4.58 所示。

表 4.9　不同试验材料化学成分与硬度

| 序号 | 化学成分(质量分数)/% | | | | | | 硬度 HV |
	C	Si	Mn	Cr	Ni	Mo	
1	0.41	0.26	0.84	0.99			180
2	1.2	0.92	12.2	26.30			217
3	3.37	2.25	4.72			0.51	297
4	3.32	0.54	0.59				485
5	2.54	0.40	0.47				661
6	3.48	2.24	1.64			0.61	703
7	3.61	1.97	0.40	0.82			709
8	3.13	0.41	0.54	1.68	3.50		719
9	3.17	1.31	0.27	7.34	5.33		743
10	0.89	0.35	0.51	1.96		0.50	761
11	2.20	0.37	1.56	13.50			780
12	2.32	0.49	0.52	1.33	2.65		845
13	3.22	0.65	0.66	15.10		2.82	895

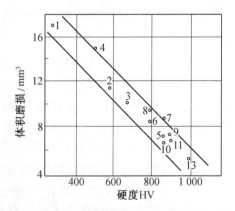

图 4.58　磨粒磨损与磨损后材料的表面硬度的关系

（3）强度的影响

金属材料的强度通常指经拉伸试验所得的抗拉强度和屈服强度。抗拉强度是静拉伸时最大均匀塑性变形抗力的指标,屈服强度是表示金属材料发生明显塑性变形的抗力指标。磨粒的显微切削作用与材料的塑性断裂过程有关,如前面所述,磨损表面硬度的测量结果表明,磨损表面达到了极大程度的加工硬化。在固定磨粒磨损试验条件下得到的材料相对耐磨性,可以表征材料在极高塑性变形程度下的极限强度;而用棱锥体压入法测定的硬度,则表征材料在不太大的塑性变形程度下的抗塑性变形的强度。

对于一定的耐磨材料来说,耐磨性和强度有如下的关系。

①耐磨性随材料的强度提高而得到改善。有人用中碳铬镍钼钢经过 870 ℃奥氏体化油淬后,分别于 200～650 ℃回火,以得到不同的屈服强度。用这种不同屈服强度的试样在销盘式磨料磨损试验机上进行试验,结果发现,随着钢屈服强度的提高,耐磨性也有相应的提高。

②耐磨性随着材料强度的提高而下降或耐磨性先随强度提高而提高,继续提高强度时耐磨性又开始下降。

③在同一条件下,不同的材料强度虽相近,但耐磨性却大不一样。

（4）塑性和韧性的影响

在高应力磨料磨损情况下,尤其是在具有冲击载荷作用时,要想获得较好的耐磨性,就应具有较高的强度和韧性。

①冲击韧性的影响。杨瑞林等人研究 ZG30MnSiTi 与冲击韧性的关系表明,在淬火及 200～250 ℃回火后,既有较高的冲击韧性,也有较高的耐磨性;当超过回火脆性区域（300～350 ℃）而继续提高回火温度时,耐磨性随冲击韧性的提高而逐渐降低。

②断裂韧性的影响。20 世纪 70 年代中期霍恩博吉等人试图对阿查德的磨损模式进行修正,把磨损与断裂韧性联系起来,先后提出包括断裂韧性在内的磨损方程式。朱卡尔除从赫兹应力场理论推导出磨料磨损与断裂韧性有关的磨损模式外,在研究镍铝型奥氏体不锈钢的磨料磨损时,又提出摩擦系数与断裂韧性有关的模式。朱卡尔对一组不同基体的高碳铬钼钢和高铬白口铸铁的耐磨性与断裂韧性的关系进行了研究,一组试样在铸造后进行 200 ℃回火以消除应力,显微组织为奥氏体基体和碳化物;另一组试样在铸造后进行 900 ℃奥氏体化后空淬,再经冷处理,得到马氏体和碳化物;然后在橡胶轮试验机上进行湿磨损试验,得到图 4.59 的结果。

如图 4.59 所示,以奥氏体或马氏体作为基体的高铬钢铁材料,其断裂韧性都有一个最佳值,此时耐磨性也最好。断裂韧性高于或低于这个最佳值,都会引起耐磨性的降低。

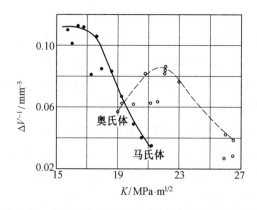

图 4.59　高铬钢铁材料的耐磨性与断裂韧性的关系

4.4　冲蚀磨损

在自然界和工矿生产中,存在着大量的冲蚀磨损现象,例如,矿山的气动输送管道中物料对管道的磨损,锅炉管道被燃烧的灰尘冲蚀,喷砂机的喷嘴受砂粒的冲蚀,等等。据统计,冲蚀磨损占磨损总数的 8%,例如,在用管道输送物料的气动运输装置中,弯头处的冲蚀磨损是直通部分磨损的 50 倍;对锅炉管道的失效分析表明,在所有发生事故的管道中约有 1/3 是由于冲蚀磨损造成的。由此可见,冲蚀磨损造成的损失和危害是严重的,对冲蚀磨损问题进行深入的研究是十分必要的。下面介绍冲蚀磨损的定义、分类以及简要介绍冲蚀磨损的理论和影响因素。

4.4.1　冲蚀磨损的定义与分类

1.冲蚀磨损的定义

冲蚀磨损(crosion wear)是指材料受到小而松散的流动粒子冲击时表面出现破坏的一类磨损现象。其定义可以描述为固体表面同含有固体粒子的流体接触做相对运动,其表面材料所发生的损耗。携带固体粒子的流体可以是高速气流,也可以是液流,前者产生喷砂型冲蚀,后者则称为泥浆型冲蚀。

2.冲蚀磨损的分类

根据颗粒及其携带介质的不同,冲蚀磨损又可分为固体颗粒冲蚀磨损、流体冲蚀磨损、液滴冲蚀和气蚀等。

(1)固体颗粒冲蚀磨损

固体颗粒冲蚀磨损是指气流携带固体粒子冲击固体表面产生的冲蚀。这类冲蚀现象在工程中最常见,如入侵到直升机发动机的尘埃和沙粒对发动机的冲蚀。气流运输物料对管路弯头的冲蚀,火力发电厂粉煤锅炉燃烧尾气对换热器管路的冲蚀等。

(2)流体冲蚀磨损

流体冲蚀磨损是指液体介质携带固体粒子冲击到材料表面产生的冲蚀。这类冲蚀表现在水轮机叶片在多泥沙河流中受到的冲蚀,建筑行业,石油钻探、煤矿开采、冶金矿山选矿场中及火力发电站中使用的泥浆泵、杂质泵的过流部件受到的冲蚀,以及在煤的气化、液化(煤油浆、煤水浆的制备)、输送及燃烧中有关输送管道、设备受到的冲蚀等。

(3)液滴冲蚀磨损

液滴冲蚀磨损是指高速液滴冲击造成材料的表面损坏。如飞行器、导弹穿过大气层及雨区时,迎风面上受到高速的单颗粒液滴冲击出现的漆层剥落和蚀坑;在高温过热蒸汽中高速运行的蒸汽轮机叶片备受到水滴冲击而出现小的冲蚀等。

(4)气蚀

气蚀是指由低压流动液体中溶解的气体或蒸发的气泡形成和泯灭时造成的冲蚀。这类冲蚀主要出现在水利机械上,如船用螺旋桨、水泵叶轮、输送液体的管线阀门,以及柴油机汽缸套外壁与冷却水接触部位过窄的流道等。

4.4.2　冲蚀磨损理论

早在 20 世纪 40 年代,人们就开始对冲蚀磨损进行了研究,起初人们主要研究冲蚀磨损的规律和各种影响因素。关于冲蚀磨损理论的研究,则是近二十几年才发展起来的。然而到目前为止,虽已有数种冲蚀磨损理论,解释冲蚀磨损的各种现象、影响因素以及对材料抗蚀性能进行预测和提出控制冲蚀磨损的方法,但仍未建立起较完整的材料冲蚀磨损理论。现有的各种冲蚀磨损理论都只能在一定范围内适用。本文介绍几种冲蚀磨损理论。

1.微切削理论

该理论是由芬尼(Finnie. I.)等人于 1958 年提出的。为使问题简化,假定在冲击时,粒子不变形,不开裂而且宽度不变,作用在粒子上的力其水平分量与垂直分量比例不变;切削过程中粒子与靶面接触高度与切削深度不变。因此又称刚性粒子冲击塑性材料的微切削理论,其物理模型如图 4.60 所示。

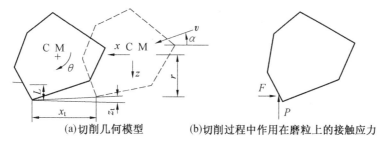

(a)切削几何模型　　　　　(b)切削过程中作用在磨粒上的接触应力

图 4.60　延性材料的切削模型

芬尼认为磨粒就如一把微型刀具,当它划过靶材表面时,把材料切除而产生磨损。假设一颗多角形磨粒,质量为 m,以一定速度 v,冲角 α 冲击到靶材的表面。由理论分析可得出靶材的磨损体积为

$$V = \frac{mv^2}{2p}\left(\frac{\sin 2\alpha - 3\sin^2\alpha}{2}\right) \quad (0 < \alpha < \alpha_0) \tag{4.18}$$

$$V = \frac{mv^2}{2p}\left(\frac{\cos^2\alpha}{6}\right) \quad (\alpha_0 < \alpha < 90°) \tag{4.19}$$

式中,V 为粒子总质量为 m 时造成的总磨损体积;m 为冲蚀磨粒的质量;v 为磨粒的冲蚀速度;p 为靶材的塑性流动应力;α 为磨粒的冲击角;α_0 为临界冲击角。

由式(4.18)和式(4.19)可以看出,材料的磨损体积与磨粒的质量和速度的平方(即磨粒的动能)成正比,与靶材的流动应力成反比,与冲角 α 成一定的函数关系。当 α 小于 α_0 时,V 随 α 的增加明显增大。但当 α 大于 α_0 后,V 随 d 的增加逐渐降低,通过理论计算得到的临界角 α_0 为 18.43°。

大量试验研究表明,对于延性材料、多角形磨粒、小冲角的冲蚀磨损、切削模型非常适用。而对于不很典型的延性材料(例如一般的工程材料)、脆性材料、非多角形磨粒(如球形磨粒)、冲角较大(特别是冲角 $\alpha = 90°$)的冲蚀磨损则存在较大的偏差。

2. 脆性断裂理论

该理论是针对脆性材料提出来的,脆性材料在磨料冲击下几乎不产生变形。芬尼等根据赫兹应力的分析,夹在流体中的固体粒子从流体中获得能量,当冲击靶面时,进行能量交换,粒子的动能转化为材料的变形和裂纹的产生,引起靶面材料的损失。观察遭受粒子冲击的脆性材料的表面,发现有二种形式的裂纹:第一种是垂直于靶面的初生径向裂纹,第二种是平行于靶面的横向裂纹。前一种裂纹使材料强度削弱,后一种裂纹则是使材料损失的主要原因。

图4.61是典型脆性材料(如玻璃等)和典型延性材料(如铝等)的冲蚀磨损曲线对比。

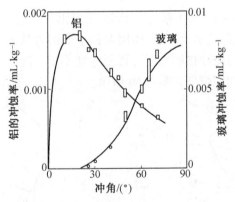

图 4.61　脆性材料与延性材料的冲蚀磨损曲线对比

磨粒:300 μm 铁球;冲速:10 m/s

谢尔登(Sheldon)和芬尼于 1966 年对冲角为 90° 时脆性材料的冲蚀磨损提出断裂模型,并得出脆性材料(单位重量磨粒的)冲蚀磨损量的表达式

$$\varepsilon = K_1 r^a v_0^b \tag{4.20}$$

对球形磨粒

$$a = \frac{3m}{m-2}$$

对多角形磨粒
$$a = \frac{3.6m}{m-2}$$

对任一形状磨粒
$$b = \frac{2.4m}{m-2}$$

而
$$K_1 \propto E^{0.8}/\sigma_b^2$$

式中，E 为靶材的弹性模量；σ_b 为材料的弯曲强度；r 为磨粒的尺寸；v_0 为磨粒的速度；m 为材料缺陷分布常数。

试验结果表明，几种脆性材料（如玻璃、MgO，Al_2O_3，石墨等）的 a 和 b 的实验值与理论值基本一致。

3. 薄片剥落磨损理论

莱维(Lavy)及其同事使用分步冲蚀试验法和单颗粒寻迹法研究冲蚀磨损的动态过程。研究发现不论是大冲角（例如 90°冲角）还是小冲角的冲蚀磨损，由于磨粒的不断冲击，使靶材表面材料不断地受到前推后挤，于是产生小的、薄的、高度变形的薄片。形成薄片的大应变出现在很薄的表面层中，该表面层由于绝热剪切变形而被加热到（或接近于）金属的退火温度，于是形成一个软的表面层。在这个软的表面层的下面，有一个由于材料塑性变形面产生的加工硬化区。这个硬的次表层一旦形成，将会对表面层薄片的形成起促进作用。在反复的冲击和挤压变形作用下，靶材表面形成的薄片将从材料表面上剥落下来。

除了以上介绍的几种冲蚀磨损理论之外，中国的研究者也提出了各种不同的冲蚀磨损理论与模型。中国矿业大学北京研究生部邵荷生、林福严等人通过大量的试验研究，提出一个以低周疲劳为主的冲蚀磨损理论。

他们认为在法向或近法向冲击下，冲蚀磨损主要是以变形产生的温度效应为主要特征的低周疲劳过程。其材料去除机理表现为：材料在磨粒的冲击下产生一定的变形，变形可能是弹性的，随冲击速度及粒子直径的增大，弹性变形加大。如果材料是脆性的，并且弹性变形足够大时，将会在材料表面和次表面形成裂纹而剥落；如果弹性变形不足以使材料破坏，则材料将发生塑性变形，一般情况下材料的塑性应变是比较大的，因而变形能大。这种变形能除少量转化为材料的畸变能外，大部分都转化为热能，由于冲蚀速度高，材料的应变率也很高，因而在大多数冲蚀磨损中，冲击变形是一绝热的，变形能转化的热能会使变形区的温度上升，于是可能产生绝热剪切或变形局部化。当材料在磨粒的反复冲击下，变形区的积累应变很大时，材料便会从母体上分离下来而形成磨屑。

在斜角冲击时，材料的去除过程主要有两类：一类是切削过程，另一类是犁沟和形唇过程。在典型的切削过程中，材料在磨粒尖端的微切削作用下，大部分被一次去除而形成磨屑，磨痕的大小与磨屑的大小在尺寸上是相当的。在典型的犁沟和形唇过程中，一次冲击往往并不能直接形成磨屑，而仅仅使材料发生变形，当冲角较大时变形坑较短，变形材料主要堆积在变形坑的出口端形成变形唇，当冲角较小时，变形坑较长，材料除堆积在变形坑出口端形成变形唇外,还堆积在变形坑两侧,就像磨粒磨损中的犁沟一样。不论犁沟还是形唇,大部分材料在一次冲击中总是被迁移、被变形,而不是一次去除。总之,材料的变形和变形能力是影响冲蚀磨损的主要因素。

4.4.3 影响冲蚀磨损的主要因素

影响冲蚀磨损的因素有很多,主要包括材料自身的性质和工况条件。材料自身的性质主要指材料的机械性能、金相组织、表面粗糙度和表面缺陷等。工况条件主要有冲蚀速度、冲蚀角度、磨粒的影响,等等。

1.材料自身性质

(1)材料的弹性模量

材料的弹性模量 E 是材料抵抗弹性变形的指标,E 越大,材料具有阻止被磨表面产生变形的内在阻力越大,因此弹性模量对磨损有很大的影响。由式(4.18)和(4.19)可以看出,式中只有 p 与材料的性能有关,说明了只有流变应力影响了材料的冲蚀性能。所谓的流变应力就是材料开始发生塑性变形时所承受的应力,从微观上说就是材料的临界切应力。而临界切应力与材料的弹性模量成正比,可以推出材料的弹性模量越高,材料的抗冲蚀性能越好。

(2)材料硬度的影响

材料软硬程度的指标反映材料表面抗塑性变形的能力。韧性材料在低角度的冲蚀下,材料的磨损主要是由于微切削和犁沟变形造成的,材料的表面发生严重的塑性变形。因此,韧性材料在较小冲蚀角度作用下其硬度越高,材料抵抗为变形的能力越强,耐磨性也越好。

陈学群等人研究了冲角和硬度对冲蚀磨损的影响,研究表明,在冲角为 20° 时,随着材料硬度的增加,相对失重减少,即耐冲蚀磨损能力提高,如图 4.62 所示。当冲角为 90°时随着材料硬度的增加,相对失重增大,即耐冲蚀磨损能力降低,如图 4.63 所示。

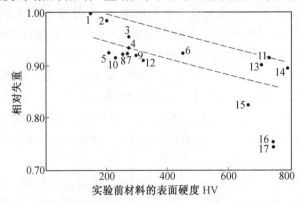

图 4.62 冲角 $\alpha=20°$ 时材料的相对失重与硬度的关系

(3)加工硬化的影响

有人认为靶材加工硬化(磨损)后的硬度更能反映材料性能与冲蚀磨损之间的关

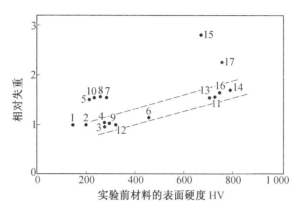

图 4.63　冲角 $\alpha = 90°$ 时材料的相对失重与硬度的关系

系。陈学群等人的试验发现,在冲角 $\alpha = 20°$ 时,ZGMn13,ZGMn6Mol,ZG2Mn10T(在图 4.61 中编号为 5,1,8 和 7)等奥氏体钢比原始硬度相同的碳钢和合金钢的相对磨损量小,即耐磨性高。测量试样磨损后次表层的显微硬度发现,具有奥氏体组织的高锰钢硬度提高约 150 HV,而具有铁素体、珠光体、马氏体组织的碳钢和合金钢,次表层的硬度最多提高 25 HV。靶材冲蚀磨损后的硬度与相对失重之间更接近于直线关系。所以加工硬化能提高材料低角度冲蚀磨损的耐磨性。

相反,在冲角 $\alpha = 90°$ 时,ZGMn13,ZGMn6Mo1,ZG2Mn10Ti 钢等比原始硬度相同的碳钢和合金钢的相对磨损量大。对磨损后试样次表层的显微硬度测试发现,高锰钢的硬度约提高 364 HV,而碳钢和合金钢最多提高 29 HV,而且冲蚀磨损后的材料硬度与相对失重之间更接近直线关系。显然加工硬化降低材料大角度冲蚀磨损的耐磨性。

(4)材料组织的影响

材料的组织构造对材料耐磨性的影响是复杂而重要的,因为材料组织决定了材料的力学性能。

HT 200 的金相组织主要是片状石墨加珠光体,因碳是以层状石墨存在,割裂了基体而破坏了基体的连续性,层间的结合力弱,故其强度和塑性几乎为零,一旦在外力的作用下,石墨便会呈片状脱落,因而 HT 200 的耐磨性低。45 钢属于亚共析钢,其组织为铁素体加珠光体,因亚共析钢随含碳量的增加,珠光体也增加,珠光体间的间距减少,而决定材料耐磨性的 Fe_3C 也增加,故耐磨性也好。只要 Fe_3C 不以网状存在,增加含碳量,有利于金属材料的耐磨性。40Cr 是合金结构钢,因 Cr 元素为合金的主加元素,使得基体中的一部分 Fe_3C 形成合金渗碳体,另一部分形成特殊的碳化物,如 Cr7C3,Cr23C6 等,由于合金渗碳体和特殊的碳化物的硬度和稳定性高于 Fe_3C,显著提高了钢的耐磨性,因此 40Cr 具有良好的耐磨性。从金相结构分析,耐磨性按 40Cr、45 钢、HT 200 递减。

材料组织的耐冲蚀磨损与冲角有关,研究表明,在低冲角时相同成分的碳钢,马氏体组织比回火索氏体更耐冲蚀磨损。当组织相同时,含碳量高的比含碳量低的耐磨性高,这是由于低角度冲蚀磨损机制主要是微切削和犁沟。硬的基体更能抵抗磨粒的刺入,所以马氏体比珠光体更耐磨,高碳马氏体比低碳马氏体更耐磨。而马氏体基体上有大量碳化物存在时,耐磨性会明显提高。特别是 Cr12MoV 钢和高铬白口铸铁,不仅碳化物数量多,而且 M7C3 型碳化物比 M3C 型碳化物硬度更高,相对石英砂来说是硬材料,能使石英砂磨粒棱角变钝。如果碳化物的数量少,尺寸小,则很容易被磨粒挖出,所以耐磨性较差,如图 4.64 所示。对于在软基体上分布着碳化物的情况,由于基体硬度低,容易产生选择性磨损,使碳化物质点暴露出来而被挖掉,所以这类组织的耐磨性提高不大。

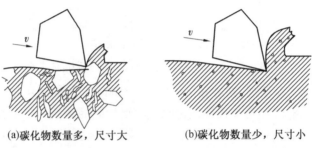

(a)碳化物数量多,尺寸大　　　　　(b)碳化物数量少,尺寸小

图 4.64　碳化物的数量和尺寸对低角度冲蚀磨损影响的示意图

与大角度冲蚀磨损的情况相反,硬度高的组织比硬度低的磨损加剧,这与大角度冲蚀磨损的机制有关。韧性高的组织(例如,奥氏体、回火索氏体、低碳马氏体等)受磨粒的垂直撞击时,材料表面产生剧烈的塑性变形,形成凿坑,塑性挤出。经过多次反复塑性变形而导致断裂和剥落。奥氏体高锰钢由于表层易于产生加工硬化,因而在同样条件下,更容易断裂和剥落。

脆性组织(例如,高碳马氏体、碳化物等)受磨粒垂直撞击时,往往一次(或几次)撞击就会产生断裂和脆性剥落,这里碳化物的存在是个不利的因素,碳化物的数量越多、尺寸越大,磨损越严重。

应该指出的是,工程材料往往不是非常典型的延性材料或脆性材料,因而它们的磨损机制和磨损规律也有所不同,所以要根据具体情况做具体分析。

2. 工况条件

(1)磨粒的影响

冲蚀磨损试验常用的磨粒主要有 SiO_2,Al_2O_3,SiC 等,有时也用玻璃和钢球,也可以采用各种工况的实际磨料。磨粒对于冲蚀磨损的影响很复杂。

①磨粒硬度的影响。一般情况下,磨粒越硬,冲蚀磨损量越大。如试验用磨粒尺寸为 125 ~ 150 μm,磨粒冲击速度为 130 m/s,材料为 11% Cr 钢。图 4.65 为磨粒的显微硬度值与冲蚀磨损率之间的关系曲线。试验结果获得冲蚀磨损率与磨粒硬度之间的关系式为

$$\varepsilon = K \cdot H^{2.3}$$

②磨粒形状的影响。尖角形的磨粒比圆球形磨粒在同样条件下产生的冲蚀磨损更严重。例如,在 45° 冲角时,多角形磨粒比圆球形磨粒的磨损量大 4 倍。

磨粒形状不同,产生的最大磨损冲角也不同。例如,多角形的碳化硅、氧化铝磨粒

产生最大冲蚀磨损的冲角约为 16°,钢球产生最大冲蚀磨损的冲角约为 28°,一般延性材料产生最大冲蚀磨损的冲角为 16°~30°。

③磨粒尺寸的影响。磨粒尺寸对冲蚀磨损也有明显的影响。磨粒尺寸很小时,对冲蚀磨损影响不大。随着磨粒尺寸增大,靶材的冲蚀磨损也增大,当磨粒尺寸增大到一定值时,磨损几乎不再增加。这一现象称为"尺寸效应",它与靶材有关。

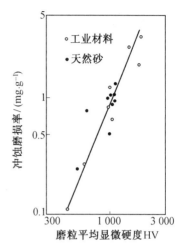

图 4.65　磨粒的显微硬度值与冲蚀磨损率的关系

④磨粒破碎的影响。磨粒在冲击靶材表面时会产生大量碎片,这些碎片能除去磨粒在以前冲击时在靶材表面形成的挤出唇或翻皮,增加靶材的磨损。这种由于碎片造成的磨损称为二次磨损,而磨粒未形成碎片时造成的磨损称为一次磨损,冲蚀磨损是一次磨损与二次磨损的总和。

⑤磨粒嵌镶的影响。在冲蚀磨损的初期,由于磨粒嵌镶于靶材的表面,因此靶材的冲蚀磨损量很小,甚至不是产生失重而是增重,即产生负磨损,这一阶段称为"孕育期"。经过一段时间(或冲蚀了一定量的磨粒)之后,当靶材的磨损量大大超过嵌镶量时,才变为正磨损。随着冲蚀磨粒数量的增加,靶材的磨损量也稳定增加,这一阶段称为稳定(态)冲蚀期。

对于延性材料,尤其是在 90° 冲角时,磨粒更容易嵌镶于靶材的基体,使靶材表面的性能变坏,往往使冲蚀磨损量增大。对于脆性材料,磨粒难以嵌镶到靶材的基体中,因而影响不大。

(2)冲蚀速度的影响

冲蚀磨损与磨粒的动能有直接的关系,因此磨粒的冲蚀速度对冲蚀磨损有重要的影响。研究表明,冲蚀磨损量与磨粒的速度存在以下关系

$$\varepsilon = K \cdot v^n \tag{4.21}$$

式中,K 是常数,v 是磨粒的冲蚀速度,n 是速度指数,一般情况下 $n = 2 \sim 3$;对于延性材料波动较小,$n = 2.3 \sim 2.4$;脆性材料则波动较大,$n = 2.2 \sim 6.5$。

(3)冲角的影响

冲角是指磨粒入射轨迹与靶材表面之间的夹角。冲角对冲蚀磨损率的影响与靶材有很大的关系。延性材料的冲蚀磨损率开始随冲角增加而增大,当冲角为 20°~30°时达到最大值。然后随冲角继续增大而减小;脆性材料则随冲角的增加,磨损率不断增大,当冲角为 90°时,磨损率最大,如图 4.66 所示。

冲角对靶材的冲蚀磨损机制有很大的影响。低角度冲蚀时,磨损机制以微切削和犁沟为主。高角度冲蚀时,延性材料起初表现为凿坑和塑性挤出,多次冲击经反复变形和疲劳,引起断裂与剥落。脆性材料在大尺寸磨粒和大冲击能量的垂直冲击下,以产生

环形裂纹和脆性剥落为主,在小尺寸磨粒、冲击能量较小时,则可能具有延性材料的特征。

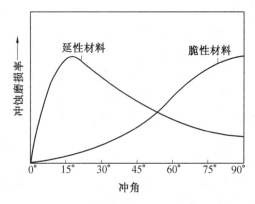

图 4.66　冲角对延性材料和脆性材料冲蚀磨损率的影响

4.5　接触疲劳磨损

接触疲劳磨损又称表面疲劳磨损,是指齿轮、滚动轴承、凸轮等机器零件,在循环交变接触应力长期作用下所引起的表面疲劳剥落现象。当接触应力较小,循环交变接触应力次数不多时,材料表面只产生数量不多的小麻点,对机器正常运行几乎没有影响;但当接触应力较大,循环交变接触应力次数增多时,由于接触疲劳磨损将导致零件失效。

接触疲劳损伤类型和损伤过程和其他疲劳一样,接触疲劳也是一个裂纹形成和扩展过程。接触疲劳裂纹的形成也是局部金属反复塑性变形的结果。当两个接触体相对滚动或滑动时,在接触区将造成很大的应力和塑性变形。由于交变应力长期反复地作用,便在材料表面或表层的薄弱环节处,引发疲劳裂纹,并逐步扩展。最后金属以薄片形式断裂剥落下来,所以塑性变形是疲劳磨损的重要原因。

根据剥落坑外形特征,可将接触疲劳失效分为三种主要类型,即点蚀、浅层剥落、深层剥落。

点蚀是指在原来光滑的接触表面上产生深浅不同的凹坑(也称麻点)。点蚀裂纹一般从表面开始,向内倾斜扩展,然后折向表面,裂纹以上的材料折断脱落下来即成点蚀。由点蚀形成的磨屑通常为扇形(或三角形)颗粒,凹坑为许多细小而较深的麻点。

浅层剥落是在纯滚动或摩擦力很小的情况下,次表层将承受着更大的切应力,裂纹易于在该处形成。在法向和切向应力作用下,次表层将产生塑性变形,并在变形层内出现位错和空位,并逐步形成裂纹。当有第二相硬质点和夹杂物存在时,将加速这一过程。由于基体围绕硬质点发生塑性流动,将使空位在界面处聚集而形成裂纹。一般认为,裂纹沿着平行于表面的方向扩展,而后折向表面,形成薄而长的剥落片。

深层剥落一般发生在表面强化的材料中,如渗碳钢中。裂纹源往往位于硬化层与心部的交界处,这是因为该交界处是零件强度最薄弱的地方。如果其塑性变形抗力低于该处的最大合成切应力,则将在该处形成裂纹,最终造成大块剥落。剥落裂纹一般从亚表层开始,沿与表面平行的方向扩展,最后形成片状的剥落坑。深层剥落所产生的磨屑呈椭圆形片状,形成的凹坑浅而面积较大。

4.5.1 接触疲劳磨损理论

1.油楔理论

1935 年韦(S. Way)提出了由疲劳裂纹扩展形成点蚀的理论。在材料内表面已形成的微裂纹,由于毛细管作用吸附润滑油,使得裂纹尖端处形成油楔。当润滑油由于接触压力而产生高压油波快速进入表面裂纹时,对裂纹壁将产生强大的液体冲击,同时上面的接触面又将裂纹口堵住,使裂纹内的油压进一步升高,于是裂纹便向纵深扩展。裂纹的缝隙越大,作用在裂纹壁上的压力也越大,裂纹与表面之间的小块

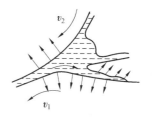

图 4.67　点蚀形成的示意图

金属如同悬臂梁一样受到弯曲,当根部强度不足时,就会折断,在表面形成小坑,这就是"点蚀"。图 4.67 为点蚀形成的示意图。

在两个接触表面之间,由于法向力和摩擦力的共同作用,使得接触应力增大,如果在滚动过程中还存在滑动摩擦,则实际最大切应力十分接近表面。因此,疲劳裂纹最容易在表面产生。

在韦之后,有人提出一种由于摩擦温度形成点蚀的理论。当两圆柱体接触时,由于表面粗糙不平,接触区某些部位压力很大,必然发生塑性变形,并产生瞬时高温,因此接触区的金属组织发生变化并产生体积膨胀效应,使表层金属隆起,于是在表面层形成裂纹或分层,然后在润滑油的作用下形成点蚀。

2.最大切应力理论

图 4.68 为滚动与滑动时接触面下剪应力的分布图。凡凯梯西(V. C. Venkatesh)和拉曼耐逊(S. Ramanthan)认为点蚀主要发生在接触表面下的最大切应力处。他们用位错理论解释点蚀的产生。由于剪应力的作用,在次表层产生位错运动,位错在夹杂物或晶界等障碍处堆积。在滚动过程中,由于剪应力的方向发生变化,所以位错运动一会儿向前,一会儿向后。由于位错的切割,形成空穴,空穴集中形成空

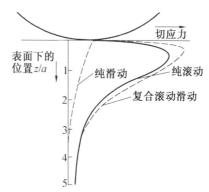

图 4.68　滚动与滑动时接触面下剪应力的分布图

洞,最后成为裂纹。裂纹产生后,在载荷的反复作用下,裂纹扩展,最后拆向表面,形成点蚀。

从赫兹弹性应力分析可知,在表面上产生最大压应力,而表面下某点出现最大切应

力。由于滚动的结果,此处材料首先出现屈服,在外载荷的反复作用,材料的塑性耗竭,随着滚动的推进,所有切应力方向都发生改变,以致在最大切应力处出现疲劳裂纹,随后表层逐渐被裂纹从金属基体隔离。一旦裂纹尺寸扩展到表面上,表层就会剥离而成为磨粒,这些磨粒可能是大尺寸碎片或薄片,并在摩擦表面留下"痘斑"。

3. 剥层磨损理论

1973 年,美国麻省理工学院的 N. P. Suh 提出剥层磨损理论。其基本论点是当两个滑动表面接触,硬表面上的微凸体在软表面上滑过时,软表面上的接触点将经受一次循环载荷,由于产生塑性变形,金属材料表面将出现很多位错。所以金属表面的位错密度常常比内部的位错密度小,即最大剪切变形发生在一定深度内。当微凸体在接触表面反复滑动时,使表层下面一定深度处产生位错塞积,并形成空位或裂纹。金属材料中的夹杂物和第二相质点等缺陷往往是裂纹形成的地方。图 4.69 为剥层磨损裂纹形成的示意图。

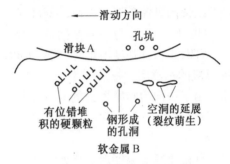

图 4.69 剥层磨损裂纹形成的示意图

当裂纹形成以后,根据应力场分析,平行表面的正应力阻止裂纹向深度方向扩展,所以裂纹一般都是平行于表面扩展,微凸体每滑过一次,裂纹经受一次循环载荷,就在同样深度向前扩展一个微小的距离。当裂纹扩展到一定的临界尺寸时,在裂纹与表面之间的材料由于切应变而以薄片的形式剥落下来。

剥层磨损理论主要经历四个过程,即表面塑性变形、表层内裂纹成核、裂纹扩张、磨屑形成。通过分析表明,磨屑形状为薄而长的层状结构,这是由于表层内裂纹生成和扩展的结果。

1978 年弗治塔(K. Fujita)和约西达(A. Yoshida)用镍铬渗碳钢比较系统地研究了纯滚动及滚滑条件下的接触疲劳磨损问题。探讨了深层剥落裂纹形成及扩展的机理。他们发现不同渗碳层厚度的试样,其剥层裂纹的形式都是相同的,与接触状态,赫兹应力和渗层厚度无关。剥层裂纹在接触表面下较浅的部位首先形成,然后通过重复的滚动接触引起的弯曲可以产生二次裂纹和三次裂纹,使剥层底部加深,最后裂纹扩展到两端而发生断裂,形成较深的剥落坑。

有人认为两滚动元件接触时,由于表面粗糙不平,局部压力很大,接触表面发生塑性变形,接触区可能产生很高的温度。在这种高温和高压的作用下,接触区的金属组织和性能将会发生变化。

剥层理论是建立在力学分析和材料学科以及充分的试验基础上的,到目前为止,是比较完整和系统的表面疲劳磨损理论之一。虽然在接触疲劳磨损中对于组织和性能的变化研究得还不够充分。但通过剥层理论可以肯定,这种变化与接触疲劳裂纹的形成与扩展有着密切的关系。

4.5.2 影响接触疲劳磨损的主要因素

影响疲劳磨损的因素有很多,凡是影响裂纹源形成和裂纹源扩展的因素,都会对接触疲劳磨损产生影响,下面介绍影响接触疲劳磨损的主要因素。

1. 载荷的影响

接触疲劳磨损不是用磨损量表示,而是用接触疲劳寿命表示,在某一定接触应力下,接触零件的循环周次。载荷是影响滚动零件寿命的主要因素之一。一般认为滚珠轴承的寿命与载荷的立方成正比,即

$$N \times W^3 = 常数 \tag{4.22}$$

式中,N 为滚珠轴承的寿命,即循环次数;W 为外加载荷。

一般认为滚珠轴承 W 的指数在 $3 \sim 4$ 之间,常取为 10/3。式(4.22)不能表示接触疲劳极限的存在。现已证明,在循环剪切应力作用下,金属材料有确定的疲劳极限。接触疲劳是在循环剪切应力作用下发生的,因而也应有确定的疲劳极限。所以接触疲劳寿命表达式,还有研究改进的余地。

2. 热处理组织的影响

(1)马氏体碳的质量分数

滚动零件的热处理组织状态对接触疲劳寿命有很大的影响。对于承受接触应力的机件,多采用淬火或渗碳钢表面渗碳强化。对于滚动轴承钢而言,淬火及低温回火后的显微组织是隐针(晶)马氏体和细粒状碳化物,在未熔碳化物状态相同的条件下,马氏体碳的质量分数为 0.4% ~0.5% 时,疲劳寿命最高。如果固溶体的碳浓度过高,易形成粗针状马氏体,脆性较大。而且残余奥氏体量增多,接触疲劳寿命降低。马氏体中的碳浓度过低,则基体的强度、硬度降低,也影响接触疲劳寿命。

(2)马氏体及残余奥氏体级别

渗碳钢淬火,因工艺不同可以得到不用级别的马氏体和残余奥氏体,一般情况下,马氏体及残余奥氏体级别越高,接触疲劳寿命越低。

(3)未熔碳化物颗粒形状

对于马氏体碳质量分数为 0.5% 的轴承钢,通过改变轴承钢中剩余碳化物颗粒大小,研究其对接触疲劳寿命的试验得出,细颗粒的碳化物(平均大小在 0.5 ~ 1.0 μm)的寿命比粗颗粒碳化物(1.4 μm 以上,一般为 2.5 ~ 3.5 μm)的寿命高。当然,碳化物颗粒和接触疲劳寿命不可能只是平均颗粒大小的问题,显然还和碳化物的数量、形状和分布有关。因此,未熔碳化物颗粒分布越均匀越好,形状的圆正度越高,即趋于小、少、匀、圆越好。

3. 表层性质的影响

(1) 表面硬度

图 4.70 为接触疲劳寿命与硬度的关系。硬度主要反映材料塑变抗力高低和一定程度上反映材料切断抗力的大小,一般情况下,材料表面硬度越高,接触疲劳寿命越长,但并不永远保持这种关系。在中低硬度范围内,零件的表面硬度越高,接触疲劳抗力越大。在高硬度范围内,这种对应关系并不存在。如图 4.70(a)所示,当轴承钢表面硬度为 62 HRC 时,轴承的平均使用寿命最高。对 20CrMo 钢渗碳淬火后不同温度回火,从而得到不同表面硬度,进行多次冲击接触疲劳试验时也证实了这一点,如图 4.70(b)所示。接触疲劳裂纹的生成主要取决于材料塑变抗力即剪切强度,但接触疲劳裂纹的发展除剪切强度外,还与材料的正断抗力有关。而材料成分组织变化引起正断抗力的变化在硬度值上是反映不出来的。这就是为什么接触疲劳寿命开始随硬度的增加而增加,但到达一定硬度值后又下降的原因。

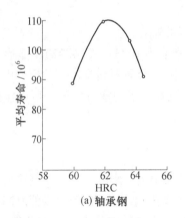
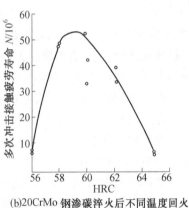

(a) 轴承钢   (b)20CrMo 钢渗碳淬火后不同温度回火

图 4.70 接触疲劳寿命与硬度的关系

(2) 材料硬度和匹配的影响

在正确选择材料硬度的同时,材料硬度和匹配不容忽视。它直接影响接触疲劳寿命。对于轴承来说,滚动体硬度比座圈应大 1~2 HRC。对软面齿轮来说,小齿轮硬度应大于大齿轮硬度,但具体情况应具体分析。对于渗碳淬火和表面淬火的零件,在正确选择表面硬度的同时,还必须有适当的心部硬度和表层硬度梯度。实践证明,表面硬度高、心部硬度低的材料,其接触疲劳寿命将低于表面硬度稍低而心部硬度稍高者。如果心部硬度过低,则表层的硬度梯度太陡,使得硬化层的过渡区发生深层剥落。根据试验和生产实践表明,渗碳齿轮的心部硬度一般在 38~45 HRC 较为适宜。

(3) 残余应力

在表面硬化钢(如渗碳齿轮)淬火冷却时,表层的马氏体转变温度比心部低,表面将产生残余压应力,心部为残余拉应力。一般来说,当表层在一定深度范围内存在有利的残余压应力时,可以提高弯曲、扭转疲劳抗力,并能提高接触疲劳抗力。但在压应力向拉应力过渡区域,往往也是硬化层的过渡区,这将加重该区域产生裂纹的危险性。

4. 冶金质量的影响

钢材的冶炼质量对零件的接触疲劳磨损寿命有明显的影响。轴承钢中的非金属夹杂物有塑性的、脆性的和不变形（球状）的三种，其中塑性夹杂物对寿命影响较小，球状夹杂物（钙硅酸盐和铁锰酸盐）次之，危害最大的是脆性夹杂物（氧化物，氮化物，硅酸盐和氰化物等）因为它们无塑性，和基体的弹性模量不同，容易在和基体交界处引起高度应力集中，导致疲劳裂纹早期形成。图4.71为非金属夹杂物数量对接触疲劳寿命的影响。研究表明，这类夹杂物的数量越多，接触疲劳寿命下降得越大，如图4.71(a)所示。

夹杂物与基体间膨胀系数的差别是影响疲劳强度的重要因素。膨胀系数小于基体的，淬火后界面产生拉应力，降低疲劳强度，氧化物即属此。膨胀系数大于基体的，如硫化物，淬火后界面不会产生拉应力，因此对疲劳强度无害，甚至有利，如图4.71(b)所示。改善钢的冶炼方法，进行净化处理，是减少夹杂物的根本措施。

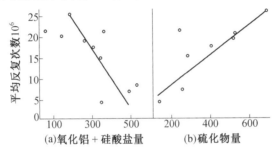

图 4.71　非金属夹杂物数量对接触疲劳寿命的影响

5. 表面粗糙度的影响

接触疲劳磨损产生于滚动零件接触表面，所以表面状态对接触疲劳寿命有很大的影响。生产实践表明，表面硬度越高的轴承、齿轮等，往往必须经过精磨、抛光等工序以降低表面的粗糙度值。同时，对表面进行机械强化手段以获得优良综合强化效果，可进一步提高接触疲劳寿命。

6. 润滑的影响

润滑剂对滚动元件的接触疲劳磨损寿命有重要的影响。一般认为高黏度低指数的润滑剂由于不容易进入疲劳裂纹而提高接触疲劳寿命。温度升高，将使润滑剂的黏度降低，油膜厚度减小，导致接触疲劳磨损加剧。研究发现，不同材料的滚动轴承的接触疲劳寿命随着润滑油的不同而变化。对于各种润滑油，接触疲劳寿命因材料而异。因而滚动轴承的材料与润滑油的配合非常重要。同时在润滑剂中适当地加入某些添加剂，如二硫化钼、三乙醇胺等可以减缓接触疲劳磨损过程。

4.6　腐蚀磨损

在摩擦过程中，由于机械作用和摩擦表面材料与周围介质发生化学或电化学反应，共同引起的物质损失，称为腐蚀磨损，也有称其为机械化学磨损。腐蚀磨损时材料表面同时发生腐蚀和机械磨损两个过程。腐蚀是由于在材料和介质之间发生化学或电化学反应,在表面形成腐蚀产物;机械磨损则是由于两个相配合表面的滑动摩擦引起的。

材料失效的三大原因(疲劳断裂、腐蚀和磨损)中,磨损的研究起步较晚。金属材料的应力腐蚀开裂和腐蚀疲劳断裂虽然和腐蚀磨损相似,都属于力学和电化学因素同时作用造成的失效。但因有疲劳和腐蚀学科作基础,应力腐蚀和腐蚀疲劳分别作为一门分支领域,其完整性和系统性远比腐蚀磨损成熟。腐蚀磨损研究则较少,它是极为复杂的过程,环境、温度、介质、滑动速度、载荷及润滑条件稍有变化,都会使磨损发生很大的变化。在一定条件下,腐蚀磨损是逐渐失效,例如,氧化磨损在轻载低速下,磨损缓慢,磨损产物主要是细碎的氧化物,金属摩擦面光滑。细碎氧化物能隔离金属摩擦面使之不易黏着,减少摩擦和磨损。所以通常金属摩擦副在空气中比在真空中的摩擦系数都小。但钢铁零件在含有少量水气的空气中工作时,反应产物便由氧化物变为氢氧化物,使腐蚀加速。若空气中有少量的二氧化硫或二氧化碳时,会使腐蚀更快,故在工业区、矿区及沿海区域工作的机械较易生锈。

腐蚀磨损的机理所需研究的内容和解决的问题一直是人们争论的焦点,从广义上把腐蚀磨损分为化学腐蚀磨损和电化学腐蚀磨损两大类。前者是指气体或有机溶剂中的腐蚀磨损,后者是发生在电解质溶液中的腐蚀磨损,化学-腐蚀磨损又可分为氧化磨损和特殊介质腐蚀磨损两种。

4.6.1 氧化磨损

1. 氧化磨损过程及磨损方程

纯净的金属暴露在空气中,表面会很快与空气中的氧反应生成氧化膜,这层氧化膜避免了金属之间的相互接触,起到了保护作用。在摩擦过程中,金属表面的氧化膜受机械作用或由于氧化膜与基体金属的热膨胀系数不同,而从表面上剥落下来,形成磨屑。剥落后的金属表面就会再次与氧发生反应生成新的氧化膜,这样周而复始,形成的磨损称为氧化磨损。

除金、铂等极少数金属外,大多数的金属一旦与空气接触,即使是纯净的金属表面,也会立即与空气中的氧反应生成单分子层的氧化膜。随时间的延长,膜的厚度逐渐增长。在空气中,常温时金属表面的氧化膜是非常薄的。

在摩擦过程中,由于固体表面和介质间相互作用的活性增加,故形成氧化膜的速率要比静态时快得多。因此,在摩擦过程中被磨去的氧化膜在下一次摩擦的间歇中会迅速地生长出来,并被继续磨去,这便是氧化磨损过程。

阿查德的黏着磨损方程,首先且主要的是假设表面相互作用发生在完全洁净的条件下,也就是说在完全真空中才能满足。但实际并非如此,金属在大气中表面不可避免地会蒙上一层粘染膜。奎因(Quinn)首先提出氧化磨损理论,他发现在磨屑里出现了不同的氧化物,这表明存在不同的氧化温度,并且在微凸体相互作用时会达到这种温度,在阿查德公式的基础上,建立了著名的轻微磨损的氧化理论,并推导出钢的氧化磨损方程,即

$$\overline{W} = \frac{W_V}{L} = \left[A_0 \exp(-Q/RT) S/vh^2\rho^2 \right] \frac{P}{3H} \tag{4.23}$$

式中,$\overline{W}$ 为磨损率;W_V 为体积磨损量;L 为滑动距离;P 为法向载荷;H 为材料硬度;ρ 为氧化膜密度;S 为接触的滑动距离;v 为滑动速度;A_0 为阿累纽斯常数;Q 为氧化反应的激活能;R 为摩尔气体常数;T 为滑动界面上的热力学温度;h 为氧化膜的临界厚度。

在式(4.23)中可知,表示临界氧化膜越厚则磨损率越小。

2. 影响氧化磨损的因素

(1)氧化膜性质的影响

①氧化膜硬度与基体硬度的比值。当氧化膜的硬度远小于基体硬度时,因基体太弱,无法支承载荷,故即使外力很小,氧化膜也很易破碎,形成极硬的磨料,氧化磨损严重。当氧化膜硬度与基体硬度相近时,在载荷作用下发生小变形时,两者同时变形,氧化膜不易脱落,当载荷变大后,变形增大,氧化膜也易破碎。当两者硬度都很高时,在载荷作用下变形很小,氧化膜不易变形,耐磨性增加。

②氧化膜与金属基体的连接强度。氧化磨损的快慢取决于氧化膜的连接强度和氧化速度。脆性氧化膜与基体的连接强度较差,或者氧化膜的生成速度低于磨损速度时,容易被磨掉。若氧化膜的硬度较大,结果氧化膜被嵌入金属内,成为磨料,磨损量较大。韧性氧化膜与基体的连接强度较高,或者氧化速度高于磨损速度时,则与基体结合牢固,不易磨掉。若氧化物较软,则对另一表面磨损就小,且氧化膜可起到保护表面的作用,磨损率较低。

③氧化膜与环境的关系。对于钢材摩擦副,由于表面温度、滑动速度和载荷不同,当载荷小、滑动速度低时,氧化膜主要被红褐色的 Fe_2O_3 覆盖,磨损量最小;但当滑动速度增大、载荷增大后,由于摩擦热的影响,表面被黑色的 Fe_3O_4 覆盖,磨损量也较小。环境中的水气、氧、二氧化碳及二氧化硫等对表面膜的影响较大。

有些氧化物的摩擦磨损性能还与温度有关,如 PbO,在 250 ℃ 以下润滑性能不好,但超过此温度时,就成为比 MoS_2 还好的润滑剂。

(2)载荷的影响

轻载荷下氧化磨损磨屑的主要成分是 Fe 和 FeO,重载荷条件下磨屑的主要成分是 Fe_2O_3 和 Fe_3O_4。当载荷超过某一临界值时,磨损量随载荷的增大而急剧增加,磨损类型由氧化磨损转化为黏着磨损。

(3)滑动速度的影响

低速摩擦时,钢表面主要成分是氧-铁固溶体以及粒状的氧化物和固溶体的共晶,磨损量较小,属于氧化磨损;随滑动速度的增加,这时产生的磨屑较大,摩擦表面粗糙,磨损量增大,属于黏着磨损;当滑动速度较高时,表面主要是各种氧化物,磨损量略有降低;当滑动速度达到更高时,产生摩擦热,将有氧化磨损转变为黏着磨损,磨损量剧增。

(4)金属表面状态的影响

当金属材料表面处于干摩擦状态时,容易产生氧化磨损。当加入润滑油后,除了起到减摩作用外,同时隔绝了摩擦表面与空气中氧的直接接触,使氧化膜的生成速度减缓,提高抗氧化磨损的能力。但有些润滑油能促使氧化膜脱落。

4.6.2 特殊介质腐蚀磨损

1.磨损过程

摩擦副在摩擦过程中,由于金属表面与酸、碱、盐等介质发生化学反应或电化学反应而形成的磨损称为特殊介质腐蚀磨损。其磨损机理与氧化磨损机理相似,但腐蚀的痕迹较深,磨损速度较快,磨屑呈颗粒状和丝状,它们是表面金属与周围介质的化合物。

应当指出,在各种腐蚀性磨损中,首先是产生化学反应,然后由于机械磨损作用使化学生成物质脱离表面。由此可见,腐蚀磨损的过程与某些添加剂通过生成化学反应膜以防止磨损的过程基本相同。两者的差别在于化学生成物质是保护表面防止磨损,还是促使表面脱落。化学生成物质的形成速度与被磨掉的速度之间存在平衡问题,两者相对大小的不同,将产生不同的效果。例如,用来防止胶合磨损的极压添加剂含硫、磷,氯等元素,它们的化学性质活泼。当极压添加剂的浓度增加时,化学活性增强,形成化学反应膜的能力提高,因而黏着磨损减小。而当添加剂的化学活性过高时,反而导致腐蚀磨损。

2.特殊介质磨损的影响因素

(1)腐蚀介质性质及温度影响

腐蚀磨损的速度随着介质的腐蚀性强弱、腐蚀温度高低的影响而变化。图 4.72 为钢试样在三种腐蚀性介质及氮气中进行表面喷砂磨损试验的结果。磨损率随介质的腐蚀性增强而变大。但若钢的表面上形成一层结构致密,与基体金属结合牢固的保护膜,或膜的生成速度大于磨损速度,则磨损将不再按腐蚀性的强弱变化而变化,而是要低的多。

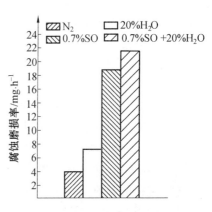

图 4.72 腐蚀介质的影响

此外,磨损率随介质温度的升高而增大,特别是高于一定温度后,腐蚀磨损将急剧上升。通常这个温度约 200 ℃左右,具体数值随介质的不同而略有差别。

(2)材料性质的影响

有些元素,如镍、铬在特殊介质作用下,易形成化学结合力较强、结构致密的钝化膜,从而减轻腐蚀磨损。钨、钼两金属在 500 ℃以上,表面生成保护膜,使摩擦系数减小,故钨、钼是抗高温腐蚀磨损的重要金属材料。此外,由碳化钨、碳化钛等组成的硬质合金,都具有高抗腐蚀磨损能力。

由于润滑油中含有腐蚀性化学成分,如含镉、铅等元素的滑动轴承材料很容易被润滑油里的酸性物质腐蚀,在轴承表面上生成黑点,逐渐扩展成海绵状空洞,在摩擦过程中成小块剥落。含银、铜等元素的轴承材料,在温度不高时与油中硫化物生成硫化物膜,能起减磨作用;但在高温时膜易破裂,如硫化铜膜性质硬而脆,极易剥落。为此,应合理选择润滑油和限制油中的含酸量和含硫量。

4.6.3 电化学腐蚀磨损

1. 电化学腐蚀

当金属与周围的电解质溶液相接触时,会发生原电池反应,比较活泼的金属失去电子而被氧化,这种腐蚀称为电化学腐蚀。实际上电化学腐蚀的原理就是原电池的原理。

当金属表面形成化学电池时,腐蚀便会发生。被腐蚀的金属表面发生的是阳极反应过程,由于金属外层电子数少,并随着原子半径的增大,最外层很容易失去电子,金属原子失去电子便形成金属阳离子,其反应过程为

$$Me° \Longleftrightarrow Me^+ + e \tag{4.24}$$

式中,$Me°$ 表示中性原子;Me^+ 表示金属阳离子;e 表示电子。

此时,金属显负电而溶液显正电。由于静电的相互作用,因此溶液中的金属离子和金属表面上的电子聚集在固-液界面的两侧,形成双电层。双电层间有电势差,称为电极电势,它的高低决定于材料特性、溶液中离子的浓度和温度等。我们知道,金属元素可按电极电势排成次序,这次序反映了金属在水溶液中得到和失去电子的能力,凡电极电势越低的金属,越容易失去电子,形成金属离子。

在水溶液中或熔融态中,能够导电的化合物称为电解质,例如酸、碱、盐等。金属和电解质的水溶液或其熔融态发生电化学反应时,同时存在有电子迁移,即氧化和还原,但与化学反应不同的是同时有化学能和电能相互转变的过程。

将化学能转变为电能的原电池中,电极电势较低的金属为流出电子的负极,电极电势较高的金属成为流入电子的正极,电池的电动势等于正极的电极电势减去负极的电极电势。图4.73为腐蚀电池示意图。以铜锌电池为例,将锌片与铜片用导线相连后浸入有稀硫酸溶液的同一容器中,发现电流的指针立即转动,说明有电流通过;同时还可以发现锌的腐蚀,铜表面有大量的氢气泡逸出,如图4.73(a)所示。这是由于锌的电位较低,铜的电位较高,它们各自在电极/溶液界面上建立的电极过程遭到破坏,并在两个电极上分别进行电极反应。

在锌电极上,金属失去电子被氧化,即

$$Zn \longrightarrow Zn^{2+} + 2e$$

在铜电极上,稀硫酸溶液中的氢离子得到电子被还原,即

$$2H^+ + 2e \longrightarrow H_2$$

整个电池的总反应为

$$Zn + 2H^+ \longrightarrow Zn^{2+} + H_2$$

若将锌片与铜片直接连接后浸入稀硫酸中,同样可见锌加速溶解,同时铜表面有大量的氢气泡逸出,如图4.73(b)所示。

这样两种电位不同的金属相连后与电解溶液就构成了腐蚀原电池。另外,一种金属或合金浸在电解液中时,由于金属中还有杂质,材料的变形程度、微观组织或受力情

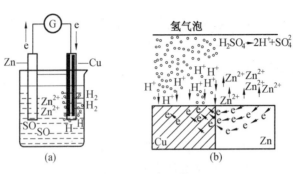

图 4.73　腐蚀电池示意图

况的差异以及晶界、位错缺陷的存在,都有可能产生电化学不均匀性,使金属各部位的电位不等,也构成腐蚀电池。把以形成腐蚀电池为主的磨损称为电化学腐蚀磨损。

2. 影响因素

（1）金属材料自身性质

金属的电极电势及其表面膜的特性起着主要的作用。一般来说,电极电势越低（负）的金属,越容易失去电子而被腐蚀,但有些金属例如铝,虽其电极电势较低,但因其所生的氧化膜能够与基体起隔离作用,防止腐蚀的继续发展,耐蚀性较好。在金属中,只有当其导电杂质的电极电势高于这种金属时,才能形成金属腐蚀电池。因此,在生产中常在被保护的金属表面上分散地覆盖电极电势低于该金属的另一种金属,如铝、锌等作为腐蚀电池的负极,以代替金属被腐蚀。

（2）电解质

由于只有在含有腐蚀性气体或离子的液体时,才会发生化学腐蚀。因此有必要在碱性或中性的液体中添加使金属表面形成反应膜或难熔物质的无机缓蚀剂,例如,亚硝酸钠或磷酸盐等;在酸性液体中添加能够吸附于金属表面的有机缓蚀剂,例如,苯胺或硫酸胺等,以减轻电化学腐蚀磨损。

（3）温度

由于放热的原电池的电动势和产生的电流强度随着温度的增高而下降,而吸热的原电池的电动势和产生的电流强度随着温度的升高而增高,所以在电化学腐蚀磨损中,若是放热反应则随着温度的升高而使腐蚀减缓;反之,若为吸热反应,则随着温度的升高而加快。

4.6.4　腐蚀磨粒磨损

随着改造自然,开发和利用自然资源活动的不断伸展,在海底、地下及江河中工作的机械日益增多,它们既受到液体介质的腐蚀,又受到石英砂、刚玉、泥土等坚硬质点的磨粒磨损,即使在地面上工作的机械中也不乏这种工作条件的零件。在所有的工程磨损状态中,实际上有一半以上主要是磨粒磨损。我国大多数煤矿工作环境地处深层,空气相对湿度常年均在90%以上,另外井下大量通风,风速可达 6～10 m/min,腐蚀是相当严重的,加上煤粉、矸石等的磨损,使煤矿机械零部件在恶劣的工作条件下而造成腐蚀磨损失效,消耗巨大。

腐蚀磨粒磨损是在湿磨粒磨损条件下工作,这时磨损的主要行为是磨粒磨损和腐蚀的相互作用,即腐蚀加速了磨粒磨损,而磨料将腐蚀产物从表面除去后,使新生金属表面外露,增加了腐蚀的速度。根据达姆(D. J. Dum)的研究,认为矿物加工过程中往往是磨粒磨损、腐蚀和冲击复合作用的结果。

磨粒磨损除了磨损金属外还除去有保护作用的氧化物及极化层,使未氧化金属外露;由于磨粒的作用,在金属材料表面形成微观沟槽与压坑,为腐蚀创造的条件增加了腐蚀的微观表面积,在金属-矿物高应力接触处,塑变造成应变硬化,使腐蚀变得容易。

腐蚀使金属表面产生麻点,引起微观裂纹,在冲击的作用下,麻点处的裂纹扩展;腐蚀使金属表面变得粗糙,使磨粒磨损所需能量降低,加剧磨粒磨损,同时,晶界和多相组织中较不耐腐的相先腐蚀,造成邻近金属变弱。

冲击使金属表面产生塑性变形,变形组织组成物易腐蚀;冲击使脆性组分断裂,延性组分撕裂,为化学腐蚀创造了场地,为磨粒磨损提供能量;同时,冲击使金属、矿石及流体加热,增加了腐蚀效应。

这种腐蚀磨粒磨损机理就是在磨粒磨损、腐蚀和冲击的相互作用下,腐蚀介质使磨粒磨损变得容易,高能量冲击使金属破坏机理改变,相互组合加速磨粒磨损和腐蚀。

艾韦萨基(Iwasaki)等人将磨球做上记号的铁隧石和石英为磨料,在不同条件下(干、湿及有机液体),通入不同气体(O_2、空气及 N_2),再加入10%磁黄铁矿,以低碳钢、高碳低合金钢及不锈钢为磨球,进行了试验。

在干磨时,球的磨损应该不受腐蚀的影响。在湿磨时,则磨损明显增加。湿磨时不仅磨球消耗量增加,且所粉碎的矿粒尺寸也变大。观察磨球的表面,在湿磨时,球表面被蒙上一层不同厚度的矿浆,其厚度决定于矿浆中固体的百分数和矿石粒的粗细,显然,其磨损机理与干磨有极大的区别。

试验表明,没有硫化物时,磨粒磨损的作用很显著,且矿浆的流变性能对磨损也有影响(矿浆在一定浓度时,包住球表面,但太浓太稀都不利)。当磨料中有硫化物矿物如磁铁矿等存在时,氧可使腐蚀及电化学腐蚀增加。

加戈派海(A. K. Gangopadhyay)等人用一系列不同材料(包括低碳钢、低合金高碳钢、马氏体不锈钢,镍硬铸铁及高铬铸铁磨球,用石英、石英加10%黄铁矿及隧石为磨料,在干和湿的状态下并在不同气氛(O_2、N_2 及空气)中进行试验。

试验表明,磨球的磨损率随着由干到湿而增大,显然此增大是由于腐蚀造成的。但近年来有研究指出,湿磨时由于浆体流变效应的冲蚀磨损可能是主要原因。然而,湿磨时对于氧化物矿石如遂石和石英,用 O_2 来冲洗比用 N_2 来冲洗磨损要大,这是腐蚀的原因。在此情况下,控制反应为 O_2 在负极上的还原,即

$$O_2 + H_2O + 2e \longrightarrow 2OH^-$$

在球磨机中,磨球和矿物总是相互紧密地接触,在它们之间有水作为最好的离子导体,形成电池的两极,这是增加磨损率的原因。矿石表面作为负极而磨球材料作为正极。再者,负极(矿石)的表面积比正极(磨球)要大许多倍,因此正极的溶解使金属损

失更加迅速。

由于在球磨机内磨球-磨球以及磨球-矿石间的冲击和碰撞,使得所形成的表面保护膜破碎,在此情况下导致腐蚀继续下去。但是,若表面膜已经产生,则磨球的腐蚀将降至最小。因此,可以认为高铬铸铁和马氏体不锈钢在 O_2 或空气冲洗下用石英湿磨的磨损率之所以低是由于磨球表面形成了 Cr_2O_3 的惰性膜。

4.7 微动磨损

4.7.1 微动磨损的定义及特点

1. 微动磨损的定义

在机器的嵌合部位和紧配合处,接触表面之间虽然没有宏观相对位移,但在外部变动载荷和振动的影响下却产生微小滑动,这种微小滑动是小振幅的切向振动,称为微动。图 4.74 为微动磨损的产生。图中的紧配合轴,在反复弯曲时,两配合面产生轴向相对滑动,滑动量从配合面内至边缘逐渐增大,约为 2~20 μm,长期运行后发现配合处轴的表面被磨损,并出现细小粉末状磨损物。这种在相互压紧的金属表面间由于小振幅振动而产生的复合形式磨损称为微动磨损。如果在微动磨损过程中,表面之间的化学反应起主要作用,则可称为微动腐蚀磨损。直接与微动磨损相联系的疲劳损坏称为微动疲劳磨损。

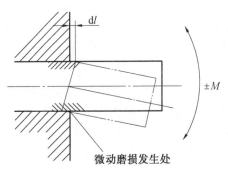

图 4.74 微动磨损的产生

发生微动磨损的基本条件是:

①两表面间必须承受载荷;

②两表面间必须存在小振幅振动或反复相对运动;

③界面的载荷和相对运动必须足够以使表面承受变形和位移。

微动磨损过程可描述如下:接触压力使摩擦副表面的微凸体产生塑性变形和黏着。在外界小振幅振动下使黏着点剪切脱落,露出基体金属表面,这些脱落颗粒及新表面又与大气中的氧反应,生成氧化物,此氧化物以 Fe_2O_3 为主,磨屑呈红褐色。若摩擦副间有润滑油,则流出红褐色胶状物质。由于两摩擦表面紧密配合,磨屑不易排出,这些磨屑起着磨料的作用,加速了微动磨损的过程。这样循环不止,最终导致零件表面破坏。若振动应力很大时,微动磨损处会成为疲劳裂纹的核心,由疲劳裂纹发展引起完全的破坏。

2.微动磨损的特点

在工程上,机械系统或机械部件如搭接接头、键、推入配合的传动轮、金属静密封、发动机固定件及离合器(片式摩擦离合器内外摩擦片的结合面)等,常产生微动磨损。因微动磨损引起破坏的表现形式主要有擦伤、金属黏附、凹坑或麻点(通常由粉末状的腐蚀产物所填满)、局部磨损条纹或沟槽以及表面微裂纹。在受微动磨损的表面上,发生有黏着、微切削以及伴有氧化和腐蚀的微区疲劳损坏(疲劳-腐蚀过程)。

微动磨损的主要特点有:

(1)振幅小,滑动的相对速度低;微动磨损时,构件处在高频、小振幅的振动环境中,运动速度和方向不断地改变,始终在零与某一最大速度之间反复。但其最大速度也相当有限,基本上属于慢速运动。

(2)由于振幅小(一般不大于 300 μm),又是反复性的相对摩擦运动,微动表面的绝大部分总是保持名义接触,因此磨屑逸出的机会很少;摩擦面多为三体磨损,磨粒与金属表面产生极高的接触应力,且往往超过磨粒的压溃强度,使韧性金属的摩擦表面产生塑性变形或疲劳,使脆性金属的摩擦表面产生脆裂或剥落。

(3)微动磨损引起的损伤是一种表面损伤,这不仅是指损伤由表面接触引起,而且是指损伤涉及的范围(一般是指深度)基本上与微动的幅度处于同一量级。

(4)钢的磨损产物是红棕色粉末,而铝或铝合金为黑色粉末。

实验证明,在较大振幅试验的中碳钢试样上,微动后期因疲劳产生的片状磨屑,有的宽度可达 50 μm 以上,局部有金属光泽,铁基金属磨屑的红棕色主要成分是 Fe_2O_3,其次为 FeO,较软的有色金属磨屑较大,未被氧化的成分较高。铝腐蚀通常产物多为白色,而铝与铝合金微动磨屑是黑色的,含有约23%的金属铝,其余为氧化铝。其他金属如铜、镁、镍等的磨屑多以氧化物形态出现,多为黑色。

(5)局部往复运动中,微动界面大都处于高应力状态,表面和亚表面变形及萌生裂纹要比一般滑动严重得多。

(6)微动集中在很小的面积中,其主要危害不在于对零件的磨损,而在于萌生疲劳裂纹,留下严重隐患。

微动磨损不仅改变零件的形状、恶化表面层质量,而且使尺寸精度降低、紧配合件变松,还会引起应力集中,形成微观裂纹,导致零件疲劳断裂。如果微动磨损产物难以从接触区排走,且腐蚀产物体积往往膨胀,使局部接触压力增大,则可能导致机件胶合,甚至咬死。在接触零件需要经常脱开的条件下(例如在安全阀和调节器中),这种情况十分危险。微动磨损普遍存在生产实际中,因此研究微动磨损具有重要的实际意义。

4.7.2 微动磨损机理

早期的微动磨损发生的机理是只在载荷作用下,相互配合表面的接触微凸体产生塑性变形并发生黏着,当配合表面受外界小幅振动时,黏着点将发生剪切破坏,随后剪切面被逐渐氧化并发生氧化磨损,形成磨屑。由于表面紧密配合,磨屑不易排除,在结合面上起磨料作用,因而形成磨粒磨损。裸露的金属接着又发生黏着、氧化、磨粒磨损等,如此反复循环。图4.75为微动磨损与循环次数的关系。

如图4.75(a)所示,微动磨损过程可以分为三个阶段,第一阶段是微凸体的黏着和转移(OA段);第二阶段是氧化磨损,磨损的颗粒氧化、脱落并粉碎后,变为加工硬化的磨屑对表面的磨损(AB段);第三阶段是磨料和疲劳磨损(BD段),磨损进入稳定状态,当稳定磨损积累到一定程度,出现疲劳剥落,如图4.75(b)所示。

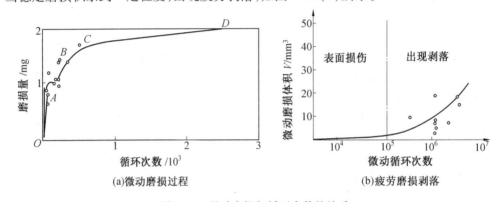

图4.75　微动磨损与循环次数的关系

上述模型在许多情况下不适用,如有些氧化物颗粒增多时磨损并不加剧,甚至可能起有益的润滑作用。一些金属在非氧化性气氛中或某些贵金属,如黄金的微动磨损过程中,氧化并不促进微动磨损的发展。铝和钢在空气中微动磨损过程的初期,形成的氧化物颗粒使金属和金属的接触减少。

哈瑞克(Horricks)认为微动磨损包括三个阶段:①金属之间的黏着和转移;②由于力学和化学作用产生磨屑;③由于疲劳而持续不断地产生磨屑。

用扫描电镜观察到微动磨损过程中出现的疲劳损伤,磨损初期金属与金属接触,在很小范围内发生咬合或焊合而造成裂纹,这个裂纹可能成为以后疲劳开裂的裂纹源。但是常常发现在微动磨损初期出现加速磨损,以后就进入稳定磨损状态。在这种情况下,疲劳开裂失效就可能避免。这可能是由于微动磨损过程中产生的磨屑起着润滑作用,同时形成裂纹源的材料在裂纹扩展前已被磨去。

沃特豪斯(Waterhouse)提出钢和较贵重的金属在微动磨损的早期发生黏着和焊合,逐渐形成粗糙的表面,然后又逐渐被磨去。用表面轮廓仪测定可以确认这个过程,图4.76为软钢微动磨损表面轮廓检测结果。

沃特豪斯认为,微动磨损的初期损伤是在两个摩擦面之间实际接触点上产生黏着和焊合,导致材料被拔起并凸出于原来的表面。这个阶段磨损的严重性和范围取决于金属的活性和环境的腐蚀性。凸起的材料又被抹平,使表面变得光滑,被抹平的材料因剥层而被磨去,形成为氧化物所覆盖着的金属片状磨粒。这些松散的磨粒进一步被磨成细粉而成为圆柱形或球形。磨损的剥层现象是由于次表面孔洞粗化或表面疲劳而产

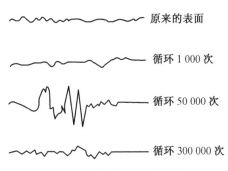

图 4.76 软钢微动磨损表面轮廓检测结果

生的次表层裂纹扩展的结果。在接触区磨屑不断地被压实,使交变剪切应力穿过界面,导致剥层不断地进行。磨损过程中的加工硬化或加工软化对表层材料的疲劳性能都起不好的作用,而且加速剥层过程的进行。

一些研究者强调化学作用在微动磨损中的地位,他们指出,微动磨损初期,接触表面微凸体严重塑性变形和强化,使表层成为超弥散状态,加速了氧化反应;其后疲劳损坏继续在次表层积累,与此同时,由于氧气和水气吸附于氧化物上,故在摩擦区内形成腐蚀活性介质。此阶段的磨损速度并不高,这主要是与摩擦表面上所形成的氧化膜的破裂有关,而且由于从接触区排走的微粒与产生的微粒相平衡,故氧化膜摩擦区内的磨损产物数量达到平衡值。在此条件下,形成一种能起保护作用的混合组织(由金属和氧化物组成),在交变接触作用下极薄表层内将形成细小弥散组织,结果使磨损速度得以降低。金属微动磨损所形成的高弥散氧化物起着催化作用,以活化原子团和离子根的形式加速吸附氧和水气,从而在两接触表面间形成一种电解质。最后是微动磨损的加速阶段,实际上是腐蚀、疲劳作用造成损伤区域的最终破坏,同时还由于金属表层反复变形,反复强化而失稳、脱落,致使磨损速度增大。

从以上微动磨损的机理分析中可以看出,微动磨损不是单独的磨损形式,而是黏着磨损、氧化磨损、磨粒磨损,甚至还包含着腐蚀作用引起的磨损和交变载荷作用的疲劳磨损。所以,微动磨损是几种磨损形式的复合,究竟以哪一种形式的磨损为主,要根据具体情况具体分析。

4.7.3 影响微动磨损的因素和防护措施

1.影响微动磨损的因素

（1）载荷

载荷或结合面上的正压力对微动磨损有重要的影响,在同样的振幅和频率下,磨损量与正压力成抛物线关系,如图 4.77 所示。初始阶段微动磨损量随载荷的增加而加剧,但超过某极大值后,微动磨损量随载荷的增加而不断减少。

（2）振动、频率与循环次数的影响

微小振幅的振动频率对于钢的微动磨损没有影响,但在大振幅的振动条件下,微动磨损量则随着振动频率的增加而降低。

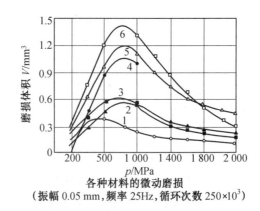

图 4.77　载荷对微动磨损的影响

1—淬火 45 钢；2—12Cr18Ni9Ti；3—青铜；4—铝合金；

5—工业纯铁；6—正火 45 钢

通常，随振动频率的增大，空气中微动磨损减小到某一定值，然后趋于稳定状态。在氮气中磨损与振动频率无关，当振幅一定时，频率越小，金属表面氧化膜两次破裂和形成的时间间隔增长，故磨损相应增大。

循环次数与磨损量的关系如图 4.78 所示。在循环初期为金属间接触，摩擦系数较高，磨屑增加较快；随时间增加磨屑量减少；形成氧化物磨屑时，磨损率趋于稳定甚至下降。软钢就具有这样的特征，滑动振幅大时为 B 曲线，振幅小时为 D 曲线。A 和 C 曲线表现为加速磨损，这种特性曲线表示了材料的表面硬度低，但产生的氧化物磨屑硬度又很高，如铝合金的微动磨损就属于这种情形。显然，在此情况下磨粒磨损所起的作用占据了相当大的比重。

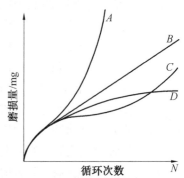

图 4.78　循环次数与磨损量的关系

（3）环境因素

介质的腐蚀性对微动磨损影响很大，氧气介质中的微动磨损比空气中大，空气中的微动磨损比真空、氮气、氢气以及氦气中大。湿度对微动磨损的影响比较复杂，而且对不同的材料影响不同。对铁的磨屑观察发现，在其他试验条件相同时，干空气中产生的磨屑能保留在接触中心，而在 10% 相对湿度下，微动导致磨屑从界面分散，促进金属直接接触，所以这时会出现磨损迅速上升。但不同的钢材的磨损行为差别很大，如 9310 齿轮钢对湿度的影响最敏感，在湿空气中的磨损量大约是干空气中的 5 倍，而几种轴承钢的表现与此相反，在湿空气中的磨损量均比干空气中的小。

试验表明，镍和镍基合金温度从室温上升到 540 ℃ 时，磨损率下降，，对低碳钢只有达到 530 ℃ 以上才会出现磨损量的突然上升。所以，随温度的升高微动磨损量先下降，达到一定温度时，磨损量上升。由于振动接触的相互作用使表面层温度大大升高，对微动磨损起着重要的影响。在中载荷下，表面真实接触点瞬时温度可达 700 ℃ 以上，这对热传导率低的材料来说，将使表层组织变化，并激化黏着过程。

（4）润滑

润滑可以减小微动磨损,使结合面浸在润滑油中效果最好,因为润滑可以使表面与空气中的氧分隔开。为了减少微动磨损,润滑油应是良好的表面黏附层、抗高压、抗氧化能力及长期的稳定性。采用极压添加剂或涂抹二硫化钼也可以减少微动磨损,但采用极压添加剂时应选择合适的化学活性,即添加剂的成分和浓度。

（5）材料性质

由于微动磨损是由黏着、化学、磨料、疲劳磨损等形式构成的,所以影响上述几种形式磨损的因素都会影响到微动磨损。提高硬度可以减小微动磨损,而摩擦副材料的配对是影响微动磨损的重要因素。一般情况下,抗黏着磨损性能好的材料,也具有良好的抗微动磨损性能。脆性材料比塑性材料抗黏着磨损能力强;同一种金属或晶格类型、点阵常数、电化学性能、化学成分相近的金属或合金组成的摩擦副易发生黏着,也易造成微动磨损。一般碳钢的表面硬度提高,微动磨损降低,采用表面处理是降低微动磨损的有效措施。另外,采用各种不同的表面涂层也能取得降低微动磨损的较好效果。

2. 减少微动磨损的措施

微动磨损是一种复合磨损,要确定其预防措施比较困难,应根据不同条件,采取适当的措施,具体有以下几方面。

（1）设计

尽可能减少微动接触面积。如用螺栓固定和连接法兰盘可改为一个整体结构或者用焊接的方法来固结。但要考虑到经济合算、更换方便、安装简单等因素。

通常,当微动接触面相互接触时,为了避免微动疲劳,应当减少接触区附近的应力集中。典型的例子是轮子和轴的组装,轮座的直径应当比轴的直径大而且具有大的圆角半径,如果做不到这一点,应当在结合部位附近开一个应力松弛槽,如图4.79所示。

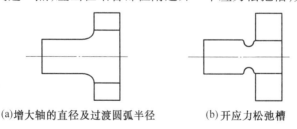

(a)增大轴的直径及过渡圆弧半径　　　　　(b)开应力松弛槽

图4.79　轮和轴组装的结构解决方案

（2）表面处理及涂层

通过对材料进行热处理、电镀、涂层及各种表面处理方法,可以提高材料表面性能,可以有效地减少微动磨损。

涂层的种类有很多,可分为金属涂层、非金属涂层和扩散涂层。

金属涂层通过电解沉积、火焰喷涂、等离子喷涂等方法,在表面形成一层耐磨涂层,提高金属的强度。如硬金属涂层采用铬黏结的碳化钨。软金属涂层常用的有镉、银、金和铜。

非金属涂层可以使摩擦接触面不发生局部焊合,如钢表面磷化、铝合金和钛合金的阳极处理。有时在摩擦界面上放置聚四氟乙烯薄片也可起减磨作用。二硫化钼也是一种常用的非金属覆盖物。

扩散处理能改变金属表面的化学性质,提高金属的硬度。如渗碳和氮化既增加了金属表面化合物的浓度,又提高了金属表面硬度,而且在金属表面还产生了压应力。钢表面渗硫把出现疲劳裂纹扩展前的微动磨损循环次数提高了四倍。在钢表面进行渗硼、渗铬或渗钒都可以减少微动磨损。

(3)润滑

在挠性联轴节和花键中,增加液体润滑剂可以减轻其微动磨损。但是大多数情况下,采用液体润滑剂是困难的,但可以使用固体润滑剂,如二硫化钼、石墨等。

(4)表面加工硬化

表面喷丸和滚压是表面加工硬化的主要方法。表面加工硬化的作用有两方面:一是增加表面的硬度;二是使表层处于压应力状态。对奥氏体不锈钢喷丸硬化试验表明,喷丸硬化对普通疲劳性能没有什么影响,但是对微动疲劳性能却有明显改善,而且当工作应力超过普通疲劳强度的条件下,试样的微动疲劳寿命比相同工作应力条件下的普通疲劳寿命还要长。喷丸处理还可以使低合金钢表面的残余压应力达 $300 \sim 400$ MPa,形成残余压应力的深度为 $120 \sim 150$ μm,提高微动疲劳强度。

(5)材料的选择

通常硬度高的材料具有良好的耐微动磨损性能,但是其微动疲劳性能较差。微动疲劳性能和缺口敏感性关系极为密切,断裂韧性高、缺口敏感性较低的材料微动疲劳性能好。材料的选择和影响微动磨损的因素有直接关系,其中材料之间的配对是关键因素。

第5章　摩擦与磨损的测试技术

摩擦磨损的理论研究和技术开发都离不开摩擦磨损测试技术,摩擦磨损测试技术涉及整个摩擦学系统。所谓摩擦磨损测试技术就是指摩擦磨损测试装置和摩擦磨损测试方法。从理论的角度出发,通过试验模拟工况条件和实际工况条件下的摩擦磨损变化和特点,研究各种对其影响的因素,主要包括内部因素(如材料的物理、化学、力学性能,结构分析等)和外部因素(如载荷、速度、温度、时间、介质、环境等)。这些因素的变化将会导致测试结果的改变,从而改变摩擦磨损的成因和机理,因此无论对工作参数或是特性参数的测试,都必须在所要求的精度上,真实可靠地反映摩擦磨损系统特性。

随着时代的进步,摩擦学研究迅速发展起来,摩擦磨损测试技术有了很大的提高。现已采用各种先进的表面测试分析技术,使用各种类型的磨损试验机,模拟不同工况条件,应用数理统计理论与工程实际相结合的研究方法,对摩擦磨损机理进行分析。本章仅对摩擦磨损试验和测试分析技术进行介绍。

5.1　摩擦磨损试验机

5.1.1　摩擦磨损试验方法

在摩擦学领域,根据试验条件和任务将摩擦磨损试验分为使用试验和实验室试验。

1. 使用试验

使用试验即在实际运转条件下的试验,它的目的是对实际使用中的机器进行监测和对新开发的机器设备或某一部分零件的耐磨性进行实机试验。实际使用试验是早期进行磨损试验的主要方法,其数据真实性和可靠性较好,但费用高、周期长。在运转过程中的测试较困难,往往需要特殊的工具、仪器和技术,并且机器实际运行条件不固定,使得磨损试验数据的重现性、可比性差,同时由于试验结果受多因素的综合影响,不易进行单因素考察。

2. 实验室试验

实验室试验方法是在实验室内利用已标准化的通用摩擦磨损试验机进行试验。实验室试验被摩擦学界广泛应用,它包括试样试验和台架试验。

(1)试样试验

试样试验是在一定工况条件下,用尺寸较小,结构简单的试样在通用或专用摩擦磨损试验机上进行试验。其优点是可以研究摩擦磨损的过程和规律,适用于研究材料的摩擦磨损性能,试验周期短,影响因素容易控制,容易实现加速试验,费用低。其缺点是,实验室试样试验的条件往往与实际工况条件相差较大,导致试验数据的实用性较差。因此,在进行实验室试样试验时,应当尽可能地模拟实际工况条件,使主要的影响因素接近于实际工况条件,这样得到的试验数据的应用性较好。

(2) 台架试验

台架试验是在实验室试样试验的基础上,根据所选定的参数设计实际的零件和相应的专门试验台架,并在模拟使用条件下进行试验。这种试验的工作条件比较接近实际工况,从而提高了试验数据的可靠性和实用性。同时,台架试验能够预先给定可控制的工况条件,可以在较短的时间内测得各种摩擦磨损参数。常见台架试验有轴承试验台、齿轮试验台、凸轮挺杆试验台等。这种试验方法一般用于摩擦磨损应用技术开发的前期试验。

每种试验方法都有其各自的特点,在摩擦磨损研究工作中,经常要先进行实验室试样试验和台架试验,然后再进行使用试验,构成一个试验系统。目的就是为了能在较短的时间和消耗低的情况下取得试验结果,根据所收集的摩擦磨损数据来预测零件的使用寿命。

3. 摩擦磨损试验的影响因素

为了进行摩擦磨损试验,首先要对摩擦磨损系统进行分析,这需要充分考虑摩擦磨损试验的影响因素。影响摩擦磨损的因素较多也很复杂,温度、速度、压力、表面性质、时间、周围环境、润滑方式等都对摩擦磨损有很大的影响,而且对不同的摩擦磨损类型影响的规律也不同。因此,试验参数设计必须基于试验目的和常用的模拟性试验设计原则,分析该试验系统中影响试验结果的主要因素和次要因素。同时,还要考虑试验中哪些因素参数必须与实际机器的系统参数一致,哪些不一致,等等,然后对其试验参数进行设计。表 5.1 给出了磨损试验设计应考虑的因素。

表 5.1 磨损试验设计应考虑的因素

磨损类型	润滑特征	运动类型	载荷特征	环境条件	磨损配对物特征
磨粒磨损	流体动力润滑	滑动	最大接触应力	温度	材料
黏着磨损	弹流	滚动	接触应力均匀性	湿度	类型
疲劳磨损	混合润滑	(考虑热转换)	应力波动	流体黏度	纯度
冲蚀磨损	边界润滑	非定向	大小	流体添加剂	结构和晶格类型
微动磨损	流体添加剂	摆动	频率	流体污染物	表面光洁度
腐蚀磨损	表面膜	连续接触	热应力	气氛	抛光
	自润滑	周期接触		氧化	研磨
		瞬间接触		还原	磨削
				惰性	车削
				干	硬度
				湿	表层
				真空	次表层
					加工硬化

5.1.2 摩擦磨损试验机的分类

摩擦磨损试验机的类型多种多样,且有不同的分类方法,常见的分类方法有:

1. 按试验条件分类

根据不同的试验目的和要求,摩擦磨损试验机可分为磨料磨损试验机,快速磨损试验机,高温或低温、高速或低速、定速磨损试验机,真空磨损试验机,冲蚀磨损试验机,腐蚀磨损试验机,微动磨损试验机,气蚀试验装置等。

2. 按试验机摩擦副的接触形式和运动方式分类

摩擦副试件可选择球形、圆柱形、圆盘形、环形、锥形、平面块状或其他形状。

接触形式可分为点、线、面接触等。

运动形式有滑动、滚动、滚滑运动、自旋、往复运动、冲击等。

图 5.1 为摩擦副的接触形式和运动形式。图中所示为不同形状试件的配对,不同接触形式与运动形式的组合构成多种磨损试验方式。

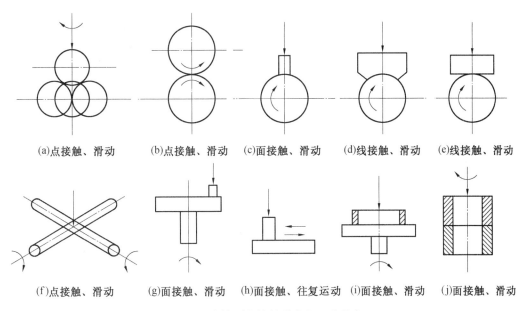

图 5.1 摩擦副的接触形式和运动形式

3. 按摩擦副的功用分类

按摩擦副的功用分为,滑动或滚动轴承磨损试验机,动压或静压轴承试验机,齿轮疲劳磨损试验机,凸轮挺杆磨损试验机等。

5.1.3 常用摩擦磨损试验机

国产实验室常用的试样磨损试验机主要有 ML-10 销盘式磨料磨损试验机,MM-200 型磨损试验机,MLS-23 型湿砂橡胶轮磨损试验机,MHK-500 型环块式摩擦磨损试验机等。

1. MM-200 型磨损试验机

MM-200 型磨损试验机是参照瑞士的阿姆斯勒尔磨损试验机制造的,其结构原理如图 5.2 所示。试验机主要由传动机构、加载机构和摩擦力矩测量机构组成。

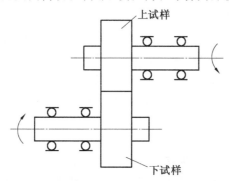

图 5.2　MM-200 型磨损试验机原理示意图

该试验机主要用来测量金属和非金属(塑料、尼龙等)材料在滑动摩擦、滚动摩擦、滑动-滚动复合摩擦或间歇接触摩擦等情况下的摩擦磨损性能,并可模拟各种材料在不同的摩擦条件下进行润滑摩擦、干摩擦以及磨料磨损等多种试验,测定各种材料的摩擦系数及摩擦功。同时可以按照 GB/12444 和 GB3960—1983 进行金属和塑料材料的滑动摩擦磨损试验。

MM-200 型磨损试验机的主要技术参数如下:加载弹簧张力在 0 ~ 2000 N;下试样轴转速为 200 r/min 或 400 r/min,上试样轴转速为 180 r/min 或 360 r/min, 摩擦力矩测量范围:0 ~ 15 N·m,试样直径为 30 ~ 50 mm,厚度为 10 mm。

MM-200 型磨损试验机加载机构示意图,如图 5.3 所示。当试样接触形式为环对环时,设垂直载荷为 N,摩擦力为 F,摩擦力矩为 M,下试环半径为 r。则摩擦系数为

$$\mu = \frac{F}{N} = \frac{M}{Nr}$$

当试样接触形式为环对弧形面时,则

$$\mu = \frac{M}{Nr} \cdot \frac{\alpha + \sin \alpha \cdot \cos \alpha}{2\sin \alpha}$$

式中,α 为弧形夹角。

此试验机的缺点:只有两个可供选择的相对运动速度,不能做环境温度试验;无法做摩擦副全浸润滑油试验。

2. 环块式摩擦磨损试验机

图 5.4 为环块式磨损试验机示意图。这是一种线接触式试验机,此类试验机国外同类型号的有 Timken 试验机,国产的有 MHK-500 型摩擦磨损试验机,其结构原理如图 5.4 所示。主机主要有主轴驱动系统、试验油腔与温度测量装置、摩擦力测量装置、施力杠杆及试验力测量装置等部分组成。其原理是通过测量被动试样矩形块上出现的条状磨痕宽度,评定润滑剂或矩形试样材料的摩擦磨损性能。

MHK-500 型试验机主要技术参数如下:最大负荷为 5 000 N;主轴转速分为无负荷

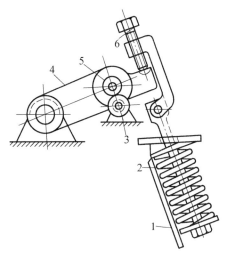

图 5.3　MM-200 型磨损试验机加载机构示意图

1—载荷表尺;2—加载弹簧;3,5—上、下试样环;4—传动系数;6—加载丝杠

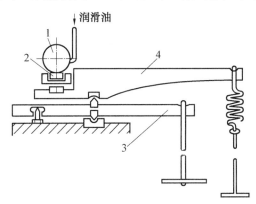

图 5.4　环块式磨损试验机示意图

1—轴套;2—环块;3—测摩擦力横杆;4—加载杆

时(0～2 000 r/min)和有负荷时(100～1 500 r/min);负荷杠杆比为 10∶1;摩擦力杆标尺刻度为 0.5 N/100 mm;加热控制温度为 70±2 ℃;加荷装置速度为 9～13.6 N/s;上试样圆环的外径为 50 mm,内径为 40 mm,厚度为 10 mm;下试样尺寸为 20 mm×10 mm×10 mm。

　　该试验机主要用来做各种润滑油和脂在滑动摩擦状态下的承荷能力和摩擦特性的试验,也可以用来做各种金属材料以及非金属材料在滑动状态下的耐磨性能的试验,同时可以测定它们的摩擦力,并推算出各种材料的摩擦系数。

3. 四球试验机

　　图 5.5 为四球摩擦磨损试验机原理示意图,用于做点接触摩擦磨损试验。四球摩擦磨损试验是通过对重载、低转速和不同润滑剂作用的旋转接触面上的磨损以及引起卡咬和烧结时的载荷进行测定,来评定润滑剂膜的承载能力和减磨性能。主要用来评

定润滑剂的承载能力(油膜强度、抗黏着性能等),也可以用来进行轧辊磨损研究。

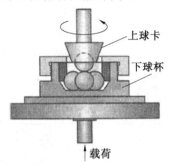

图 5.5 四球摩擦磨损试验机原理示意图

试验在专用四球摩擦试验机上进行,试样为圆球,分为上、下两种,其几何尺寸精度高、表面光洁。上试样用轧件材料制成,为一个可压下和转动的钢球;下试样用轧辊材料制成,为三个固定的钢球。载荷由夹持上试样的主轴通过液压或杠杆方式施加。被动试件是由其中三个球组成,三球加紧呈槽状置于一个容器中。主动球以不同的速度旋转,负荷可以从上面或下面施加,加载方式过去多用杠杆加载,近年来有不少四球机采用液压加载。

国产四球机主要技术参数如下:载荷范围为 60 ~ 1 260 N;主轴转速有六个转速(600 r/min, 750 r/min, 1 200 r/min, 1 500 r/min, 1 800 r/min, 3 000r/min);钢球直径为12.7 mm,最高温度可达 250 ℃。

4. 销盘式摩擦磨损试验机

销盘式摩擦磨损试验机主要用于做面接触材料磨损性能试验,也可以在润滑或干摩擦条件下做磨料磨损或黏着磨损试验。

销盘式摩擦磨损试验机工作原理如图 5.6 所示。它是以销为动试样、盘为静试样,试样销 3 安装在与主轴 1 相连接的夹具 2 上,试样盘 4 安装在与支承轴 6 连接的托盘5 中。试验时,通过砝码或液压机构将载荷 W 施加在上试样与下试样之间;主轴 1 在驱

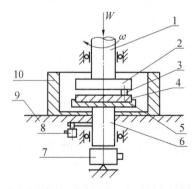

图 5.6 销盘式摩擦磨损试验机工作原理示意图

1—主轴;2—夹具;3—试样销;4—试样盘;5—托盘;6—支承轴;

7—压力传感器;8—摩擦力传感器;9—机座;10—容器

动系统的驱动下以一定的角速度旋转。压力传感器 7 和摩擦力传感器 8 记录试验过程的摩擦阻力和载荷变化,并通过数据采集系统自动计算出摩擦过程中的摩擦系数。为了满足油(或水)润滑工况的要求,试验机匹配有润滑系统,润滑介质通过安装在机座 9 上的容器 10 自动循环;试验参数通过控制(或数控)系统进行单因素控制。

该试验机主要用于评定工程塑料、粉末冶金、合金轴承等的使用性能,研究工况参数对磨损性能和磨损机理的影响,是目前用途比较广泛的摩擦磨损试验设备。

5.2 表面分析技术及常用分析仪器

5.2.1 表面分析技术

研究摩擦磨损过程不能仅仅满足于摩擦系数和磨损量的测定,而应当进一步研究其表层形态的变化,这就必须依靠现代的表面分析技术。现代表面分析技术为揭示磨损机理和新材料开发提供了重要依据。随着表面技术的不断发展,越来越多的技术和仪器已经应用到摩擦表面的微观分析中。而在工程实际应用上,表面分析通常是指对物体表面和整个改性层(如经某种表面强化技术处理得到的表面强化层)的表面形貌、晶体结构、化学组成和原子状态等进行全面的分析。

1. 表面形貌分析

表面形貌分析主要包括表面金相组织的变化情况和表面几何形貌的变化情况。

表面金相组织的变化主要是指用光学显微镜或扫描电镜对经过化学、电化学腐蚀的表面、横截面、镀层、表面处理后的强化层、塑性变形层等进行观察。

表面几何形貌的变化主要是指用肉眼、放大镜、立体显微镜直至扫描电镜、透射电镜对磨损表面、断口、磨屑等形貌进行观察、分析,揭露表面失效的原因,并对各种失效机制进行分析。

2. 表面晶体结构分析

晶体结构分析是指对晶体中原子在点阵中的排列方式、点阵类型和结构(包括晶胞大小,晶胞中原子数目和原子位置等),以及点阵应变和点阵缺陷等进行分析。表面的一些性能同晶体结构和晶体缺陷密切相关,应用晶体结构分析的同时还可进行晶格内残余应力和工作应力的测定。用 X 射线衍射法和电子衍射法等都能作晶体结构和相组织的分析测定。

3. 表面成分和原子状态分析

表面成分及其原子状态分析是指对表面物质所含元素成分、原子组分、杂质元素和含量,原子价状态、结合状态、原子能带结构等进行分析。用电子探针、离子探针、薄膜透射扫描电镜、俄歇能谱仪等均可进行不同层次深度、不同大小区域的成分分析。

表 5.2 为表面研究对象和表面成分分析技术。

表 5.2　表面研究对象和表面成分分析技术

研究对象	分析技术
表面的几何结构	高能电子衍射(HEED)
	低能电子衍射(LEED)
	场发射显微镜(FEM)
表面微观结构缺陷	扫描电子显微镜(SEM)
	低能电子衍射(LEED)
	场发射显微镜(FEM)
	场离子显微镜(FIM)
表面原子状态	X射线光电子能谱(XPS)
	紫外光电子能谱(UPS)
	离子探针显微分析(LMA)
	俄歇电子能谱仪(AES)
	电子探针显微分析(EPMA)
原子价状态、结合状态	X射线光电子能谱(XPS)
	紫外光电子能谱(UPS)
	俄歇电子能谱仪(AES)
原子能带结构	X射线光电子能谱(XPS)
	场发射显微镜(FEM)
	紫外光电子能谱(UPS)

5.2.2　常用表面分析仪器

各种表面分析仪器和工作原理各不相同,表面微观分析的内容各异,且大多数表面分析技术和仪器都有专著和文献对其进行描述,本文将介绍常用的摩擦磨损表面分析仪器。

1.表面分析仪器的分类

表面分析仪器可分为两大类,一类是通过放大成像以观察表面形貌为主要用途的仪器,统称为显微镜;另一类是通过表面各种发射谱以分析表面成分、结构为主要用途的仪器,统称为分析谱仪。

表面成分结构分析是利用各种激发源同物质表面原子相互作用,根据试样表面所激发出的各种信息(即二次束)的类型、强度、空间分布和能量分布等进行分类和分析处理。目前用的基本激发源有:电子、离子、光子、中子、热、电场、磁场和声波等八种,可供检测的粒子信息有:电子,离子、中子和光子等四种。近代发展起来的表面成分分析技术有一百多种。

2.常用表面分析方法

表5.3为常用的表面分析方法及特点。

表 5.3　常用的表面分析方法及特点

分析方法	入射粒子	原理	测定对象	表面破坏	分析深度/nm	获得资料类型
扫描电子显微镜(SEM)透射电子显微镜(TEM)	电子	利用扫描(透射)电子束进行表面薄层形貌观察	几乎是包括聚合物的所有材料	对检测的性质无破坏	50~100	表面形貌,附能谱仪,波普仪利用X射线做元素分析
化学分析电子谱ESCA(XPC)	X射线	测量光电子的能量及相对强度	包括聚合物和各种固体	无	0.5~2	元素组成电子状态、化学键合、核心能级宽度
低能电子衍射(LEED)	电子	由表面二维晶格引起的散射	单晶金属半导体或绝缘体	对一些吸附层和绝缘体有,对金属和半导体无	0~1 nm	表面区或吸附层内有序结构的对称性和原子的水平距离
二次离子质谱(SIMS)	Ar+或其他粒子	检测从表面发射的二次离子的质量	多晶或单晶金属或绝缘体	在需要深度剖析时有	一定时间内第一暴露	表面及其下层内近似的元素组成
俄歇电子能谱(AES)	电子	测定俄歇电子能量	多晶或单晶金属	无	3~10	表面轻元素分析
电子能量损失谱(EELS)	电子	入射电子发生非弹性散射,能量损失	多晶或单晶金属	无	6~20	薄试样微区元素组成、化学键及电子结构分析
离子微探针质量分析(IMMA)	Ar+或其他粒子	检测二次离子的质量并直接成像	多晶金属半导体或绝缘体	有	瞬间第一层	深度函数的元素组成溅射速度每秒一单层或50 nm
电子探针显微分析(EPMA)	电子	测定形貌和特征X射线	单晶或多晶金属或氧化物	特别是在低能部分有一些破坏	20~2 000 nm	表面范围内的元素
高能电子衍射(HEED)	电子	由薄层原子引起的散射	结晶体	一些吸附层和绝缘体有	数埃~数微米	表面和吸附层内有序结构的对称性原子和原子的水平距离

5.3 磨屑检测分析技术

摩擦磨损最终结果是得到磨损产物,它综合反映了材料在摩擦磨损过程中的机械、物理和化学作用。研究磨损产物不仅可以直接地反映磨损原因和机理,而且是工程上磨损预测的重要手段,因此近十几年来国内外学者开始对磨损产物(磨屑)进行分析研究。随着磨损颗粒分析测定技术以及仪器设备的逐步完善,使得对磨屑定性和定量分析成为可能。一些磨屑的检测分析方法和用途见表5.4。

表5.4 一些磨屑的检测分析方法和用途

方法	主要用途	说　明
颗粒计数	微粒大小、分布	从颗粒分布仪上可以得出磨屑统计分布规律
磁塞	收集和定性分析润滑剂中的颗粒	用合适的磁塞装在润滑油系统润滑部位收集铁和其他碎屑,所收集碎屑的数量及其形状和颜色,对磨损状态和变质作用可以提供有用的指导
铁谱技术	收集和分析颗粒、检测和鉴别磨屑来源、类型和磨损程度	按微粒大小从油中分离磨屑,以测量微粒大小的分布情况;微粒的总密度和大小颗粒的比率可以表明磨损的类型和严重程度;分析式铁谱仪可分析磨损机制
光谱油分析	分析油中颗粒的元素及含量	用原子吸收或发射光谱测定法可用于确定磨损源和磨损程度
扫描电子显微镜	观察磨屑形貌	确定磨屑形状,了解磨损机制
穆斯堡尔谱	磨屑相分析	鉴定磨屑中铁的各种不同化学形态
感应放射现象	利用辐射现象跟踪分析	预先用中子辐射或"活化"的零件,其碎屑用放射化学监测进行检查
电子光谱	表层化学分析	化学分析电子光谱分析(ESCA)能分析约3 nm的表层
电子自选共振光谱	化学分析	用于研究油中碎屑的铁磁物的化学性质和是否存在有机游离基
质谱测定法	化学分析	用与高真空连载的小型质谱仪,能对若干毫克的铁和铁氧化物作定量分析;磨屑化学反应产生与基体材料有关的气态物
火花源质谱摄谱术	化学分析	是对固体材料作的一个基本分析,有时可达0.001 ppm的灵敏度,并能对很小的样品提供粗略的分析
X射线荧光	元素分析	除锂和镁外,凡是原子吸收光谱能分析的金属元素都能分析;另外硫和氯(常存在于电镀层和耐磨添加剂中)也和碘与溴一样可以进行分析

磨屑分析的方法很多,下面仅介绍光谱分析法和铁谱分析法。

5.3.1 光谱分析法

各种结构的物质都具有自己的特征光谱,光谱分析法就是利用特征光谱研究物质结构或测定化学成分的方法。光谱分析法是常用的灵敏、快速、准确的近代仪器分析方法之一,其分析速度快,操作简便,分析灵敏度、准确度高,样品损坏少,在工业生产和实验室研究中应用十分广泛。常见的光谱分析法有原子发射光谱和原子吸收光谱两种分析法。

1. 原子发射光谱分析法

原子发射光谱(AES)是基于元素的原子或离子在外界能量的作用下,获得能量而使其外层电子从低能级的基态跃迁到较高能级的激发态,激发态的原子很不稳定,很快又回到基态,在回到基态的过程中以光的形式释放能量。原子发射光谱法就是基于原子由激发态回到基态过程中发射出的光的性质对物质进行定性、定量分析的方法。原子发射光谱(AES)的成功在于其具有广谱性和多元素分析的能力,即能在一个很宽的浓度范围作定性和定量分析,至今已成为无机元素分析的最有力的手段之一。磨损微粒在高温状态下被带电粒子撞击,发射出代表各元素特征的各种波长的辐射线,采用适当的分光仪分离出所要求的辐射线,通过把所测的辐射线与事先准备的校准器相比较来确定磨损微粒的种类和含量。图5.7为原子发射光谱仪结构示意图。

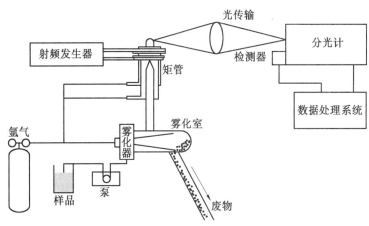

图5.7　原子发射光谱仪结构示意图

2. 原子吸收光谱分析法

原子吸收光谱分析法(AAS)又称原子吸收分光光度法,简称原子吸收法(AAM)。原子吸收是指气态自由原子对于同种原子发射出的特征波长光的吸收现象。当有辐射通过自由原子蒸气,且入射辐射的频率等于原子中的电子由基态跃迁到较高能态(一般情况下都是第一激发态)所需的能量频率时,原子就要从辐射场中吸收能量,产生共振吸收,电子由基态跃迁到激发态,同时伴随着原子吸收光谱的产生。

采用具有波长连续分布的光透过磨损微粒,某些波长的光被微粒吸收而形成吸收光谱。在一般情况下,物质吸收光谱的波长与该物质发射光谱波长相等,因此用原子吸收光谱可以确定金属种类和含量。

原子吸收光谱分析基本结构如图5.8所示。该仪器精密度高,精确度好,在分析微痕量元素方面具有优良的稳定性和重现性。

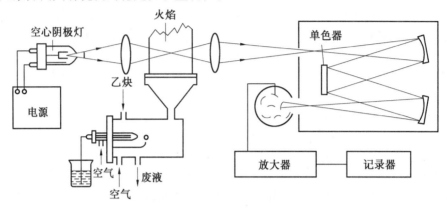

图5.8　原子吸收光谱分析基本结构示意图

5.3.2　铁谱分析法

铁谱分析法是20世纪70年代发明的一种从润滑油中分离和分析磨屑的新技术。借助各种光学或电子显微镜等检测和分析,方便地确定磨屑形状、尺寸、数量以及材料种类,从而判别零件表面磨损类型和程度。现已在机器设计研究、设备动态监测、润滑油添加剂研制、金属与非金属的磨损机理研究等方面获得应用。

铁谱仪分为分析式铁谱仪、直读式铁谱仪、选装铁谱仪和在线铁谱仪等。近年来又出现将分析式与直读式配置在一台装置上的双联式铁谱仪和旋转式铁谱仪等。

1. 分析式铁谱仪

分析式铁谱仪将油液中的磨损金属微粒及污染杂质微粒从油液中分离出来,制成铁谱基片,再在铁谱显微镜下对基片上沉积的磨损微粒的大小、形态、成分、数量等方面的特征进行定性观测和定量分析后,就可对监测机械零件的摩擦学状态作出判断。

分析式铁谱仪的工作原理如图5.9所示。制谱仪用低速稳定的微量泵2将油样1输送到位于磁场装置4上方的玻璃基片3的上端,油样沿倾斜的基片向下流动,可磁化的磨粒在高梯度磁场中受磁力、液体黏滞阻力和重力的联合作用,按尺寸大小依次沉淀

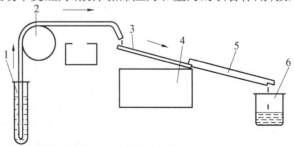

图5.9　分析式铁谱仪工作原理示意图

1—油样;2—微量泵;3—玻璃基片;4—磁场装置;5—导流管;6—储油杯

在玻璃基片上,并沿垂直于油流的方向形成链状,油从玻璃基片下端,通过导流管 5 排入储油杯 6 中,玻璃基片经清洗,固定处理后便制成的铁谱片,如图 5.10 所示。

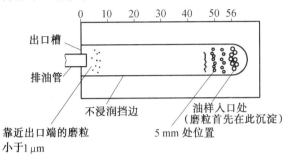

图 5.10　玻璃基片经处理后制成的铁谱片

铁谱片用铁谱片读数仪测量不同位置上微粒沉淀的光密度,从而求得磨损微粒的尺寸、大小分布和数量,定量分析得出的数据可表明零件磨损状况。

铁谱显微镜(又称双色显微镜)工作时,利用两组不同颜色、不同成分的光(通常使用一组绿色透射光和一组红色反射光)同时照射到玻璃基片的磨粒上。不同成分的微粒在铁谱显微镜下呈现不同颜色。因此,可以据此来判别金属的属性:黑色金属或有色金属,从而确定磨损的零件;另外通过显微镜可以观察磨粒形状和测量磨粒尺寸大小,确定零件表面磨损程度和磨损性质。

还可用扫描电镜观察分析铁谱片上的磨屑及污染颗粒,如图 5.11 为铁谱片上各种磨屑形状。

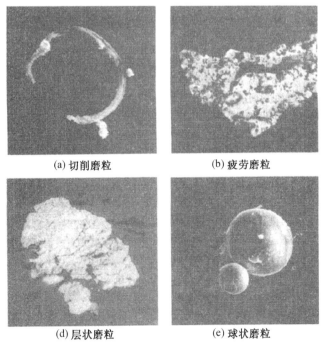

(a) 切削磨粒　　　　　(b) 疲劳磨粒

(d) 层状磨粒　　　　　(e) 球状磨粒

图 5.11　铁谱片上的各种磨屑形状

2. 直读式铁谱仪

图 5.12 为直读式铁谱仪原理示意图。直读式铁谱仪用来直接测定油样中磨粒的浓度和尺寸分布,能够方便、迅速而准确地测定油样内大小磨粒的相对数量,只能作定量分析,但比分析式铁谱仪的定量分析更准确,检测过程更简单、迅速,仪器成本更低廉。因此,该方法是目前机械监测和故障诊断中较好的手段之一。其原理是在一带有倾斜面的永磁体上装有一根用弹簧夹头压住的玻璃沉淀管,在该管下方的磁铁体内设置两束光源穿过此管,第一束光源设置在靠近能沉淀大磨粒(大于 5 μm)的管进门处,第二束光源设置在沉淀较小磨粒(1~2 μm)的管处。油样经毛细管虹吸进入沉淀管后,位于管下的磁铁由于其磁场力的作用,便使磨粒进行沉淀。大于 5 μm 的磨粒首先沉淀,较小的磨粒(1~2 μm)则沿着管子沉淀在较远处。这时数字检测器便自动检测和显示出这个部位上的磨粒密度值。在第一束光道上检测出的光密度值称为 DL 读数,它代表大于 5 μm 的磨粒密度。在第二束光道上检测出的光密度值称为 DS 读数,代表小磨粒密度。

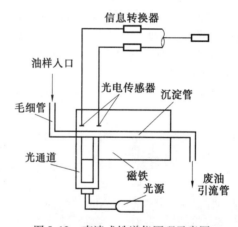

图 5.12　直读式铁谱仪原理示意图

第6章　磨损失效分析

失效分析是工业革命之后的产物,早在1862年英国就建立了世界上第一个蒸汽锅炉监察局,但把失效分析作为一门学科分支进行研究则是近半世纪的事情。所谓失效,是指设备执行所需功能的能力已经终止。失效标志着从一种状态变到另一种状态,失效之后,设备即有故障。失效分析即是通过合乎逻辑的思路、科学的方法,使用必要的实验技术和手段,包括近代发展起来的各种微观表面分析仪器,找出失效的原因,判断失效的机理,并提出防止失效的措施。也就是说,失效分析既包括失效分析本身,也包括失效分析的实验技术,二者密切配合。现代工业中对零件提出了可靠性和经济性考虑,也要求不断延长零件的寿命,这就使得失效分析变得越来越重要。

失效分析包括机械设备和机械零件的失效分析,其中零件在工作时的受力情况一般比较复杂,往往承受多种应力的复合作用,因而造成零件的不同失效形式。零件的失效形式分为变形失效、断裂失效和表面损伤失效三大类型,如图6.1所示。磨损失效分析属于零件失效形式中表面损伤失效中的一种。

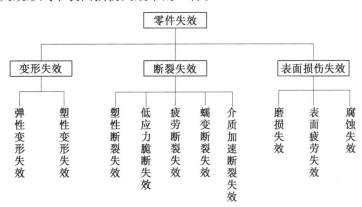

图6.1　零件失效形式分类

6.1　磨损失效分析的特点及内容

6.1.1　磨损失效分析的特点

任何两个相互接触的零部件发生相对运动时,其表面都会发生磨损,造成零部件尺寸变化、精度降低而不能继续正常工作,这种现象称为磨损失效。例如轴与轴承,齿轮与齿轮、活塞环与汽缸套等摩擦副在服役时表面产生的损伤。磨损失效主要包括:黏着磨损、磨粒磨损、接触疲劳磨损、微动磨损和气蚀等形式。

摩擦与磨损现象极为复杂,影响因素众多,稍微改变其中某一参数都会改变摩擦和磨损特性。材料的摩擦和磨损特性与材料的强度及其他物理特性不同,是各种外界条件与材料的机械、物理和化学等特性的综合表现。因此,摩擦和磨损特性是摩擦系统的特性,应该用系统分析的方法来分析和处理。目前对各种摩擦磨损机理研究得还不很透彻,因此磨损失效分析不同于其他失效分析,具有自己的特点。

1. 磨损问题的普遍性

磨损失效广泛存在于自然界,也是工程上涉及面最大的一种失效形式。图 6.2 为自然界及工业生产中产生的磨损问题。

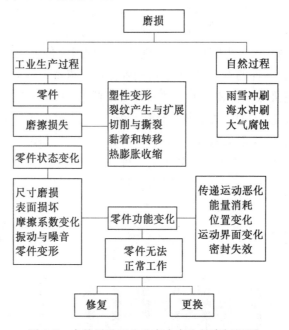

图 6.2　自然界及工业生产中产生的磨损问题

磨损失效造成的经济损失巨大,表 6.1 为英国 T. S. Eyre 对工业领域中发生各种磨损类型所占比例作的大致的估计,但没有将疲劳磨损作为一种类型进行考虑。从表中可以看出,各种磨损类型中,磨粒磨损和黏着磨损占据了最大比例。在实际磨损现象中,通常是几种形式的磨损同时存在,而且一种磨损发生后往往诱发其他形式的磨损。例如,疲劳磨损的磨屑会导致磨粒磨损,而磨粒磨损所形成的新净表面又将引起腐蚀或黏着磨损。磨损形式还随工况条件的变化而转化。

表 6.1　各种磨损类型所占比例

序号	磨损类型	百分比/%
1	磨粒磨损	50
2	黏着磨损	15
3	冲蚀磨损	8
4	微动磨损	8
5	腐蚀磨损	5
6	其　　他	14

2.磨损的表面现象和动态过程

零件磨损就是表面相互作用的结果。表面磨损的严重程度及失效方式,与表面材料、表面膜的成分、组织、处理工艺有关,也与表面的物理、化学、力学性能以及形状、形貌有关,磨损失效分析注重表面分析仪器的应用,随着表面检测技术的发展,应用扫描电镜与能谱技术、俄歇能谱仪等,可以测定磨损形貌和成分,分析几个原子层厚的表面情况,但磨损是一动态过程,瞬间产生的磨损痕迹会被随之而来的表面接触所破坏,以致前面的信息来不及提取出来就自行消失。所以,现在还不可能对正在磨损过程中的两个不透光表面进行动态观察和测试,实际接触点上的"闪温"也无法实测到,微区应力应变和磨屑形成等还主要靠模型来推测。

3.确定磨损失效模式的重要性

磨损是个十分复杂的现象,也是个复杂的多学科问题,它与零件所受的应力状态、工作与润滑条件、加工表面形貌、材料的组织结构与性能以及环境介质的化学作用等一系列因素有关。实践证明,绝大多数机械零件不能继续使用并不是由于零件的整体被破坏,而是由于零件工作表面的磨损促使零件加速失效。据统计,大约有75%的机械零件是由于磨损而报废的。磨损失效,更确切地说摩擦学方面的失效,是影响机械零部件可靠性的主要因素。因此首先判断磨损失效的模式,进而推断引起失效的根本原因,这对解决生产实际中的问题具有重要意义。

4.磨损失效研究的系统性

磨损失效分析是对复杂的摩擦学系统进行研究。磨损失效是导致零件失效的物理和(或)化学变化的过程。在这一过程中,零件的尺寸、形状、状态或性能发生了变化,由此导致整个机械产品的失效。实际磨损工况十分复杂,决定零件磨损失效的因素主要是零件内在因素和外在因素。零件的内在因素是指零件材料的状态和性质,外在因素是指工况,如应力、环境和时间。外在因素是引起零件材料失效的诱发因素,一般通过工况的分析即可认识清楚。能引起失效的诱发因素如图6.3所示,从图中可以看到,前面所提到的失效模式往往不是单一的,而是多因素交叉结合造成的多种失效模式的综合结果。表6.2为失效模式和诱发因素及表现形式之间的关系。

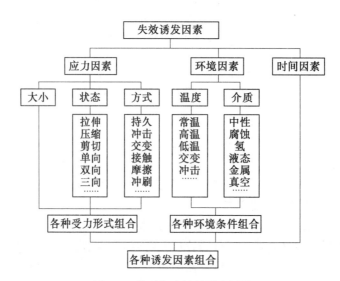

图 6.3　能引起失效的诱发因素

表 6.2　失效模式和诱发因素及表现形式的关系

序号	失效模式	诱发因素	表现形式
1	弹性变形	各种受力形式温度(高温)	弹性变形弯曲失稳
2	塑性变形	各种受力形式温度(高温)	弹性变形弯曲失稳
3	过载压痕损伤	接触应力温度(高温)	塑性变形
4	塑性断裂	拉伸或剪应力或冲击载荷	断裂
5	脆性断裂	温度(高温)	塑性变形
		拉伸或剪应力或冲击载荷温度(低温)，热冲击	断裂
6	疲劳		
	高周疲劳	交变应力	断裂
	低周疲劳	交变塑性应变	断裂
	热疲劳	交变温度	开裂
	表面疲劳	交变接触应力	表面剥离
	冲击疲劳	冲击应力	断裂
	腐蚀疲劳	交变应力+腐蚀应力	断裂及腐蚀
	微振疲劳	微小振动	表面开裂
7	腐蚀		
	纯化学腐蚀	腐蚀介质	化学变化
	电池腐蚀	电解质	化学变化
	缝隙腐蚀	电解质	化学变化

续表6.2

序号	失效模式	诱发因素	表现形式
	点腐蚀	腐蚀介质	化学变化
	晶界腐蚀	腐蚀介质	化学变化
	浸出腐蚀	腐蚀介质	成分有变化
	冲蚀腐蚀	冲刷力	化学变化
		腐蚀介质	表面剥离
	微振腐蚀	微小振动+腐蚀介质	表面开裂及腐蚀
	氢损伤	氢介质	断裂
	生物腐蚀	霉菌	化学变化
	应力腐蚀	拉应力+腐蚀介质	断裂及化学变化
8	磨损		
	黏着磨损	表面相对运动	表面损伤
	磨粒磨损	硬质点研磨	表面损伤
	腐蚀磨损	相对运动	表面损伤
		硬质点	化学变化
		腐蚀介质	
	表面疲劳磨损	交变接触压应力	表面剥离
	变形磨损	过高的冲击载荷	表面塑性变形、裂纹、掉粒
	气蚀	瞬时冲击	表面剥离、物理变化
	微振磨损		物理变化
	冲击磨损	反复冲击	表层金属掉块
	咬合	匹配表面相对运动	咬合、咬死
9	蠕变	应力、高温、长时间	变形、断裂
	热松弛	应力、高温、长时间	变长
	应力断裂	应力、高温、长时间	断裂
	蠕变弯曲变形	应力、高温、长时间、杆形件	塑性失稳
	蠕变疲劳	静应力、高温、长时间、交变应力	变形、断裂
10	剥落	应力波或交变接触应力	剥落
11	辐射损伤	射线辐照、长时间	材质变坏、性能变化

5. 磨损失效分析的综合性

从学科上来说,磨损失效分析涉及到材料学、断口学、力学、物理学、化学、摩擦学、腐蚀科学、工艺学、设计基础等知识,除了这些学科知识,实验和表面分析技术如无损检测、机械性能试验、金相检验、化学分析、磨损和断裂试验,以及模拟试验等也非常重要。

需要说明的是,机械零件的磨损失效分析与机械设备的失效分析既有共同点又有区别。为了提高设备的可靠性和寿命,有时把设备整体作为对象,进行磨损状态测试,研究一般的磨损规律,划分从磨合到失效的若干阶段,对可靠度和寿命进行计算等。而机械零件失效分析重点是对磨损零件损坏原因的分析,不同磨损类型的零件较易区分,对其分析有利于揭示磨损过程、磨损机理和转化,这样可为选用对磨材料和强化工艺提供可靠的依据。

6. 磨损失效分析尚处在经验性阶段

目前,解决实际磨损问题仍主要依靠经验积累来解决。系统分析中对磨损各组元的参数分析、计算仍是十分困难的。因此对实际磨损零件进行有效的失效分析是当前磨损失效分析工作的重点。即使只是对零件的失效分析,也仍是复杂和困难的,主要依赖于经验的积累。例如,分析零件磨损时掉落的碎屑,这些碎屑可视为微观区域断裂的结果,断裂方式可以是韧性断裂、疲劳,也可以是脆性断裂,同时伴随不同程度和一定范围的塑性变形。再说磨损失效有多种形式,可以因密封失效、表面粗糙度增加、各种原因的损伤累积等造成,也可以是磨损不直接造成失效,但却是后期失效的起因。由此可知,不同的失效形式可以有各自的判据,加之磨损本身是一个系统性问题,因而导致复杂因素交叉影响,在无法孤立分析、研究、计算的情况下,磨损失效分析只能建立在经验和实验的基础上,建立在积累大量资料,具有广泛丰富知识的基础上。

6.1.2 磨损失效分析的方法

1. 磨损尺寸和质量的测量

用形貌仪结合面积仪可测得磨损的体积。形貌仪配有触针便于测得前后两测点位置的相对高度。采用光学分析天平,采用称量法可以求出磨损质量。另外,利用表面粗糙度测量仪可测得表面微坑深度、表面平面度、沟槽等表面由于磨损而产生的变化。

2. 微观形貌和组织分析

扫描电镜是研究磨损表面微观形貌的最有效设备。光学显微镜可对磨损面作剖面观察。扫描电镜带上能谱、波谱仪时,还可对微区疑点(例如怀疑为某种黏着粒子或夹杂物)从成分上给予判断。

3. 铁谱分析技术

铁谱分析技术泛指磨损残粒的磨屑分析技术和油样分析技术。对机器润滑油中的磨屑分析是一种对磨损件的不解体检验方法,整个油样分析工作可分为五个步骤:

①采集油样——采集能反映当前机械中零部件运行状态的有代表性油样;

②检测——进行油样分析,测定油样中磨屑的数量、形态、大小和粒度分布;

③诊断——初步判断机器的磨损状态是否正常,对异常磨损还要确定是那些零部件磨损及磨损类型;

④预测——估计异常磨损零部件的剩余寿命和以后可能发生的磨损类型;

⑤处理——根据预测的情况确定维修方式、时间和部位。

6.1.3 磨损失效分析的主要内容

根据磨损失效的特点,磨损失效分析主要研究磨损表面分析、磨损亚表层分析和磨屑的形貌及结构分析。

1. 磨损表面分析

对磨损表面的宏观和微观形貌观测,是磨损失效分析第一个直接资料。表面分析包括宏观分析和微观分析,在实际工况下可以使用放大镜、实物显微镜等设备观察磨损表面的宏观特征,初步判断磨损类型。宏观分析是初步的、常用的分析方法,它是进行微观分析的基础。为了进一步分析磨损的发生过程,就需要进行微观分析,扫描电镜和透射电镜是常用的分析仪器,尤其是前者用得更多。

表面分析所得的数据和结果代表了该零件在一定工况下磨损发生、发展过程。所以磨损失效零件的表面要严格保护,防止碰撞损坏或生锈。

2. 磨损亚表层分析

磨损表面下相当厚的一层金属,在磨损过程中会发生很大变化,通常称之为亚表层,这为判断磨损过程提供重要依据。由于高负荷的作用,在表层和亚表层会产生严重的塑性变形,对这种塑性变形进行分析,可以测定变形层的厚度和形变硬化程度、裂纹的产生部位及扩展特征,可搞清楚表面材料承受的应力状态,从剖面(垂直剖面或斜剖面)上对金相组织进行观察,可以判别亚表层组织的结构变化,这些为判断磨损发生过程提供重要依据。

3. 磨屑的形貌及结构分析

磨屑是磨损过程中的产物,它最能代表摩擦副相互作用过程中的瞬时状态,如磨屑形貌和内部组织结构变化能表明磨损机理,内部结构变化能代表摩擦副相互作用的严重程度,为找到磨损失效的原因提供可靠的依据。近年来对磨屑分析日益重视起来,磨屑可直接从机器中回收,也可从试验机模拟系统中回收。在磨屑形貌分析中,可采用金相显微镜和扫描电镜观察磨屑的显微组织和磨屑的形貌细节。也可采用铁谱技术对磨屑的尺寸大小、分布状况、形态和成分等方面进行分析测定,这对分析零件磨损工况以及研究磨损机理十分有效。

6.2 磨损失效分析的步骤

对机械零件磨损失效分析的步骤一般遵循如下顺序:

1. 收集有关机器及零件的原始资料

这些原始资料包括:设计依据、材料选择、制造工艺、使用环境、工作状况、服役历史和经济消耗等基本情况,并注意对所有失效样品的收集,还应查阅对照与所要进行分析的失效案例相似的国内外已经分析过并总结出来的文献资料。

调研中应注意调查该部门该机型中的各种易损零部件名称、数量、材料、基本特性、消耗情况、使用状况、经济损失和磨损失效类型及各占的比重。如有可能则做好记录、编号、建档。另外选择固定的试验点建立经常性联系,会更有利于资料和失效样品的收集。经过长期积累才能得到比较完整、可靠的失效分析原始资料。

收集和积累原始资料是机械零件磨损失效分析的基础和依据。如果原始情况不明或提供错误数据,则会作出错误的判断。

2.收集具有新鲜磨损表面的零件残体

收集具有新鲜磨损表面的零件残体是进行磨损失效分析的关键环节,是判断零件磨损类型和失效原因的主要依据。对零件残体要仔细保护并作详细的观察研究,必要时应将残体运回实验室作进一步观察分析。要养成及时记录、贴好标签的习惯,以防错乱。经截割的零部件,务必不能损伤污染需分析的磨损表面,一般应及时在磨损表面涂黄油保护。

3.对磨损失效零件进行残体分析

对失效零件残体进行外观检查和宏观分析,采取的手段是用肉眼观察、低倍放大镜观察、金相显微镜观察和实体显微镜观察等。应首先检查损伤部位表面形貌、测量磨损尺寸的变化。宏观检查直观简单,能够初步判断磨损的基本特征,如划痕、点蚀坑、严重塑性变形等,切不可因为有了先进的测量手段如电镜、能谱仪而忽视肉眼和低倍观察,通过低倍观察往往可以给出失效原因和失效方式的重要线索,有时也可以得出初步结论。观察之后应及时作好记录并摄影。

为了进一步弄清磨损模式、失效原因和规律,可以进行微观检测分析,以及测定其他的项目,例如:

①垂直剖面和斜剖面观察分析;包括亚表层变形、组织结构变化、硬度分布变化、裂纹形成部位,裂纹扩展特征等。

②磨损表面应力测定分析。

③表面膜状态分析,包括膜厚、物理化学状态等。

④测定磨损零件材料的各种性能,如机械性能。

⑤磨损零件的成分检查,包括组织状态、化学成分、钢中杂质、气体含量等。

⑥磨屑分析。

如果利用扫描电子显微镜对磨损表面的微观形貌进行分析,在制备电镜样品时应仔细,在保证不损坏和污染待检测的磨损表面情况下用金相切片机或线切割机截取。扫描电镜下可以形象地获得磨损表面微观形貌细节的影像,如犁沟、凹坑、微裂纹等,也能逼真地观察磨屑形貌。扫描电镜观察往往提供磨损机理的直接证据,但切不可以点代面、以偏概全,以微区的枝节代替全面情况。在某些情况下,还可以用醋酸纤维纸制作磨损表面的二次复型,以供透射电镜观察,获得更高分辨率的形貌细节。

近年来,表面分析仪器向更精密更综合方向发展,一些先进技术除各种能谱仪外,还有放射性示踪原子分析、图象分析、热谱图、高压高分辨率电子显微镜等,大大促进了磨损研究工作,使人们可以得到更多微观的动态的磨损信息,也使进一步揭示磨损失效的本质原因成为可能。

4. 磨损失效的实验室摸拟试验

为了确定和证实上述步骤对磨损失效原因的判断,尤其是工况条件复杂、干扰因素多的情况下,难以用实际状况下得到的结果作为充分的失效原因的依据时,可以在实验室模拟试验,突出主要影响因素,重现实际工况下的磨损模式和失效状况。实验室模拟试验在磨损失效分析工作中经常用到,并可以提高人们对磨损失效规律性的认识。

5. 对磨损失效类型及原因进行综合分析

对磨损失效类型及原因进行综合分析,撰写失效分析报告,并提出防止失效的措施,在实践中实施和获得检验。根据调研得到的原始资料、残体和磨损产物从宏观到微观、由表及里的分析,以及进行必要的补充性试验和实验室模拟试验,就可以根据力学、材料科学、摩擦学、工艺学等方面的基本原理,进行综合分析。撰写失效分析报告是必不可少的重要工作,认真写好报告,不仅对此次失效分析有益,而且为今后工作积累了宝贵资料。

失效分析的最终目的是找出失效原因、提出防止或推迟失效的措施,避免同类失效再度发生,从而提高产品质量或从此获得改型的新产品。所以不仅要分析失效原因更要找出解决磨损失效问题的途径。一般情况下有两条途径:一是改善使用条件和环境条件;二是从设计、工艺、材质、使用维护方面采取新的措施。通常前者受零件用途限制及外界环境不易改变的影响,无法进行改善,所以人们的注意力集中在新的抗磨措施上,并进行不同方案的经济性、可靠性、方便性和工艺可能性等方面的综合分析比较。表 6.3 为根据磨损失效分析方法判断磨损类型及抗磨措施一览表。

表 6.3 根据磨损失效分析方法判断磨损类型及抗磨措施一览表

磨损类型	基本特点	磨损表面特征	磨屑基本特征	抗磨措施
磨粒磨损	相对运动表面具有硬突出物,或环境条件和工作对象有非金属磨料存在	条痕、沟槽(犁沟)、凹坑	切屑为条状磨屑;二次变形为块状磨屑或脆断碎屑	提高材料硬度或综合性能,防止磨料进入
黏着磨损	高盈利作用下润滑不良的配合件	在配合表面上严重撕裂或黏附转移层	不规则形状碎屑,块状居多,鳞片状	改进润滑条件及表面膜保护,改善加工条件,降低微区应力,选择合适配对材料
疲劳磨损	高低周交变应力的接触条件下的摩擦副	点蚀、剥落;宏观表面粗糙,次表层下有裂纹	片状或球状磨屑	设计上增加接触面积,增加表面光洁度,改善润滑条件,降低接触应力,选择高疲劳强度材料
冲蚀磨损	高速粒子流或液流(包含固体质点)对零件工作表面冲击时经常产生的磨损形式	鱼鳞状规则小凹坑,变形有微小裂纹	小碎片	选用硬质和韧性好的材料,适当改变液流冲击角及固体粒子组成

第7章　合金耐磨铸钢

7.1　铸造耐磨高锰钢

高锰钢是由英国人哈德菲尔德(Hadfield. R. A)于1882年发明的,所以也称为哈德菲尔德钢。因其锰的质量分数较高,组织又为单一的奥氏体组织,所以又叫奥氏体锰钢。奥氏体高锰钢分为标准型高锰钢、改型高锰钢和中锰钢。标准成分的奥氏体锰钢碳的质量分数为0.9%~1.3%,锰的质量分数为11%~14%,当加热到1000~1100 ℃可得到单相奥氏体组织,然后在水中迅速冷却(称为水韧处理)仍保持奥氏体状态。这种钢的硬度不高(在200 HB左右),但韧性很好(α_k>150 J/cm^2),在受到高的冲击载荷或高的压力时,其表层产生加工硬化,硬度大大提高(高达450~550 HB)。当工件的工作表面被磨掉一层后,显露出来的新表面又被加工硬化。由于这种钢易于加工硬化,切削加工困难,一般都做成铸件。高锰钢工件表面由于加工硬化而具有高硬度,心部奥氏体组织具有高的韧性和一定的强度,所以高锰钢主要用于制作承受剧烈冲击或挤压的零件。如颚式破碎机的颚板、挖掘机斗齿、球磨机衬板、风扇磨煤机的冲击板、拖拉机和坦克的履带板、铁路道岔,粉碎机的锤头、板锤,等等。在标准成分奥氏体高锰钢基础上加入铬、钼、钒、钛等合金元素,大幅度提高高锰钢的耐磨性,这种钢我们称为合金化型高锰钢,也称为改型高锰钢。也可以通过降低锰质量分数,使锰质量分数降低到6%~9%,在中、低等工况条件下使用,耐磨性并不降低,这种钢我们称为中锰钢。

7.1.1　标准成分高锰钢

1.高锰钢化学成分

高锰钢的主要成分是锰和碳。锰是扩大奥氏体区的合金元素,锰的主要作用是形成奥氏体组织,也使固溶体得到强化。锰在钢中大部分固溶于奥氏体中形成置换固溶体。由于锰的原子半径和铁的原子半径差别很小,所以锰的固溶强化作用不大,另外还有少部分锰存在于(Fe,Mn)3C型碳化物中。在高锰钢中锰的质量分数为10%~14%。钢中锰的质量分数主要决定于零件的服役条件,铸件的壁厚及形状等因素。对于厚壁、结构复杂、工作时承受剧烈冲击载荷的铸件,锰的质量分数较高,反之则锰的质量分数较低。

碳在高锰钢中的作用:一是使钢获得奥氏体组织,二是强化固溶体,改善钢的耐磨性,质量分数过高会降低钢的冲击韧性。通常碳质量分数为0.9%~1.3%。碳质量分数对奥氏体锰钢的影响,如图7.1所示。在高锰钢中要特别注意锰和碳的相互作用,即锰碳比。一般情况锰碳比(Mn/C)控制在8~11,对于耐磨性要求高,冲击韧性略低,形状不太复杂,薄壁的铸件,锰碳比可取下限;相反,对于冲击韧性高,耐磨性要求略低,形状复杂,壁厚的铸件,锰碳比应取上限。

硅是为脱氧而加入钢中的,硅在高锰钢中能起固溶强化作用,同时降低碳在奥氏体中的溶解度,促使碳化物析出,使钢的耐磨性和韧性降低。因此钢中硅的质量分数不宜太高,为 $0.3\% \sim 0.8\%$ 。

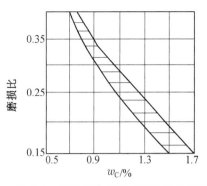

图 7.1 碳的质量分数对奥氏体锰钢的影响

磷在高锰钢中是有害元素,它在奥氏体中的溶解度很小。当磷的质量分数较高时,会以磷共晶的形式沿晶界析出,使钢的强度、塑性和韧性降低。磷还增加铸件的热裂倾向。高锰钢中磷在奥氏体中的溶解度与碳的质量分数有关,碳的质量分数越高,磷的溶解度越低,其危害越大。所以应尽量降低钢中磷的质量分数。因此往往根据铸件的用途和要求,将钢中磷的质量分数控制在 $\leqslant 0.10\%$ 。

高锰钢中由于锰的质量分数高,所以钢中的硫大部分与锰结合成硫化锰(MnS)进入炉渣中,因而钢中的实际硫的质量分数一般都低于标准规定的 0.05% 。近百年来,各国生产的标准高锰钢的化学成分都很近似,见表 7.1。标准型高锰钢的机械性能见表 7.2。高锰钢的成分与组织的关系可利用含 13% Mn 的 Fe-Mn-C 三元合金状态图的垂直截面图来进行分析,如图 7.2 所示。当锰质量分数为 13% 时,碳的质量分数为 $0.9\% \sim 1.3\%$ 的合金冷至液相线时,结晶出奥氏体;冷至固相线与 ES 线之间为单相奥氏体组织:在大约 $900 \sim 620\ ℃$ 之间,自奥氏体析出(Fe,Mn)3C 碳化物;当温度降至 $620\ ℃$ 时,开始发生共析转变,至 $300\ ℃$ 左右共析转变进行完毕。常温下该合金平衡结晶的相组成为铁素体和碳化物。在铸造条件下,由于冷速较快,不可能完全按平衡状态结晶,而且钢中的锰和碳质量分数高,稳定奥氏体共析转变来不及进行(或不充分),所以铸态组织一般是奥氏体和碳化物,如图 7.3 所示。碳化物多以块状、网状,针状分布于奥氏体晶界,有时也在晶内析出。

表 7.1 标准型高锰钢的化学成分

国别	标准号	化学成分(质量分数)/%				
		C	Mn	Si	P	S
中国	ZGMn13	1.20 ~ 1.35	11.5 ~ 14.0	0.30 ~ 0.06	≤0.08	≤0.05
		1.10 ~ 1.25	10.0 ~ 13.0	0.30 ~ 0.60	≤0.08	≤0.05
美国	ASTM A-128	1.00 ~ 1.40	10.0 ~ 14.0	<1.0		
		1.10 ~ 1.40	11.0 ~ 14.0	<0.6		
英国	BS1457	1.00 ~ 1.35	12.0 ~ 14.0	0.40 ~ 0.60	≤0.07	≤0.035
苏联	ГОСТ8294-97	0.90 ~ 1.30	11.5 ~ 14.5	0.50 ~ 0.90	≤0.12	≤0.05
联邦德国		1.10 ~ 1.30	12.0 ~ 14.0	0.40 ~ 0.60	≤0.07	≤0.035

表 7.2　标准型高锰钢的机械性能

标准号	$\sigma_b/$ $(kg \cdot mm^{-2})$	$\sigma_{0.2}/$ $(kg \cdot mm^{-2})$	$\delta/\%$	$\psi/\%$	硬度 HB	备注
ZGMn13	62 ~ 100	34 ~ 43	15 ~ 40	15 ~ 40	185 ~ 220	
JIS G5131	>75	>35	>35		>170	约 1 000 ℃ 水淬
ASTM A-128	20 ~ 100	35 ~ 47	40	30 ~ 40	185 ~ 210	

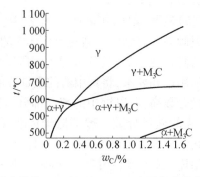

图 7.2　锰质量分数为 13% 的 Fe-C-Mn 三元合金状态的垂直截面图

高锰钢的基本化学成分为 C(0.9% ~ 1.5%),Mn(11.0% ~ 14.0%),Si(0.30% ~ 1.00%),S(≤0.05%),P(≤0.09%),其余为 Fe。其中对组织影响最大的是碳和锰的质量分数。根据淬火组织图,高锰钢的显微组织与碳、锰质量分数的关系如图 7.4 所示。由图可见,为了得到全奥氏体组织,锰质量分数不宜低于 12%,碳质量分数不能超过 1.6%。

图 7.3　高锰钢的铸态组织

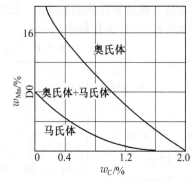

图 7.4　碳、锰质量分数对高锰钢显微组织的影响

2. 化学成分与组织和性能的关系

(1)碳、锰与性能的关系

高锰钢固溶处理后的组织为含碳过饱和的单相奥氏体,奥氏体组织很软,但冲击韧性很高,当加在工件表面的应力超过其屈服强度时便发生滑移而加工硬化,即在滑移面

上形成 α 马氏体而具有抗磨作用,碳的作用即固溶于奥氏体中以提高钢的强度和抗磨性,碳质量分数过低时加工硬化后达不到要求的硬度,碳质量分数过高时铸态组织中出现大量粗大碳化物,在随后的固溶处理时很难完全溶入奥氏体中,碳化物对抗磨性和冲击韧性危害很大,所以,碳质量分数过低或过高皆有害于性能。锰的作用是促进奥氏体的形成,它与碳配合以获得单相奥氏体组织,过高时易产生粗大状晶和易形成裂纹。

(2)碳质量分数与开裂的关系

高锰钢的单相奥氏体组织是碳与锰相配合获得的,所以碳锰的质量分数必须达到要求,否则热处理将出现马氏体,导致淬火工件开裂。最低的碳锰质量分数应符合以下关系:Mn% +12% C≥16% ,否则,在水韧处理时将可能出现马氏体并导致开裂。

(3)磷与开裂的关系

奥氏体的高含碳量降低磷在其中的溶解度,磷以磷化物形式呈薄膜状析出于奥氏体晶界。在此条件下,磷增加钢的热裂倾向,显著降低钢的高温强度,引起热裂敏感性,一般磷的质量分数低于 0.08% 为佳。

3. 高锰钢的热处理

高锰钢的铸态组织中往往存在大量碳化物,使钢的强度、塑性降低。因此必须通过热处理消除钢中的碳化物。高锰钢的热处理就是将工件加热到 Ac_m 以上并保温一段时间,使碳化物全部溶解于奥氏体,得到均匀的奥氏体组织,然后迅速冷却(一般采用水冷),获得单一奥氏体组织。这种热处理通常称为"水韧处理",以区别于一般的淬火。高锰钢的热处理工艺包括加热、保温和冷却三个阶段,热处理工艺曲线如图 7.5 所示。

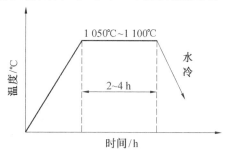

图 7.5 高锰钢热处理工艺曲线

(1)加热

高锰钢的导热性低,线膨胀系数大,所以加热速度不宜太快,薄壁(<25 mm)铸件的加热速度可取 70 ℃/h,厚壁和形状复杂的铸件可取 50 ℃/h;升温至 600 ~ 650 ℃时应保温一段时间,以使铸件的温度均匀。当温度升到 600 ℃以上,由于钢的韧性得到改善,可以把加热速度提高到 100 ~ 150 ℃/h。

(2)加热温度和保温时间

高锰钢的加热温度应保证钢中的碳化物完全溶于奥氏体。为了使碳化物完全溶解,一般加热温度取 1 050 ~ 1 100 ℃,过高的加热温度会使钢的晶粒粗大,铸件表面脱碳,性能变差。达到加热温度后,还要保持一段时间,其目的是使未溶碳化物继续溶解,并使奥氏体的成分均匀化,高锰钢铸件的保温时间与铸件的壁厚和加热温度有关。

(3)冷却

高锰钢铸件经加热和保温后应迅速水冷,将高温奥氏体组织保留到室温,而使碳化物来不及析出。因此铸件从炉中取出到淬入水中的时间应尽量缩短,如果入水温度低于960 ℃,就会有碳化物析出而得不到单一奥氏体组织。

4. 高锰钢水韧处理加热过程的特点

高锰钢的铸态组织是奥氏体+碳化物+珠光体类型的组织。其碳化物的数量和分布状况以及共析组织的弥散度都取决于钢的化学成分和冷却速度,通常是随着碳质量分数的增加和冷却速度的降低,高锰钢中碳化物数量增加。高锰钢热处理时加热过程有以下特点:

一是高锰钢水韧处理加热时,不仅要求组织奥氏体化,而且要求铸态析出的碳化物充分溶解。因此,就必须将高锰钢零件加热至 Ac_m 以上,保温一段时间,使碳化物充分溶入奥氏体,并使共析组织奥氏体化,得到均匀的奥氏体组织。

二是高锰钢是高合金钢种,在铸件加热过程中,也有碳化物的析出和奥氏体的分解。当温度升到 Ac_1 以上时,开始进行奥氏体化过程。铸态组织中共析组织、先共析碳化物、加热时析出的碳化物以及加热过程中奥氏体分解所得到的共析组织等,最终都以各种方式全部转变为奥氏体。加热至 Ac_m 以上温度时,上述各种组织都逐步消失,只有奥氏体存在。三是高锰钢由于导热性低、热膨胀系数高,且铸态组织中存在大量碳化物,其脆性很大,所以,水韧处理加热时很容易因应力而开裂。特别是当铸件中有残余应力时,应力的叠加极易形成裂纹,因而高锰钢铸件的入炉温度和加热速度是不可忽视的。大件、复杂件入炉温度应偏低,一般<400 ℃;小件、简单的薄壁件入炉温度可较高,一般为600~650 ℃。加热速度薄壁件可取70 ℃/h,厚壁件可取50 ℃/h左右。一般希望在650~670 ℃进行保温,在此温度范围保温后,高锰钢进入塑性区,可以用较快的速度升温。因此,高锰钢铸件水韧处理的加热温度及保温时间的选择应以铸态的碳化物能否充分溶解为准,这是高锰钢水韧处理能否获得成功的关键。但同时也应指出,过高的加热温度将促使奥氏体晶粒粗大;过长的保温时间将使高锰钢铸件氧化脱碳,从而使其表层性能下降。

5. 热处理工艺对高锰钢性能及开裂的影响

消除铸态组织中的碳化物,获得单一的奥氏体组织是通过热处理实现的,热处理过程中的淬火温度、保温时间、冷却速度决定着工件的最终性能。同时,要保证工件在热处理过程中不致产生缺陷和破坏,入炉温度、升温速度及温度的均匀同样重要,高锰钢的导热性低,热膨胀系数高,加上铸态组织中存在大量的网状碳化物,钢的性能很脆,加热时很容易因应力而开裂,特别在铸件中有残余应力时,此应力与加热时临界应力互相叠加,应力值大大增加,在应力的综合作用下,会使铸件出现裂纹。因此,控制好加热是防止开裂的关键,加热控制包括入炉温度、升温速度、保温时间的控制。

(1)入炉温度与开裂

入炉温度取决于高锰钢的尺寸、重量、结构的复杂程度等因素,对于大尺寸工件,入炉温度应低,如果高温入炉,则受热及升温极不均匀,因低温时钢的性能很脆,就容易产生开裂,因此,温度低于 400 ℃。壁厚大于 100 mm 铸件,入炉温度根据生产经验及气候状况,室外操作应取冬天低于 250 ℃,夏天低于 300 ℃ 为宜,尺寸减小,入炉温度适当提高。

（2）升温速度与开裂

为了避免工件开裂,从理论上讲越慢越好,普遍认为 700 ℃ 以前开裂倾向大,应缓慢升温,700 ℃ 过后可适当加快,对大于 100 mm 厚度工件,在低温和高温段分别取30 ~ 60 ℃/h 和 50 ~ 90 ℃/h 升温速度为宜,尺寸减小,升温速度适当提高。为使铸件温度均匀,中温(700 ℃ 左右)必须保温一定时间,入炉温度越高,升温速度越快,保温时间应越长。在高温区(1050 ~ 1090 ℃)保温,其时间必须保证碳化物基本溶于奥氏体中,以降低未溶碳化物对工件抗磨性和冲击韧性的危害。温度不均,增大开裂倾向,并导致晶粒不均匀。过高温度使晶粒长大,影响冲击韧性。

（3）淬火温度、冷却过程与性能

高锰钢高温奥氏体化之后,冷却至 960 ℃ 以下有共析碳化物析出。因而,工件入水温度不应低于此温度,淬火前水温应为 10 ~ 30 ℃,淬火后不应超过 60 ℃。否则,将不能保持足够的冷却能力,会导致大量碳化物析出,其抗磨性和冲击韧性将大大降低。

6. 高锰钢加工硬化机理.

（1）形变诱发马氏体相变

奥氏体高锰钢加工硬化的原因是由于高锰钢在形变过程中,诱发高锰钢中的奥氏体转变成马氏体。在 1929 年国外学者用 X 射线衍射分析证明,奥氏体高锰钢变形层中确实发生了奥氏体转变成马氏体的相变,并提出了马氏体会在奥氏体变形滑移带上形成的观点。在研究高锰钢中奥氏体的稳定性与形变能力时提出奥氏体高锰钢由于层错能低,在形变过程中容易形成层错,在层错处会出现 ε 马氏体或形成形变孪晶,但是并不容易出现 α 马氏体,并且在形变后也没有达到更高硬化程度。有人则认为高锰钢奥氏体有不同的转变方式,既可按 $\gamma \rightarrow$ 层错 $\rightarrow$ 马氏体 $\rightarrow \alpha$ 马氏体这种转变方式转变,γ 也可以直接转变成 α 马氏体。

（2）孪晶硬化

孪晶硬化认为高锰钢加工硬化是由于高锰钢形变时是按"孪生"机制进行塑性变形形成孪晶引起的,所谓孪生是以晶体中一定的晶面(孪晶面)沿着一定的晶向(孪生方向)移动而形成的。在形变过程中会有大量的形变孪晶形成。这些形变孪晶将金属基体切割成很多小块,位错被锁住,位错运动困难;另外由于孪晶界的存在能垒也阻碍了位错的运动,使得高锰钢发生塑性变形需克服更大的阻力。由于存在这两种阻力,因此高锰钢在形变时出现硬化现象。

（3）位错硬化

位错硬化认为高锰钢加工硬化的机制是由于奥氏体高锰钢在形变时产生高位错密度,大量位错形成高密度位错区,高密度位错区会阻碍位错运动而产生强化效应,从而导致高锰钢的加工硬化。有人认为高锰钢的形变加工硬化可分为三个阶段:

第一阶段,易滑移阶段,滑移只在一个滑移系内发生。在平行的滑移系面上移动的位错很少受到其他的位错干扰,故可移动相当长的距离并可能到达晶体表面。这样位错源就能增殖出新位错。

第二阶段,随着变形量加大,滑移在多个晶面族和滑移系内发生,此时硬化机制有三种:① 位错交割产生割阶、固定位错使位错运动困难;② 位错交割和再交割成位错缠结或三维网络,位错在某一滑移面运动时会以不同的角度穿过此滑移面并与其他的位错形成林位错。此时由于位错间的弹性相互作用使位错运动受阻;③ 位错相互作用形成胞状结构或亚晶粒互相锁住,同时胞壁成为位错运动的障碍。

第三阶段开始后,足够高的应力使被阻挡的位错借助于交滑移而运动。当高锰钢受到外加载荷作用时,由于 Mn 的原子半径大于 Fe 的原子半径,在正刃位错的上半边(受压缩边)交互作用能是正值,溶质原子受到排斥;而在下半边(受压缩边)交互作用是负值。在发生形变时溶质原子 Mn 会被吸到位错附近。C 原子处于 α-Fe 的间隙位置上。对点阵造成不对称的畸变,与螺位错发生交互作用。Mn、C 原子与位错的交互作用使它们聚集在位错附近以降低体系的畸变能,形成所谓溶质原子气团(柯垂尔气团)。当发生塑性变形时气团会阻止位错的运动,引起加工硬化现象。Mn、C 这两种溶质原子还会与位错发生电交互作用,自由电子会从点阵受压地区移至受张地区,形成了局部电偶极。Mn 原子与 Fe 原子的价电子不同,自由的电子会离开而形成正离子,与位错之间会产生短程的静电相互作用。Mn、C 原子与位错之间还有交互作用使扩展位错形成层错区局部的偏聚,也会阻碍位错的移动,同时随层错能的下降,扩展位错会加宽,也产生强化作用。要使高锰钢发生塑性形变必须克服上述所有阻碍位错运动的力,就必须消耗一定的能量才能实现,而这在宏观上的表现为加工硬化现象。

(4)综合作用硬化

综合作用硬化认为,由于几种机理综合作用引起形变高锰钢的加工硬化,而不是由单独一种机理引起的。高锰钢爆炸处理后会出现硬化现象,提出了这是由于冷作硬化、晶粒细化、位错、堆垛层错和孪晶的综合作用引起高锰钢加工硬化的观点。通过 X 射线衍射、透射电镜等多种方法研究后认为,高锰钢加工硬化机理包含:①高位错密度区强化;②动态应变时效强化;③形变孪晶界强化。认为这几种机制都起作用,但是不同条件下有一种或几种起主要作用。对不同锰、碳质量分数的高锰钢加工硬化机理的研究后,提出高锰钢加工硬化是由于高锰钢形变时会有大量形变孪晶的出现,孪晶间距减小,孪晶带变薄,并有一定数量的交叉孪晶综合作用的结果。还有很多根据不同的实验提出其他的几种不同的机理同时对高锰钢加工硬化起作用的观点。这些观点的共同点是,几种机制同时起作用引起了高锰钢的加工硬化现象。

7.高锰钢的切削加工性

(1)通过热处理改善高锰钢的切削性能

改善高锰钢的切削性能可以通过高温回火来实现。将高锰钢加热 600~650 ℃,保温 2h 后冷却,使高锰钢的奥氏体组织转变为索氏体组织,其加工硬化程度显著降低,加工性能明显改善。加工完成的零件在使用前应进行淬火处理,使其内部组织重新转变为单一的奥氏体组织。

(2)合理选择刀具材料

一是采用硬质合金刀片,常用牌号有 YG8,YG6A,YG6X,YG8N,YW1,YW2A,YW3 等。在切削速度较高且切削过程较平稳的情况下可考虑选用 YT 类硬质合金。YG 类硬质合金中添加适量的 TaC 或 NbC(一般为 0.5%~3%),可提高其硬度和耐磨性而不降低其韧性。随着硬质合金中含钴量的增加,这些优点更为显著。因此,以 TaC 和 NbC 为添加剂的通用型硬质合金也适用于高锰钢的切削加工。

二是采用金属陶瓷刀片进行高锰钢的精车、半精车,可选用较高的切削速度,加工表面质量好,刀具耐用度高。如采用 Al_2O_3 基陶瓷刀具切削高锰钢,比用硬质合金刀具效率提高 1~4 倍。

三是采用 CN25 涂层刀片和 CBN(立方氮化硼)刀具,在使用 CBN 刀具时应注意被切削材料锰质量分数不能高于 14%,否则 CBN 可能与 Mn 元素产生化学反应使刀具磨损严重,切削性能下降。

(3)合理选择切削用量

切削高锰钢时,切削速度不宜高。采用硬质合金刀具时,$V_c = 20~40$ m/min,其中较低的速度用于粗车,较高的速度用于半精车和精车。采用陶瓷刀具时,可以选用较高的切削速度,一般 $V_c = 50~80$ m/min。高锰钢在切削过程中,由于塑性变形和切削力的影响,切削层及表层下一定深度范围内会产生严重的加工硬化现象,因此应选择较大的切削深度和进给量。一般粗车时 $\alpha_p = 3~6$ mm,$f = 0.3~0.8$ mm/r;大件粗车时可取 $\alpha_p = 6~10$ mm;半精车时 $\alpha_p = 1~3$ mm;$f = 0.2~0.4$ mm/r;精车时 $\alpha_p \leqslant 1$ mm;$f \leqslant 0.2$ mm/r。

8. 钻削高锰钢应注意的问题

高锰钢应用广泛,其锰质量分数高达 11%~14%。经水韧处理后,在受到剧烈冲击压力时,会产生很强的硬化现象,硬度可达 450~550 HB,硬化层深度达 0.3 mm 左右,加之导热系数很低,给切削带来很大困难。尤其在钻削时,刀具磨损严重,耐用度降低。为此,钻削时应注意以下问题:

(1)合理选择切削用量

切削速度太低或进给量太大,会使切削力增加,容易造成崩刃。取 $V_c = 30~40$ m/min,$f = 0.07~0.1$ mm/r 比较合适。

(2)要充分使用冷却液

高锰钢的线膨胀系数大,钻孔时使用切削液要充分,有条件的可将工件浸在冷却液中钻孔,以防止因孔的收缩将钻头咬死而损坏。

(3)严禁中途停车

钻削时应采用自动进给,尽量不用手动进给,以免加重硬化现象,使钻削更加困难。同时,严禁中途停车,以防切削力过大造成"闷车",使钻头崩碎。

(4)机床状态良好

硬质合金群钻钻削高锰钢时,要求机床刚性好、振动小。硬质合金的韧性比高速钢低得多,强烈振动和切削时的高温会加快钻头磨损,造成崩刃或开焊。

9. 高锰钢切削方法的新进展

同其他难加工材料一样,对高锰钢切削加工的研究近些年来取得了一些成果,行之有效的方法主要有以下几种:

（1）加热切削法

加热切削是把工件的整体或局部通过各种方式加热到一定温度后再进行切削加工的方法。其目的就是通过加热来软化工件材料,使工件材料的硬度、强度有所下降,易于产生塑性变形,减小切削力,提高刀具耐用度和生产率。同时,改变切屑形态,减小振动,减小表面粗糙度值。实验证明,用等离子加热车削高锰钢 ZGMn13,刀具耐用度明显提高,换刀次数显著减少,效率提高 5 倍左右;加工后表面金相组织无变化,也无加工硬化。

（2）磁化切削法

磁化切削是使刀具或工件或两者同时在磁化条件下进行的切削方法。既可将磁化线圈绕于工件或刀具上,在切削过程中给线圈通电使其磁化,也可直接使用经过磁化处理的刀具进行切削。实验表明,磁化切削可使工件表面粗糙度值减小,刀具耐用度明显提高。据资料介绍,美国已开发成功交流脉冲磁化机,可磁化高速钢刀具、硬质合金刀具等,分别用于车削、铣削、刨削等。在车削中,因刀具材料与工件材料的不同,可提高效率40% ~300%。

（3）低温切削法

低温切削是指用液氮（-186 ℃）、液体 CO_2（-76 ℃）及其他低温液体切削液,在切削过程中冷却刀具或工件,以保证切削过程顺利进行。这种切削方法可有效控制切削温度,减少刀具磨损,提高刀具耐用度,提高加工精度、表面质量和生产率。

10. 高锰钢生产过程中常见问题与应对措施

（1）化学黏砂及防止

钢液中含有较多的碱性氧化物 MnO,而制作型芯的材料采用石英砂,则 MnO 与石英砂中的 SiO_2 发生化学反应,生成 $MnO \cdot SiO_2$ 熔点较低的化合物,从而产生了化学黏砂。

防止措施:芯子采用铬铁矿树脂砂,砂型采用橄榄石水玻璃砂,且在铸型、芯子上均匀涂刷一层镁砂粉快干涂料。

（2）晶粒粗大及预防

晶粒粗大原因是高锰钢的导热率低,使得钢液凝固缓慢。在钢的凝固过程中,树枝晶长得粗大,很容易长成条状的柱状晶,使高锰钢的塑性及冲击韧性急剧下降。预防措施:

①孕育处理。冶炼时,加入一定量的钼、铬元素进行孕育处理。因为这些元素的碳化物和氮化物在钢的结晶过程中能起到外来核心的作用,从而使晶粒细化。

②合理控制浇注温度。高锰钢晶粒大小与浇注温度密切相关,浇注温度高时,钢液积蓄的热量多,凝固速度慢,结晶后晶粒粗大,反之,晶粒较细。因此,对于流动性好,导

热率低的高锰钢,最好采用较低的浇注温度,以便得到较细的晶粒和较高的机械性能。

(3)铸件开裂及防止

铸件生产是一个复杂的过程,每个环节都至关重要。落砂清理虽决定不了铸件的本质特征,但也影响铸件的质量,为了杜绝开裂现象的发生应做到以下几点:

①铸件打箱时间要合理制定,认真执行,不可提前,且打箱之后不得将铸件放在过堂处。高锰钢铸态组织是奥氏体和碳化物,由于碳化物的存在,此时钢的强度不高,脆性很大,因此,打箱、搬运过程不得碰撞,不得浇水,以防由应力和激冷造成铸件开裂。

②铸件上窑加热前,小铸件的易割冒口用锤敲掉,大铸件浇冒口需气割时,由于局部突然受热,产生很大的应力,往往在冒口根部产生裂纹。因此,只得割去5/6,其余量水韧处理后去除。同时注意切割过程不得有钢液流到铸件上,否则同样会发生铸件开裂。

③铸件上窑加热前,需将内腔及表面砂清理干净,打掉飞边、毛刺。若其过厚,可用气割割除,但须留适当余量。若条件允许,最好用砂轮切割机。

④铸件水韧处理完毕,要在水下割除冒口余量,并要求切割处水面流动(可设置1~2根水管喷水),以保证冷态切割,此时仍需要留出6~7 mm余量。非加工面上的余量最后用碳弧气刨清除,砂轮磨光。

(4)淬火裂纹及防止

高锰钢铸件水韧处理产生淬火裂纹一方面是铸造化学成分不合格,尤其"C"元素含量超标,杂质"P"含量超标;另一方面,是水韧处理工艺不当所致。

预防措施:

①设计合理的化学成分。在高锰钢中,碳有两方面的作用,一方面是扩大奥氏体区,促使钢形成奥氏体组织;另一方面是促使钢加工硬化。高锰钢中必须具有相当的碳含量,才能起到有效的加工硬化作用。高锰钢正是靠这种加工硬化作用才具有高的抗磨性,但碳的质量分数也不能过高,否则铸态组织中将出现大量的碳化物,特别是粗大的碳化物。而大量碳化物的出现引起钢发脆,即使是经过水韧处理使这些碳化物溶解于奥氏体中,但会在原来碳化物所在位置留下空间,造成显微裂纹,同样使钢发脆。更有甚者,当碳质量分数过高时,在固溶处理后的淬火过程中仍不免有碳化物析出。所以,碳质量分数应控制在一个合理的范围,不能过低(过低硬化能力不足),但也不能过高。锰是扩大奥氏体区的元素,要想形成单一的奥氏体组织,必须有足够的锰含量。生产实践证明,当钢中碳量高时,锰量应相应提高,二者必须保持合理的比例。一般取Mn/C为8~10。选择锰碳比时要兼顾铸件壁厚,铸件越厚,锰碳比越高。磷的存在,使钢的冲击韧性下降,铸件易开裂,生产中尽量降低其含量。硅降低碳在奥氏体中的溶解度,促使碳化物析出,使钢的耐磨性和冲击韧性降低,生产中应将其控制在规定的下限。在高锰钢中,由于含锰量高,而锰与硫结合形成 MnS 而进入炉渣,因此高锰钢中硫的含量都比较低(一般不超过0.03%),对钢的不利影响远远小于磷。

②制定合理的水韧处理工艺。铸态下的高锰钢其组织为奥氏体和碳化物,由于碳化物的存在使钢发脆,必须经水韧处理后才能使用。水韧处理过程包括三个阶段:加

热、保温和淬火。

加热　基于高锰钢导热差、线收缩大、内应力较大,且铸态组织中存在碳化物,使钢的强度降低,脆性变大,铸件容易开裂,所以加热速度必须加以控制。铸件要从常温加热到 600 ℃,加热速度可按照铸件壁厚及复杂程度而定。对薄壁($\delta < 25$ mm)铸件,可用 70 ℃/h 加热;对中等壁厚($\delta = 25 \sim 50$ mm)的铸件可用 50 ℃/h 加热;对厚壁($\delta > 75$ mm)的铸件和形状复杂铸件,可用 30 ~ 50 ℃/h 加热。待温度升至 600 ℃以上,由于钢的塑性有所提高,开裂的危险性减小,铸件的加热速度一律可提高到 100 ~ 150 ℃/h,直到淬火温度为止。

保温　加热温度和保温时间由 Fe-Mn-C 三元合金状态图中含 Mn 为 13% 的铁碳合金垂直截面图可知,加热温度在 1 050 ~ 1 100 ℃,足以保证钢中的碳化物较快地充分溶解。所以达此温度时,则停止加热,否则会引起晶粒长大及铸件表面脱碳。达此淬火温度时,铸态组织中的碳化物基本上都溶解了,但为了保证使少量尚未溶解的碳化物继续溶解,已溶解在奥氏体中的碳通过扩散而均匀化,以降低在以后的过程中碳化物再次析出的可能性,需要在此温度下进行一段时间的保温。

淬火　淬火保温后应迅速地将铸件从炉中拉出投入水中。从打开炉门到工件全部入水的时间不得大于 3 min,越短越好,以保证铸件温度不低于 1 000 ℃。水温控制在 10 ~ 30 ℃为宜,淬火终了水温不得大于 60 ℃,以免碳化物再次析出。这时的钢具有奥氏体组织,塑性很好,淬火时虽然铸件中产生很大的内应力,但不会开裂的。

7.1.2　提高高锰钢耐磨性的方法

按传统习惯,高锰钢是在水韧处理后的软质状态下使用,依靠使用过程中所承受的冲击载荷来加工硬化,提高其耐磨性。但是,加工硬化需要一定的冲击次数或时间,故该期间的磨损也是不可忽视的。为此,如在使用前将高锰钢进行强化,提高硬度,即可进一步的发挥高锰钢的材料潜力,提高其使用性能,大大改善钢的耐磨性和力学性能,延长使用寿命。以下为几种改善高锰钢的方法:

1. 微合金化

研究表明,要进一步提高高锰钢的耐磨性和力学性能,传统的化学成分必须进行调整。近年来,材料工作者在此方面作了大量的工作,通过向高锰钢中加入微量 Ti、V、Nb、W、B、N 和 Re 等元素,形成高熔点化合物,细化晶粒使强度及耐磨性均获得明显提高。作者在试验中发现,加入微量元素 Ti 的高锰钢,其耐磨性可提高 1.5 ~ 2 倍。也有通过加入 Cr、Mo、Ti 和 V 等碳化物形成元素,使其发生综合作用来改善钢中碳化物分布的形态,获得以 M23C6 为主的颗粒状碳化物,呈弥散形式分布于奥氏体基体上,有效地提高高锰钢的力学性能及耐磨性。使用对比表明,添加微量元素合金化的高锰钢,不仅在高冲击功条件下具有良好的耐磨性,而且在硬化不足的低冲击功条件下,也具有较强的硬化能力。

2. 沉淀硬化处理

传统高锰钢是经水韧处理后直接使用,由于奥氏体组织软(仅为 180 ~ 220 HB),不具有耐磨性,只有受到强烈冲击功作用产生硬化之后,才能表现出优良的耐磨性。沉淀硬化是改善强度及耐磨性的有效方法,对高锰钢也同样适用。高锰钢的许多零件在冲击力不足时,磨面硬度只有 300 HB 左右,在此情况下,高韧性发挥不出来。为了提高高锰钢的耐磨性和强度,可以采取牺牲部分韧性,人为地使高锰钢形成沉淀硬化,产生硬化效果。其处理方法是:正常水韧处理后,增加一次温度为 300~350 ℃回火,使奥氏体中的过饱和碳沉淀析出,形成碳化物明显地提高高锰钢的耐磨性。同时晶粒细化,强度等力学性能也得到改善,有效地保证了高锰钢在小冲击功条件的耐磨性,初期磨损明显下降。此外,合理的沉淀硬化处理还会使 α_k 值也有所改善,可以有效地减轻低温条件的脆性开裂。

3. 预硬化处理

高锰钢是典型的形变硬化钢,要进一步提高初期耐磨性,必须改善经使用硬化才耐磨的现状或适用于冲击载荷不足的工况。研究提出高锰钢的预硬化处理,使钢在使用之前,表层即已产生足够的硬化。成功的工艺方法有采用乳化炸药进行爆炸的预硬化处理。此工艺可使高锰钢表层硬度从 170 HB 提高到 350 HB 左右,硬化深度达 10 mm,而且硬化层分布均匀并有足够的韧性。此外,采用表层强力喷丸强化和冷挤滚压变形强化效果也很明显,可满足不同工况的使用要求。

4. 减少锰的质量分数

为了克服高锰钢的不足,降低生产成本,自 20 世纪 60 年代起就提出降低高锰钢的锰含量,以中锰钢代替高锰钢的研究工作,近年来取得了一致的看法。降低高锰钢的锰含量之后,奥氏体的稳定性下降,受到冲击载荷或磨损作用,更容易发生诱变马氏体转变和加工硬化。与高锰钢相比较,在小冲击功的载荷工况有更强的硬化能力,而且生产成本相对较低。从目前应用的情况看,中锰钢有替代高锰钢的趋势。典型中锰钢的成分是在高锰钢的基础上,将锰的质量分数从 13% 下降至 6.5%,也有在中锰钢的成分中添加微量 Si、Cr、V、Ti、Nb 和 Re 等,使中锰钢的性能获得进一步改善。

7.1.3 改性高锰钢

高锰钢的耐磨性主要是它的加工硬化能力,因此,在设计改性高锰钢的化学成分时,加入一些微量元素,即通过加入铬、钼、钒、钛和稀土等元素,来提高高锰钢的加工硬化能力。这些元素具有降低奥氏体的稳定性,在基体中形成大量的第二相质点,阻止位错移动,从而达到强化基体的作用。并且在奥氏体上弥散析出球状碳化物,净化晶界,改善夹杂物的形态和分布,从而达到提高强度、韧性和耐磨性的目的。改型高锰钢的化学成分及机械性能见表 7.3。

表7.3 改型高锰钢的化学成分及机械性能

国别	化学成分(质量分数)/%				机械性能		
	C	Mn	Cr	其他	$\sigma_{0.2}$ /(kg·mm^{-2})	δ/%	硬度 (HB)
日本	0.30~1.36	11.0~14.0	1.5~2.5		≥40	≥20	≥190
	1.10~1.35	11.0~14.0	2.0~3.0	0.40~0.70V	≥45	≥15	≥210
联邦德国	1.10~1.30	12.0~14.0	1.4~1.7		40	20	180~240
	1.10~1.30	12.0~14.0	1.4~1.7	0.45~0.55Mo	40	20	180~240
美国	1.10~1.25	12.5~13.5	1.8~2.1		40~47	27~59	205~215
	1.00~1.20	13.0~14.0		0.9~1.2Mo	35~43	40~50	180~210
	1.05~1.20	11.7~15.4		3.5~4.0Ni	33~37	35~63	160~195
	0.6~0.75	14.5	4.0	3.5 Mol3Ni	60	42	215
	0.30~	18.0~20.0		2.0~4.0 Ni 0.2~0.4 Bi			

1. 改性高锰钢的化学成分设计

(1)碳质量分数的确定

碳是钢中影响材料性能的主要元素,在一定的范围内,随着碳质量分数的增加,钢的硬度、屈服强度和耐磨性明显增加。但是,当碳质量分数大于1.4%时,材料的韧性降低,在晶界处析出碳化物,增加材料的脆性。

(2)锰质量分数的确定

锰的主要作用是稳定奥氏体,增加钢的过热敏感性,但是,当锰质量分数较低时,不能满足形成奥氏体的条件。随着锰质量分数的增加,钢的强度和耐磨性也增加。当锰质量分数大于14%时,就会生成大量的粗大碳化物,增加钢的脆性。因此,一般情况下锰质量分数控制在11.5%~12.5%。

(3)硅质量分数的确定

硅有明显的固溶强化作用,增加钢的强度,提高钢的耐磨性。硅质量分数小于0.3%时,钢中氧化锰质量分数增加,促进热裂,不能保证脱氧;硅质量分数过高时,还会降低碳在γ-Fe中的溶解度,促进碳质量分数增加0.3%~0.7%。

(4)铬质量分数的确定

铬能显著地提高钢的淬透性,固溶强化基体,促进铁素体的形成,降低奥氏体的稳定性,提高钢的加工硬化能力。铬的质量分数一般控制在1.8%~2.2%。

(5)钼质量分数的确定

钼溶入奥氏体中,可大幅度地提高钢的淬透性,回火稳定性,细化晶粒;减少回火脆性,提高钢的韧性。钼的质量分数控制在0.25%~0.40%。

（6）钒、钛质量分数的确定

他们的主要作用是净化晶界、细化晶粒，在基体中形成弥散的碳化物，以实现综合强化，其加入量甚微。主要加入碳化物、氮化物形成元素，如铬、钼、钨、钛、铌、钒等；也可以加入铜、硼、氮、稀土元素等；其主要作用是改善加工硬化性能，提高屈服强度，形成细小弥散的碳化物、氮化物，提高高锰钢的耐磨性，但钢的韧性有所降低。如 ZGMn13Cr2，ZG2Mn10Ti 等。

超高锰钢是在普通高锰钢标准成分的基础上通过提高碳、锰质量分数发展而来的。它既具有较高的加工硬化速率，又保持了高韧性的奥氏体组织，在中、低冲击工况下，具有良好的耐磨性。

目前超高锰钢应用较好的有 18% Mn 和 25% Mn。18% Mn 高锰钢其使用寿命比普通高锰钢提高 1 倍。25% Mn 超高锰钢其显微组织与普通高锰钢的铸态组织很相似，其基体为奥氏体，碳化物沿晶界分布，晶内有少量针状碳化物。常规高锰钢在变形 20% 时，其硬度约为 360 HB，而超高锰钢在相同的形变量下，其硬度可达到 400 HB，这说明超高锰钢在相同的形变量下比常规高锰钢有更高的形变硬度。提高锰和碳的质量分数后，超高锰钢的形变强化能力（加工硬化率）比常规高锰钢要好。合金高锰钢具有比常规高锰钢优越的耐磨性，是由于合金高锰钢具有了一个合理的合金化过程，这一过程可以提高基体的形变硬化响应速率，增加了点阵畸变，并形成弥散分布的第二相物质，从而提高了材料的耐磨性。

2. 稀土元素在高锰钢中的作用

（1）稀土元素有净化钢液的作用

稀土元素化学性质活泼，和钢液中的 [S]，[O]，[H]，[N] 都能形成稳定化合物。高锰钢含硫量较低，一般都在 0.02% 以下，因稀土和硫亲和力强，稀土加入后能进一步降低钢中硫质量分数。不加稀土高锰钢硫化物熔点低，分布于枝晶间或晶界上；加入稀土后，形成高熔点的稀土硫化物、稀土氧化物和稀土硫氧化物，其熔点一般都在 2 000 ℃ 以上，以细小、粒状、弥散分布于晶内。稀土加入一方面减少硫化物夹杂的数量，最主要的是改善了形状、大小、分布，大大降低了非金属夹杂对高锰钢的有害作用。高锰钢在液态时易氧化，其主要氧化物夹杂为 MnO，分布于晶界，使晶界脆化，高温时易产生热裂，常温和低温时使韧性降低，在强冲击载荷下易开裂。稀土和氧亲和力强，稀土加入对钢液进一步脱氧，降低钢中含氧量，减少 [MnO] 夹杂在晶界分布，改善高锰钢的冶金质量。高锰钢液容易吸气，钢液中的 [H] 和 [N] 含量比普通钢液要高，随着钢液温度降低和结晶凝固，钢中 [H] 和 [N] 溶解度大幅度降低，特别在凝固时有大量气体析出，形成气孔，其中尤以氢气孔最为严重。稀土加入能和钢液中的 [H] 和 [N] 形成较为稳定的化合物，如 REH2，REH3，REN 等，固定了钢液中的气体，减少高锰钢铸件气孔缺陷。

（2）对碳化物和结晶组织的影响

稀土属表面活性元素，在结晶过程中在液-固两相界面上富集，阻碍原子扩散，阻碍固相从液相中获得相应的原子，则阻碍晶粒长大，达到抑制柱状晶发展、细化等轴晶粒的效果。稀土加入高锰钢液主要形成稀土氧化物和稀土硫氧化物两大类型非金属夹杂,经研究这些夹杂完全可作为结晶时的异质晶核,细化高锰钢的一次结晶。稀土元素原子半径大,溶入高锰钢后,它与奥氏体不能形成置换式固溶体,更不能形成间隙式固溶体,只能存在于晶界空穴等缺陷中,所以稀土原子大多以内吸附的形式存在于晶界,降低晶界的界面能,使碳化物在晶界形核困难。稀土元素在晶界上富集,填充了晶界空穴等缺陷,阻碍原子借晶界空穴进行跃迁式扩散,阻碍碳化物沿晶界长大。其次,稀土加入后能减少铸态晶界碳化物的数量,抑制碳化物在晶界形成连续网状,减少并消除针片状碳化物在晶内出现。稀土元素是强烈碳化物形成元素,它和碳之间能形成 REC、RE2C3、REC2 等类型特殊碳化物,并且该碳化物熔点高。这些碳化物一次结晶时就弥散于晶内,当系统温度降至奥氏体中开始析出碳化物时(960 ℃),成为碳化物析出的结晶核心,增加了高锰钢奥氏体晶内弥散析出碳化物的数量。在固溶处理时,稀土元素在晶界富集,阻碍原子扩散,阻碍奥氏体晶粒长大。因此,稀土加入可明显细化高锰钢的奥氏体晶粒。

(3)对铸造工艺性能的影响

稀土元素加入能有效改善高锰钢的铸造性能,它表现在提高高锰钢铸钢的流动性(充型能力)、降低铸造应力、增加抗热裂性能。铸造应力降低与稀土加入在晶界富集,增加了晶界高温塑性有关。凝固后减少晶界碳化物析出,阻碍连续网状形成,使高锰钢塑性增加铸造应力降低。稀土加入能有效防止热裂,高锰钢热裂主要是 MnO 在晶界偏聚,降低了晶界的高温强度和塑性。铸件在收缩受阻情况下,当晶界强度低于该温度下的铸造应力,又不能以形变来松弛铸造应力,则裂纹源在晶界形成,并沿晶界扩展,形成沿晶断裂的热裂纹。稀土加入一般在包中冲入,它的强脱氧能力,能防止浇注时二次氧化,减少 MnO 在晶界的数量,防止热裂纹的产生。抑制或消除柱状晶,细化高锰钢晶粒,固氢、固氮,防止或减少气体析出,降低由气泡形成的内应力,这一切都有助于防止热裂纹的产生。

(4)对力学性能的影响

稀土元素加入使高锰钢的综合力学性能提高,其中以屈服强度、低温冲击性能提高尤为明显。屈服强度的提高主要归功于稀土元素原子半径大,和 γ-Fe 相比,增加近 45%,其微量固溶,使晶格强烈畸变。加稀土后冷脆转变温度降低,稀土对低温韧性的改善,主要原因为细化晶粒和净化钢液,改善了非金属夹杂物的形状、大小、数量和分布。由于晶粒细化,晶界增多,加上钢液被净化,夹杂分布改善,使晶界夹杂物数量明显减少,少量的细小的圆粒状夹杂弥散分布于奥氏体晶内,使夹杂对韧性危害降低到最低程度。促使高锰钢韧性降低的夹杂主要是 MnO,稀土消除或减少了 MnO 在晶界分布,必然使韧性提高。

(5)对耐磨性的影响

稀土元素能提高高锰钢的耐磨性,尤其是较强冲击载荷服役下工件的耐磨性。冲击载荷越大,加工物料越硬,更显示其不可取代性。尤其是稀土、钛的复合加入效果最为显著。Ti 的加入能形成最高硬度的碳化物 TiC,可以改善抗磨粒磨损性能。但稀土加入对耐磨性的提高起到主导作用,其原因是稀土加入增加了高锰钢的加工硬化性能,使加工硬化速度加快。稀土加入能细化晶粒,促进位错密度提高,加快了加工硬化速度,使耐磨性提高。稀土加入降低了层错能,层错能的降低必然促进大量孪晶形成,大量的孪晶变形使全位错和不全位错在共格的孪晶面上受阻。另外,变形过程中导致位错密度的提高,加速了加工硬化能力,使耐磨性大幅度提高。

7.2 低合金耐磨铸钢

奥氏体锰钢最突出的优点是具有高的韧性,使用安全,而且借助于高冲击作用,产生加工硬化来提高抗磨性。但在非强烈冲击下,韧性有余,而加工硬化不十分明显. 即便采用中锰奥氏体钢虽有提高,但仍不很令人满意,加上合金元素含量较高,生产中需要高温处理,耗能高,易变形、开裂,且处理不好会使脆性增大,存在生产成本高、工艺较复杂等缺点。因此,在非强烈冲击条件下,寻求一种更为经济的材质是十分必要的,低合金耐磨铸钢就是这样产生的。

低合金耐磨铸钢是 20 世纪 60 年代以后发展起来的一种耐磨材料,这种钢以废钢为主要原材料,添加少量合金元素,铸造成型,并经适当热处理获得良好强韧性,满足不同使用要求,而且具有相当大的发展潜力和应用前景。

7.2.1 低合金耐磨铸钢的优点

1. 较高的硬度与耐磨性

低合金钢的硬度主要决定于钢的含碳量与热处理工艺。低合金钢的硬度高于水韧处理后高锰钢的硬度,因而具有较高的耐磨性。

2. 良好的韧性和脆断抗力

低合金铸钢的硬度大于 60 HRC 的前提下,冲击韧性可达 20 ~ 40 J/cm²,低于高锰钢但优于各类铸铁。低合金钢具有良好的硬度与韧性的综合性能,而且通过改变化学成分与热处理工艺可以得到不同的性能。

3. 较高的淬透性

中、高碳低合金钢通过适当的合金化,具有很高的淬透性,能使 200 mm 厚的钢截面淬透,或使一定厚度截面的零件空冷,获得马氏体组织,以减少工件淬火时的变形与开裂。

4. 良好的工艺性

低合金钢可根据工件的使用要求与工厂的生产条件,采用最合理的生产方式与工艺,如铸、锻、轧、焊和机加工等,也可采用复合工艺。

5. 较好的经济性

低合金钢中常加元素如 Si,Mn,B 和稀土等,适当少量加入 Cr,Mo,V,Ti,Ni 等合金元素,成本低,经济效益高,易于推广与发展。

7.2.2 低合金耐磨铸钢成分设计

根据磨损理论,耐磨性不是单纯的物理量,在一定工况条件下与材质本身的强度、硬度、塑性、韧性等有关,要提高耐磨性就要提高材质的综合机械性能。既要保证足够韧性,又要具备较高硬度。为了使低合金耐磨钢获得上述性能,则要通过合理的成分设计和适当的热处理来保证,对低合金钢的成分设计基本原则是微量多元化,并注意结合资源特点,主要元素有碳、锰、硅、铬、钼、硼和稀土等。碳及合金元素的作用如下:

1. 碳

钢中的碳质量分数主要决定于零件的工况条件。低碳钢碳质量分数为 0.2% ~ 0.3%,淬火后获得低碳板条马氏体组织,其韧性高,并具有适当的硬度(40 ~ 50 HRC),适用于要求韧性高,耐磨性较低的工件。高碳钢碳质量分数为 0.6% ~ 0.9%,淬火后的显微组织以片状孪晶马氏体为主,硬度高(≥60 HRC),脆性大,适用于要求耐磨性高、韧性较低的工件。中碳钢碳质量分数为 0.4% ~ 0.6%,淬火后是混合型马氏体组织,适用于要求较高耐磨性和足够韧性的工件。

2. 锰

锰在钢中一部分溶于固溶体,另一部分形成合金渗碳体(Fe,Mn)3C,其主要优点是显著提高钢的淬透性,一般锰的质量分数小于 2%。锰还降低 Ms 点,淬火组织中残余奥氏体增多。锰的不利影响是增加钢的过热敏感性,易使钢的晶粒粗化。另外还增加钢的回火脆性。

3. 硅

硅在钢中只溶于固溶体不形成碳化物,使铁素体固溶强化,并能提高钢的回火软化抗力,推迟第一类回火脆性。硅的质量分数一般小于 1.5%,过高会降低钢的塑性和韧性,提高韧-脆性转变温度,增加钢的脱碳倾向。

4. 铬

铬在钢中既能溶于固溶体又能形成碳化物。铬能使固溶体强化并提高钢的淬透性和回火稳定性。低合金钢中铬的质量分数一般小于 2%(最高可达 4%),其主要缺点是增加钢的回火脆性。

5. 钼

钼在钢中既可溶于固溶体也能形成碳化物,它固溶于钢中能显著提高钢的淬透性及回火稳定性,改善钢的韧性,并能降低或抑制回火脆性。低合金钢中钼的质量分数一般小于 0.5%(最高达 1%),钼还能显著提高钢的高温强度。

6. 镍

镍只溶于固溶体不形成碳化物,能提高钢的淬透性,特别是与铬、钼等合金元素共同加入钢中时,其作用更强。镍在产生固溶强化的同时,还提高钢的塑性与韧性。镍不仅提高钢的常温塑性和韧性,而且能改善钢的低温韧性,降低钢的韧-脆性转变温度。在低合金钢中镍的质量分数一般小于 1%。

7. 硼

微量硼的质量分数为 0.001% ~ 0.003%,能强烈提高钢的淬透性。但硼质量分数过高在晶界形成硼化物使钢的脆性增大。此外,在适当的合金元素(主要是锰,钼等)配合下,空冷可获得贝氏体组织。

8. 钛、钒、铌

钢中加入微量的钛,钒及铌等合金元素能形成碳化物和氮化物,可细化组织,改善韧性,适当增加耐磨性。

9. 稀土元素

我国稀土元素资源丰富,它在钢中的作用主要是脱氧、去硫、净化钢液,改善夹杂物的形态和分布,细化晶粒,改善铸造组织,提高钢的常温及低温韧性,改善钢的质量。我国低合金耐磨钢主要有中碳(0.3% ~ 0.4%)及高碳(0.6% ~ 0.8%)两类。合金元素以锰、硅为主,对截面厚大的工件适当地加入铬、镍、钼、硼等元素。对韧性要求较高的钢加入少量钛、钒、铌及稀土元素。另外低、中碳的 Mn-B 或 Mn-Mo-B 系贝氏体钢也是值得重视的。低合金耐磨钢经淬火、回火后,硬度为45 ~ 60 HRC,并具有足够的韧性和较高的耐磨性。例如,低合金钢的板锤其使用寿命比高锰钢提高60% ~ 330%。中碳铬锰硅钢制作的球磨机衬板使用寿命比高锰钢提高1 ~ 2倍,拖拉机履带板改用31Mn2Si 钢代替高锰钢也取得了较好的效果。低合金耐磨钢的化学成分及性能见表7.4。

表7.4 低合金耐磨钢的化学成分及性能

淬火方式	化学成分(质量分数)/%						性能
	C	Si	Mn	Cr	Mo	Ni	硬度 HRC
空 淬	0.40 ~ 0.60	0.80 ~ 1.20	1.40 ~ 1.75	0.65 ~ 1.65	0.50 ~ 0.65		55 ~ 60
水 淬	0.30 ~ 0.35	0.30 ~ 1.50	0.75 ~ 0.80	0.50 ~ 2.0	0.40 ~ 1.2	0.6 ~ 0.9	48 ~ 53
油 淬	0.35 ~ 0.60	0.60 ~ 0.70	0.50 ~ 0.70	0.60 ~ 2.0	0.45 ~ 0.5		54 ~ 57

7.2.3 低合金耐磨铸钢的类型

1. 水淬低合金耐磨铸钢

ZG30CrMnSiMoTi 低合金耐磨钢是针对矿山球磨机锤头和衬板的工况条件研究的一种水淬耐磨钢,它具有强度、硬度和韧性相配合的特点,具有广阔的应用前景。

ZG30CrMnSiMoTi 的化学成分即质量分数为:(0.28 ~ 0.35)% C,(1.2 ~ 1.6)% Si,(1.2 ~ 1.7)% Mn,(1.0 ~ 1.5)% Cr,(0.3 ~ 0.5)% Mo,(0.06 ~ 0.12)% Ti。

ZG30CrMnSiMoTi 的热处理工艺:900 ℃水淬和250 ℃回火。

ZG30CrMnSiMoTi 的力学性能:$\sigma_b \geqslant 1\ 650$,$\sigma_s \geqslant 1\ 400$,$\alpha_k = 80$,HRC = 56。

采用中频感应电炉生产的 ZG30CrMnSiMoTi 耐磨钢衬板,经热处理后,其使用寿命比高锰钢衬板提高2倍,并且该衬板生产工艺简单,成本低,耐磨性好,便于推广应用。

2. 油淬低合金耐磨铸钢

ZG50Cr2MnSiNiMo 耐磨钢是针对破碎机锤头研制的一种新型耐磨材料。由于破碎机的锤头磨损严重,为了提高锤头的使用寿命开发研制的。该锤头广泛应用于矿山、电力、建材等行业,该锤头使用寿命比高锰钢提高1倍以上。

ZG50Cr2MnSiNiMo 的化学成分即质量分数为:(0.45 ~ 0.65)% C,(1.5 ~ 2.5)% Cr,

$(1.2 \sim 1.5)\% \, Mn$,$(0.8 \sim 1.2)\% \, Si$,$(0.5 \sim 1.2)\% \, Ni$,$(0.3 \sim 0.4)\% \, Mo$。

ZG50Cr2MnSiNiMo 的热处理工艺为:$920 \sim 940 \, ℃$淬火,$320 \sim 340 \, ℃$回火。

ZG50Cr2MnSiNiMo 的力学性能为:$\alpha_k = 12 \, J/cm^2$,HRC $= 54$。

7.2.4 低合金耐磨铸钢的熔炼生产

1. 原材料

低合金耐磨铸钢的原材料主要有废钢、回炉钢件、铁合金,如锰铁、铬铁、硅铁、钼铁、镍铁等。

2. 熔炼设备

一般情况下,熔炼低合金耐磨铸钢主要使用中频感应电炉,也有使用电弧炉。

3. 熔炼工艺(中频感应电炉)

按比例加入废钢、回炉钢件和铁合金,熔炼时铬铁、钼铁和镍铁等随废钢等一起加入,锰铁在出炉前 10 min 加入。硅铁在出炉前 5 min 加入,铝在最后出炉时加入,出炉温度为 1 550 ℃,硼铁和稀土等合金在浇注时加入。

7.2.5 合金耐磨铸钢热处理加热过程的特点

合金耐磨钢具有良好的强韧性配合,且可通过热处理工艺的变化,在较大范围内调整其强度(硬度)与塑性、韧性的配合,以满足不同工况条件对耐磨件的要求,而得到广泛的使用。

合金耐磨钢一般均通过淬火处理以获得马氏体基体,然后再通过回火获得所需要的配合。合金耐磨钢在热处理过程中具有以下特点:

(1)加热温度的选择需视其含碳量而定。亚共析钢必须加热到 Ac_3 以上进行完全淬火,即加热温度宜选择在 $Ac_3 + (30 \sim 70)$ ℃;而共析钢、过共析钢宜选择在 $Ac_1 + (30 \sim 70)$ ℃,即进行不完全淬火。之所以如此,是因为亚共析钢如果在 $Ac_1 \sim Ac_3$ 之间加热,必然有一部分铁素体存在。这部分铁素体在淬火冷却过程中不会转变为马氏体,因而严重降低高锰钢的强度(硬度)。共析钢和过共析钢必须在 $Ac_1 \sim Ac_3$ 之间加热进行不完全淬火,使淬火组织中保留一定数量的细小弥散的碳化物颗粒,以提高其耐磨性。

(2)要通过加热温度来控制碳化物的溶解数量,以控制奥氏体中的碳及合金元素的含量,从而控制马氏体的成分、组织和性能。过高的加热温度会使碳化物充分溶解于奥氏体中,淬火冷却后将会出现针状马氏体,使脆性增大。

(3)过高的加热温度使碳化物全部溶解,将失去阻碍奥氏体晶粒长大的作用。而奥氏体晶粒过分粗大,淬火后马氏体也会更粗大,且显微裂纹增多,脆性增大。$Ac_1 \sim Ac_3$ 之间加热,必然有一部分铁素体存在。这部分铁素体在淬火冷却过程中不会转变为马氏体,因而严重降低高锰钢的强度(硬度)。共析钢和过共析钢必须在 $Ac_1 \sim Ac_3$ 之间加热进行不完全淬火,使淬火组织中保留一定数量的细小弥散的碳化物颗粒,以提高其耐磨性。

因此,合金耐磨钢在加热过程中,关键是确定合适的加热温度。碳的质量分数为 0.4% ~0.6%,铬的质量分数 4.5% ~5.5% 的中碳铬耐磨钢的奥氏体化温度对其硬度和冲击韧性的影响如图 7.6 所示。Cr-Ni-Mo 低合金耐磨钢的淬火温度对其硬度和冲击韧性的影响如图 7.7 所示。它们表明,过高、过低的奥氏体化温度均导致硬度的降低。ZG30CrMnSiMoV 低碳低合金耐磨钢,其不同淬火加热温度对其硬度的影响见表 7.5。进一步从金相组织观察,800 ℃加热淬火后存在大块铁素体;850 ℃淬火后只存在少量铁素体,硬度明显提高;900 ℃淬火后得到均匀板条马氏体,铁素体完全消失,硬度最高;1000 ~1050 ℃淬火后马氏体针粗大,硬度反而有所降低。需要指出,合金耐磨钢由于合金元素含量较多,在铸态组织中存在枝晶组织与成分偏析。因此,如在淬火前先进行预先热处理,使组织与成分进一步均匀化,将有助于其强韧性的大幅度提高。综上所述,耐磨材料热处理的加热过程,不仅是为了组织奥氏体化和控制奥氏体晶粒大小,而且各有其相变过程的特点,这些相变过程的特点将影响其最终组织与性能。因此,加热过程是耐磨材料进行热处理的基本条件。

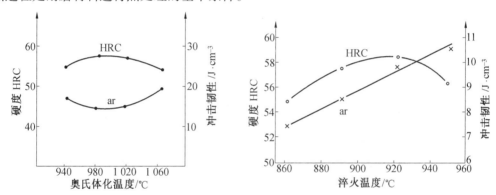

图 7.6　中碳铬钢奥氏体化温度对其硬度和冲击韧性的影响

图 7.7　Cr-Ni-Mo 耐磨钢淬火温度对其硬度和冲击韧性的影响

表 7.5　ZG30CrMnSiMoV 低碳低合金钢淬火加热温度对其硬度的影响

淬火加热温度/℃	800	850	900	1000	1050
硬度 HRC	28.5	48.6	49.8	49.6	48.0

7.2.6　低合金耐磨铸钢的应用

低合金耐磨铸钢主要应用于冶金、煤炭、建材、非金属矿山、电力系统等行业,例如,破碎机锤头、球磨机衬板、装载机铲齿和农机抗磨配件。

7.3　空淬贝氏体耐磨铸钢

自从 1930 年美国人 E.C.Bain 首次在钢中发现贝氏体相变以来,围绕贝氏体的理论及应用的研究已有半个多世纪了。国内的许多著名学者对贝氏体相变做出了杰出的贡献,根据我国国情开发出了一系列空淬贝氏体钢种,并已在工业生产中得到了广泛的应用,产生了可观的经济效益。新型空淬贝氏体钢属于非调质钢中的一类,在生产中将热加工成型工序与淬火工序结合,实现空淬自硬,省去了淬火工序,不仅节约了能源,简化了工艺,提高了生产效率,而且可以避免由于淬火引起的变形、开裂及氧化、脱碳等热处理缺陷。空淬贝氏体钢具有良好的综合力学性能,不仅提高了产品的质量,而且延长了产品的使用寿命,应用前景非常广阔。

7.3.1　空淬贝氏体钢分类

1. Mo 系或 Mo-B 系空淬贝氏体钢

20 世纪 50 年代,英国 P. B. Pickering 等发明了 Mo-B 系空淬贝氏体钢。研究表明,Mo-B 系空淬贝氏体钢中 Mo 对中温转变(B 转变)推迟作用显著低于高温转变(P 转变),而 B 可显著推迟铁素体转变,对高温转变影响小。Mo 与 B 结合可使钢在相当宽的连续冷却速度范围内获得贝氏体组织。Mo-B 系空淬贝氏体钢的出现受到人们的很大重视,但因 Mo 的原料价格高,同时 Mo-B 钢的贝氏体组织转变温度高,产品强度、韧度差,为降低温度,必须将 Mo-B 钢复合金化,又进一步提高了价格,所以推广应用及发展受到限制。

2. Mn-B 系空淬贝氏体钢

我国清华大学方鸿生教授等于 70 年代初发现,Mn 在一定含量时,可使过冷奥氏体等温转变曲线上存在明显的分离,使钢的上下 C 曲线分离,Mn 与 B 相结合,使高温转变孕育期明显长于中温转变,以此成功地用普通元素进行合金化,发明出 Mn -B 系空淬贝氏体钢。Mn 的原料价格为 Mo 的 $1/30 \sim 1/25$,在推广应用中显示出突出的优势,发展迅速,成为贝氏体钢发展的主要方向。该钢种的发现在材料科学与技术领域具有以下突破:

(1)突破了贝氏体钢必须加入 Mo、W 的传统设计思路。

(2)以适量 Mn 在获空淬贝氏体钢的同时,显著降低贝氏体相变温度(Bs),增加韧度和强度。上述效果是因适量的 Mn 可导致在中温下相界有 Mn 富集,对相界迁移起拖曳作用,与 B 共同作用,易获得贝氏体。同时 Mn 显著降低贝氏体相变驱动力,使贝氏体相变温度降低,细化贝氏体尺寸。

(3)突破了空淬贝氏体钢限于低碳为主的传统,研制出不同性能和用途的中高碳、中碳、中低碳、低碳贝氏体钢。组成不同碳量的各类贝氏体,包括粒状贝氏体、低碳贝氏体、中碳贝氏体、无碳化物贝氏体和贝氏体/马氏体等,用其所长组成不同类型的复相组织,以获得不同优良性能的 Mn-B 贝氏体钢系列。近年来,合金元素硅在贝氏体钢合金设计中引起了人们的高度重视。研究发现随钢中硅含量的增加,获得贝氏体组织的冷速范围增大,可保证贝氏体钢不会因季节不同、冷却速度不同而造成力学性能波动范围太大的问题。

3. 其他贝氏体钢

近年来 ,国内许多学者在空淬贝氏体钢方面进行了广泛的研究,又发明了其他系列的钢种,如山东工业大学的李风照教授发展了多元微合金化空淬贝氏体钢,并已用于制作粉碎矿石用的摆锤,使用结果表明,其耐磨性为高锰钢材料的两倍以上;还有西北工业大学的康沫狂教授研制成功了 Si-Mn-Mo 系列准贝氏体钢,具有良好的强韧度配合和高的耐磨性,在越来越多的场合代替铁素体-珠光体钢和淬火回火马氏体钢,取得了良好的效果,并成功地用于采煤机截齿,使截齿寿命提高了 1.5~2 倍。作者研究的稀土空淬贝氏体耐磨铸钢,并已应用于破碎机锤头、衬板,试验结果表明,其耐磨性为高锰钢两倍以上。

7.3.2 稀土空淬贝氏体钢的成分设计

1. 获得贝氏体钢的条件

获得贝氏体钢的条件综合反映在奥氏体等温转变 C 曲线上,即加入合金元素使珠光体转变区大大右移,甚至在通常的工艺条件下,C 曲线上不出现珠光体转变区,使珠光体转变区与贝氏体转变区分离;贝氏体开始转变点 Bs 尽量低,使在低的转变温度下获得贝氏体钢。贝氏体转变线(即奥氏体等温转变 C 曲线上开始贝氏体转变线)要尽量平,转变平台越宽,允许的冷却速度范围越大,贝氏体组织的转变越均匀,钢材截面机械性能的一致性越好,贝氏体的淬透性越好。为了获得贝氏体钢,应采取以下有效途径:①适当提高含碳量;②加入 Cr,Mn,W 等合金元素以降低 Bs 点;③增大置换固溶作用;④细化条束;⑤提高铁素体条内部的位错密度。

2. 贝氏体钢的成分设计原则

贝氏体钢的成分设计原则主要考虑对贝氏体钢的奥氏体等温转变 C 曲线的影响上,即选择一定的含碳量及合金元素的种类和数量。

(1)含碳量的选择

加入碳同加入其他合金元素一样,能使贝氏体相变温度降低,这样可提高贝氏体组织的强度,尽管碳是提高硬度和强度最有效的元素,但考虑到可焊性及韧性,碳的质量分数应小于 0.2%。加入碳,其单位元素引起的 Bs 降低值与 Ms 降低之比并不高,仅为 0.57。因此,碳使 Bs 降低的同时,Ms 降低并不多,这样材料的应力增大,组织中微观缺陷增多,性能下降;含碳量提高,则尽管使 Bs 下降有好的一面,却使 Bs 区右移并使珠光体转变区左移,这样使材料获得贝氏体的工艺性能变差,即贝氏体淬透性变小,造成一般高碳贝氏体钢往往不是纯贝氏体组织而是混合组织;含碳量提高,残余奥氏体量增多,对回火处理应用的材料会由于 A 残 →M 淬过程而增加转变应力,同时由于这类残余奥氏体区域含碳量高,在冷却过程中形成塑性较差的薄片状渗碳体,易成为解理断裂的裂纹源,造成回火脆性。目前的研究发现,低碳贝氏体钢倾向于形成粒状组织,而中碳易形成针状组织,高碳以混合组织居多。综上所述,对韧性、可焊性要求高时,则应用低碳贝氏体钢;而对韧性及可焊性要求不高时,可应用高碳贝氏体钢。

(2)合金元素的选择

从奥氏体等温转变 C 曲线的角度考虑,添加单位质量元素对 Bs 下降值与 Ms 下降值之比值,此比值越大越有利。Mn,Cr,Ni,Mo 是十分有利的贝氏体钢合金元素,贝氏体钢合金化的研究和应用主要是以这些元素的添加为主。首先从对铁素体-珠光体转变曲线的影响选择合金元素。锰并无将奥氏体等温转变 C 曲线中铁素体-珠光体转变线与贝氏体转变线分离的作用。锰的加入,易产生显微成分偏析,形成粒状贝氏体类组织,另外,锰增加奥氏体稳定性。钼及硼是将奥氏体等温转变 C 曲线中铁素体-珠光体转变线与贝氏体转变线分离开的最有效的两个合金元素。图 7.8 显示出硼对 C 曲线的影响。另外,即使在 400 ℃/s 的极高冷速下加入的,并不促进奥氏体的稳定化,也不诱使大量马氏体生成。钼及硼的好处在于分离铁素体和贝氏体 C 曲线的同时,并不推迟贝氏体相变,而大大地推

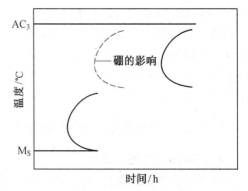

图 7.8 硼对 C 曲线的影响

迟铁素体的转变。钼的加入还能降低贝氏体转变温度,提高贝氏体强度。硅的作用如同钼,硅亦是延迟珠光体转变的有效元素,硅虽使等温转变曲线上铁素体转变温度升高,但却使奥氏体等温转变 C 曲线的鼻子向右推移,因而提高了贝氏体(马氏体)的淬透性,在一定含量范围内,增加了钢的韧性。铬的作用如同钼,但有两重性:铬既能大大增加贝氏体的淬透性,又促使亚稳奥氏体区域的形成。铬的加入不仅促进贝氏体转变,且使贝氏体形状变为以针状为主,并且由于铬的加入形成更细小的贝氏体-铁素体组织而提高了钢的屈服强度、抗拉强度和屈强比。镍的作用同锰一样,镍是奥氏体稳定元素,主要用来提高韧性。当镍同铬一起添加时,更促进贝氏体转变,并使材料的微观结构主要呈现为贝氏体组织。

7.3.3 贝氏体钢化学成分的确定

1. 碳质量分数的确定

碳是获得高硬度、保证抗磨性能的主要元素之一,为了使新钢种满足高硬度、高韧性的要求,碳的质量分数为 0.4% ~0.6% 。

2. 硅质量分数的确定

在低碳贝氏体钢的开发中发现,硅在贝氏体转变过程中能强烈抑制碳化物析出,硅的加入还可以提高铸钢的流动性从而改善铸造性能。但硅含量太高,易促进铁素体形成,故硅的质量分数为 1.5% ~2.5% 。

3. 锰质量分数的确定

锰是增加淬透性、保证获得细小贝氏体板条的主要元素,与硅配合可在获得高强度、硬度的同时,又保持较高的韧性,故锰的质量分数为 2.0% ~3.0% 。

4. 其他微量元素质量分数的确定

微量的钼、钒、钛、稀土加入钢中,有利改善铸态结晶组织,细化晶粒,去除钢中有害夹杂,提高钢的韧性。钼、硼加入还有利于提高贝氏体淬透性。

综上分析,空淬贝氏体耐磨铸钢的主要成分: $w_C = 0.35\% \sim 0.55\%$, $w_{Mn} = 1.5\% \sim 2.5\%$, $w_{Cr} = 2\% \sim 3\%$, $w_{Mo} \geq 0.3\%$, $w_B = 0.003\% \sim 0.005\%$ 。

7.3.4 空淬贝氏体钢 C 曲线设计思路

正常空淬贝氏体钢 C 曲线如图 7.9 所示,正常合金钢的 C 曲线如图 7.10 所示。在空淬状态下,它们冷却速度曲线都通过珠光体转变曲线,空淬后得到的组织为索氏体。如果想要得到贝氏体组织,只有采取等温淬火。如果采取调整合金元素,可以改变 C 曲线的形状,通过空淬就可以得到贝氏体。图 7.11 是通过加入合金元素得到空淬贝氏体钢过冷奥氏体恒温转变曲线,从曲线中可以看出,由于加入了合金元素,改变了 C 曲线的形状,珠光体转变区和贝氏体转变区分离,使珠光体转变开始,线右移,在空淬条件下,冷却曲线通过贝氏体转变区,最后得到贝氏体组织。

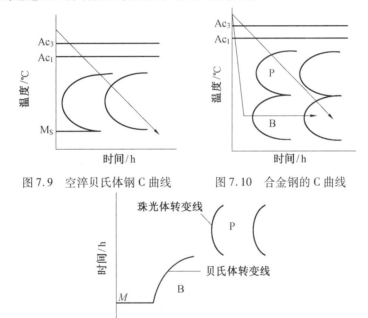

图 7.9 空淬贝氏体钢 C 曲线　　　图 7.10 合金钢的 C 曲线

图 7.11 空淬贝氏体过冷奥氏体恒温转变曲线

7.3.5 熔炼及浇注

设计好合金可以用电弧炉和感应电炉进行熔炼,炉料以普通废钢为主,加入适量的铬铁、硅铁、锰铁、硼铁、钼铁进行合金化,钢水过热到 1 550 ℃时,进行最终脱氧后出炉,浇注温度为 1 450 ~ 1 500 ℃。

7.3.6 空淬贝氏体钢的组织与性能

贝氏体钢具有整体硬度高,直径为 150 mm 的磨球也能从表面到心部具有高硬度,表面 62 ~ 56 HRC,心部 57 ~ 54 HRC,同时具有高韧性 $\alpha_k > 17$ J/cm^2 ,强度高而均匀,破碎率极低,在各类矿山、各种磨削介质、各种球磨机、各种恶劣环境下使用效果理想。空淬贝氏体钢组织为贝氏体+马氏体+残余奥氏体。

7.3.7 空淬贝氏体钢的应用

1. 制造汽车前轴

空淬贝氏体钢应用于制造汽车前轴,由于其空冷淬透性好,可免去淬火工序,不仅节省能源,降低成本,也避免了由于淬火引起的变形、开裂及脱碳等。冷热加工性能良好,同时由于有优良的强韧度配合,故可提高前轴的质量及寿命。因此,对汽车前轴这类关键的保安件来说,采用空淬贝氏体钢制造,不仅经济效益显著,而且对保证汽车质量有重要意义。重汽集团公司斯太尔汽车前轴原采用42CrMo材料,淬火时心部淬不透,且内部存在硬点,机加工性能较差。贝氏体钢能很好地解决上述缺点。试验表明,贝氏体钢的淬透性能很好,心部能淬透,且截面上的硬度梯度变化小,在60×60 mm的横截面上,表面硬度为283 HB,心部硬度为265 HB,材料内部无硬点,机加工性能良好,疲劳寿命优于原用材料。目前,国内几大汽车公司都已经或准备使用空淬贝氏体钢制造汽车前轴。

2. 空淬贝氏体耐磨钢

空淬贝氏体耐磨钢磨球是广泛用于矿山、冶金、电力、建材和化工等行业的重要易耗件,国内年耗量高达100万吨,国际市场容量也达500万吨。目前使用的各种材料不仅成本高,而且由于硬度高、韧度差,破碎率很高。Mn-B系贝氏体钢球从表面到心部具有高硬度、高韧度,且工艺简单,成本低,生产效率高。其特点如下:

①硬度高,表面硬度为56~62 HRC,心部硬度为54~57 HRC。

②磨球从外到内硬度梯度变化小。

③韧度高,无缺口韧性≥17 J/cm²。

④破碎率低,落球冲击次数达10~20万次,实际破碎率小于1%。

3. 刮板、截齿类耐磨件

刮板、截齿是煤矿综合采煤运输机上大量使用的易耗件,国内外常用的截齿材料为35CrMnSi和42CrMo钢,易出现折弯、脆断,而且磨损快。贝氏体钢制造截齿不仅免除淬火,而且截齿柄杆强韧性高,硬度≥40 HRC,$\alpha_k \geq 40$ J/cm²;刀头硬度≥50 HRC,不易磨损,这样硬质合金刀头亦不易脱落,故性能优异。贝氏体新型刮板具有整体硬化、锻后不需淬火,韧性高,耐磨损,具有优良的综合力学性能,硬度≥45~50 HRC,冲击韧度$\alpha_k \geq 40$ J/cm²。

4. 耐磨传输管材

冶金、矿山、选矿厂、洗煤厂和发电等行业对各种大口径传输耐磨管需求量很大,但这类传输管使用环境恶劣,要求管材耐磨、抗冲刷,且焊接性能良好。目前所用材料有16Mn钢和一些SiC陶瓷、塑料以及钢管内表面喷涂石料及金属的复合管材等,但效果均不理想。16Mm等低合金钢硬度很低(170~210 HB),耐磨性能很差,寿命过短;塑料及陶瓷管材价格过于昂贵;钢管内表面喷涂石料则体积笨重、性能不稳定。尤其当喷

涂层局部脱落时,则问题更严重。而贝氏体离心铸管则具有显著的优越性:

①高硬度≥40～45 HRC,耐磨性及韧性好,抗冲刷等。

②焊接性能良好。

③生产工艺简单。

④成本低,价格合理。

5. 空淬贝氏体耐磨钢的开发

在冶金、水泥等行业使用的球磨机、破碎机每年消耗大量的磨球、衬板、颚板、锤头等耐磨构件。国内外制备这类耐磨件的材料主要是高锰钢及白口铸铁,由于高锰钢在冲击功偏小的情况下难以加工硬化,制备上述构件时往往耐磨性较差;白口铸铁由于其碳化物呈现网状连续分布,适应的场合并不多。为此,国内外广泛开展了新型耐磨材料的研究,主要的研究为:

一是向高锰钢中加入 Cr、Mo、V、Ti 等合金元素形成合金高锰钢。

二是以韧性好的高铬铸铁取代传统的白口铁。

三是开发以 Cr、Mo 为主的淬火马氏体系列的低合金钢。

这些新材料普遍存在的问题是制造成本高,制备工艺复杂,有必要开发出制造工艺简单、成本低廉、耐磨性好的新型耐磨材料。利用贝氏体组织形态在相同硬度下具有最佳耐磨性这一规律,选用廉价的硅、锰元素,开发出一类空淬或铸态下获得贝氏体组织的耐磨钢,应用于制备衬板、磨球、锤头、颚板等耐磨构件中。

第8章 合金耐磨铸铁

8.1 低合金耐磨铸铁

普通白口铸铁由于没有加入合金元素,致使显微组织基本是由珠光体和网状渗碳体或莱氏体构成,显微硬度在 500 HV 左右,但十分脆,使其应用受到限制,只能满足低应力抗磨场合的需要。微合金化可以在一定程度上改善白口铸铁的力学性能和使用性能,通过合理利用微合金元素,改善了白口铸铁的各种性能,尤其是耐磨性大大提高。

8.1.1 普通白口铸铁

普通白口铸铁的铸态组织由珠光体和渗碳体组成。渗碳体型碳化物相对于其他碳化物来说,硬度较低,且呈连续网状分布,因此,这类白口铸铁只适用于承受较低载荷和在磨损不强烈的工况下使用,如犁铧,磨粉机辊、叶片、磨球等。普通白口铸铁的生产工艺简单,成本低廉,可用冲天炉熔化。用硬质合金刀具加工,但收缩较大,易产生缩孔、缩松和热裂等缺陷。

普通白口铸铁的化学成分、组织、性能和应用见表 8.1 和表 8.2。

表 8.1 普通白口铸铁的化学成分

序号	w_C/%	w_{Si}/%	w_{Mn}/%	w_P/%	w_S/%	w_{Cr}/%	w_{Cu}/%
1	3.5~3.8	<0.6	0.15~0.20	<0.3	0.2~0.4		
2	2.6~2.8	0.7~0.9	0.6~0.8	<0.3	<0.1		
3	4.0~4.5	0.4~1.2	1.6~1.0	0.14~0.40	<0.1		
4	2.2~2.5	<1.0	0.5~1.0	<0.1	<0.1		
5	2.8~3.2	1.3~1.7	0.4~1.0			1.3~2.0	0.5~3.5

表 8.2 普通白口铸铁的组织、性能和应用

序号	金相组织	硬度	状态	应用
1	珠光体+渗碳体		铸态	导板
2	珠光体+渗碳体		铸态	犁铧
3	珠光体+渗碳体	50~55	铸态	
4	贝氏体+屈氏体+渗碳体	55~59	900 ℃,1 h,淬入230~300 ℃盐浴,保温90 min 空冷	磨球
5	珠光体+渗碳体	55~59	铸态	磨球

8.1.2 锰白口铸铁

锰白口铸铁是以锰为主要合金元素,辅以一定量的其他合金元素而组成的抗磨铸铁。图 8.1 为 Fe-C-Mn 三元合金 600 ℃等温截面图。在碳质量分数小于 6%,锰质量分数小于 30%的区域内,只有渗碳体型碳化合物;锰质量分数少于 5%时,基体为珠光体;锰质量分数为 5% ~ 10%时,基体为球光体+奥氏体;锰质量分数大于 10%时,基体为奥氏体。变质处理可以改变碳化物形态,而基体组织可通过合金化和热处理来控制。

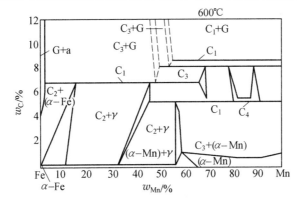

图 8.1　Fe-C-Mn 三元合金 600 ℃等温截面图

1. 化学成分与力学性能

锰白口铸铁的化学成分、组织、性能和应用见表 8.3 和表 8.4。

表 8.3　锰白口铸铁的化学成分

序号	w_C/%	w_{Si}/%	w_{Mn}/%	w_{Cu}/%	w_{Cr}/%	$w_{其他}$/%	备注
1	2.4 ~ 2.6	1.0 ~ 1.2	2.2 ~ 2.5	1.2 ~ 1.5			稀土变质处理
2	3.5 ~ 3.8	1.3 ~ 1.5	4.5 ~ 5.0			(1.5 ~ 2.0)% Mo	硅铁钒铁变质
3	3.5 ~ 3.7	1.0 ~ 1.5	4.5 ~ 5.5	0.8 ~ 1.0	0.4 ~ 0.6	(0.6 ~ 0.8)% Mo	稀土镁变质处理
4	3.7 ~ 3.7	1.3 ~ 1.8	5.5 ~ 6.5	0.8 ~ 1.0	0.3 ~ 0.5	(0.5 ~ 0.6)% Mo	
5	3.53	1.47	5.56			0.42% W	
6	3.06	0.37	6.3	1.0			
7	2.8 ~ 3.2	1.0 ~ 1.5	6.5 ~ 7.5	0.8 ~ 1.2			
8	3.6 ~ 3.8	1.6 ~ 1.9	7.0 ~ 8.0	0.8 ~ 1.0			稀土变质处理

表8.4 锰白口铸铁的组织、性能和应用

序号	金相组织	状态	硬度 HRC	抗弯强度 α_s/Pa	冲击功 α_k/J	应 用
1	马氏体+奥氏体	760~780 ℃盐浴淬火+180~200 ℃回火	62~66	418~445	4~5	抛丸机叶片
2	马氏体+奥氏体+碳化物	铸态	55~62	375~443		杂质泵泵体
3	马氏体+奥氏体+贝氏体+碳化物	铸态	54~60	369		杂质泵
4	屈氏体+马氏体+奥氏体+碳化物	铸态	54~60	>300		杂质泵体
5	马氏体+奥氏体+碳化物	铸态	33			制砖用切刀
6	索氏体+奥氏体+碳化物	950 ℃正火	45		5.7	磨球
7	马氏体+奥氏体+碳化物	铸态	50			冲击磨损零件
8	马氏体+奥氏体+贝氏体+碳化物	铸态	55~58	340~395		杂质泵

2. 耐磨性

表8.5 和图8.2 为锰白口铸铁在低应力冲蚀磨损条件下基体组织、碳化物量、硬度与耐磨性的关系。试验是在混砂盘式磨损试验机上进行的,转速为 36 r/min,线速度为 42 m/min,磨料为石英砂湿磨,磨损时间为 120 h。

表8.5 锰白口铸铁碳化物量、硬度与耐磨性

碳化物量/%	23.55	28.31	37.66	43.20	48.67
硬度 HRC	43.53	44.3	45.2	44.2	45.87
干磨损失重/mg	66	41	55	50	72
湿磨损失重/mg	1258	1074	1334	1341	1480

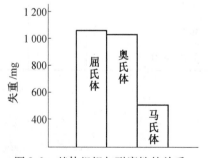

图 8.2 基体组织与耐磨性的关系

8.1.3 钨白口铸铁

钨白口铸铁是以我国富有资源钨为主要合金元素所形成的一种新型抗磨铸铁,它的组织和性能随着钨质量分数变化。图 8.3 为铁碳钨三元合金 700 ℃等温截面图。在碳质量分数小于 4%,钨质量分数小于 30% 的范围内,含有三种碳化物,即 $(Fe,W)_3C$、$(Fe,W)_{23}C_6$ 及 $(Fe,W)_6C$。碳化物的形态因碳化物类型,钨质量分数及一次结晶冷却速度不同而变化。

根据钨质量分数的多少,钨白口铸铁分为低钨(钨质量分数小于 10%)、中钨(钨质量分数大于 10% 小于 20%)和高钨(钨质量分数大于 20%)三种。

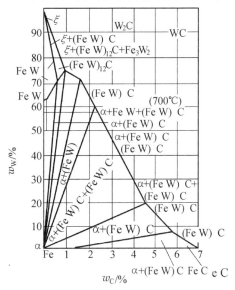

图 8.3　铁碳钨三元合金 700 ℃等温截面图

1. 化学成分与力学性能

钨是碳化物形成元素,可形成多种钨碳化物。碳化物类型与 W/C 的关系,如图8.4所示。钨白口铸铁的化学成分、力学性能见表 8.6 和表 8.7。

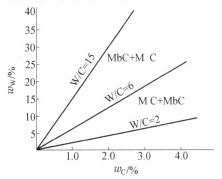

图 8.4　W/C 与碳化物类型的关系

表 8.6　钨白口铸铁的化学成分

序号	$w_C/\%$	$w_{Si}/\%$	$w_{Mn}/\%$	$w_W/\%$	$w_{Cr}/\%$	$w_{Cu}/\%$	金相组织
1	2.7~3.0	1.2~1.5	1.3~1.6	1.2~1.8			索氏体+珠光体+碳化物
2	3.0~3.3	0.8~1.2	5.5~6.0	2.5~3.5			马氏体+碳化物
3	2.8~3.2	0.6~1.0	3.0~4.0	3.5~4.5	2.5~3.0	3.0	索氏体+马氏体+碳化物
4	2.6~3.0	0.6~1.0	2.5~3.0	6~8	3.0		索氏体+马氏体+碳化物
5	2.6~3.0	0.6~1.0	2.5~3.0	6~8	5~6	0.8	索氏体+马氏体+碳化物
6	2.6~3.0	0.6~1.0	2.5~3.0	12~16	2.5~3.0	2.0	马氏体+奥氏体+碳化物
7	2.6~3.0	0.6~1.0	2.5~3.0	12~16		1.5	马氏体+奥氏体+碳化物
8	2.4~2.6	0.3~0.5	1.5~2.0	16~18	2.5~3.0	1.8	马氏体+奥氏体+碳化物
9	2.6~3.0	0.6~1.0	0.5~1.5	20~35	3.0	2.0	马氏体+奥氏体+碳化物
10	2.6~3.0	0.6~1.0	1.5~2.0	20~35		1.5	马氏体+奥氏体+碳化物

2. 热处理

铸态钨白口铁组织中常有索氏体或奥氏体,为消除这些软相,要进行淬火处理。

表 8.7　钨白口铸铁的力学性能

序号	铸态				淬火态			
	抗弯强度 σ_b/Pa	挠度 /mm	冲击功 /J	硬度 HRC	抗弯强度 σ_b/Pa	挠度 /mm	冲击功 /J	硬度 HRC
1				38~45				
2			>3	55~60				
3	500~580	1.2~1.8	3~5	55~58	550~600	1.2~1.8	3~4	60~63
4	540~580	1.5~1.8	4	58~60	550~600	1.5~1.8	3~4	62
5	500~500	1.2~2.0	4.5~5.5	42~46	560~620	1.2~2.0	4.0~4.5	62~63
6	530~550	1.6~1.8	4~5	50~53	580~600	1.6~1.8	3.5	59~61
7	480~510	1.4~1.8	3~4	58~60	500~540	1.4~1.8	3.0	60~62
8				55~60				
9	600~630	2.4~2.5	6~8	58~62	650~680	2.4~2.5	5~7	62~65
10	550~600	2.4~2.5	7~8	60~63	650~680	2.4~2.5	4~6	64~67

3. 耐磨性

图 8.5 为钨白口铸铁和其他材料磨球磨损比较。从图中可以看到在小型球磨机里对钨白口铸铁与其他材料磨球的磨损试验结果,磨料为石英砂,磨球直径为 22 mm。钨质量分数对耐磨性的影响如图 8.6 所示。

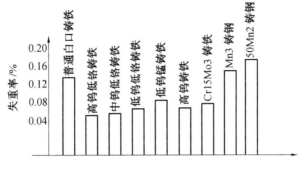

图 8.5 钨白口铸铁和其他材料磨球磨损比较

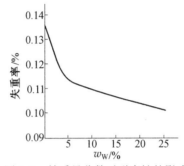

图 8.6 钨质量分数对耐磨性的影响

4. 应用举例

用钨白口铁铸造抛丸机叶片的使用结果如下:

铸铁的化学成分: $w_C = 2.0\% \sim 2.5\%$, $w_{Si} < 1.2\%$, $w_{Mn} < 0.8\%$, $w_W = 25\% \sim 28\%$, $w_{Cr} = 1.5\% \sim 2.5\%$, $w_S < 1.5\%$, $w_P < 1.0\%$。

铸态组织: 马氏体+奥氏体+碳化物。

热处理: 工艺见图8.7, 组织为马氏体+碳化物, 宏观硬度 65 HRC。

使用寿命: 钨白口铁叶片为 Cr4 稀土抛丸机叶片的 6~7 倍。

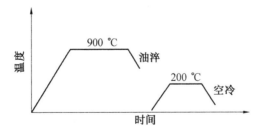

图 8.7 钨白口铸铁叶片的热处理工艺

8.1.4 硼白口铸铁

硼白口铸铁是以硼为主要合金元素的一种低合金耐磨铸铁。图8.8为Fe-C-B三元合金900 ℃等温截面图,从图中可以看出,在碳质量分数低于7%,硼质量分数低于10%富铁区内有两种硼碳化物,即 $Fe_3(C,B)$ 和 $Fe_{23}(C,B)_6$。硼白口铸铁的铸态组织有珠光体、马氏体、奥氏体和连续网状碳化物。通过变质处理或热处理均可将连续网状碳化物变成断续网状碳化物,金属基体组织可通过热处理予以调整。

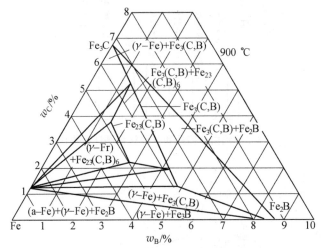

图 8.8　Fe–C–B 三元合金 900 ℃等温截面图

1. 化学成分和力学性能

硼白口铁的化学成分与力学性能见表 8.8 和表 8.9。硼对白口铸铁的抗弯强度和冲击功的影响,如图 8.9 和图 8.10 所示。

表 8.8　硼白口铸铁的化学成分

序号	w_C/%	w_{Si}/%	w_{Mn}/%	w_P/%	w_S/%	w_B/%	w_{Cu}/%	w_{Mo}/%	w_{Re}/%	w_{Al}/%
1	2.9~3.2	0.8~1.2	0.5~1.0	<0.1	<0.1	0.14~0.20	0.8~1.2	0.6~0.8		
2	2.2~2.4	0.8~1.2	0.5~1.0	<0.1	<0.1	0.4~0.55	0.8~1.2	0.6~0.8		
3	2.9~3.2	0.8~1.2	0.5~1.0	<0.1	<0.1	0.14~0.55	0.8~1.2	0.6~0.8	1.0~2.0	0.1~0.3

表 8.9　硼白口铸铁的力学性能

序号	硬度 HRC				冲击功/J			σ_b/Pa
	铸态	960~980 ℃退火	900 ℃油淬	900 ℃空淬	铸态	900 ℃油淬	900 ℃空淬	铸态
1	54~60	33~46			2.0~2.5			410~450
2	61~62				1.2~1.4			150~180
3	53~55	35~37	63~65	54~56	3.0~5.0	3.0~5.0	4.0~6.0	620~670

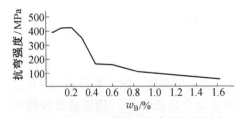

图 8.9　硼对白口铸铁的抗弯强度的影响

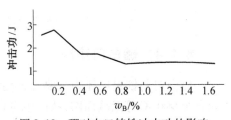

图 8.10　硼对白口铸铁冲击功的影响

2. 耐磨性

硼白口铸铁在 MLD-10 型冲击磨损试验机上的试验结果见表 8.10。磨料为 2.0 ~ 3.5 mm 石英砂,冲击次数为 4 000 次,下试样转速为 200 r/min。

表 8.10　硼白口铸铁冲击磨损时的相对耐磨性

材料	冲击功/J	0.49	0.97	2.01	2.96	3.92
普通白口铸铁	(铸态)	1.0	1.0	1.0	1.0	—
镍硬铸铁	(回火)	1.60	1.55	1.78	1.90	1.0
硼白口铸铁	(油冷+回火)	6.85	5.13	3.40	3.18	1.56
	(风冷+回火)	2.78	3.29	3.79	4.11	2.08

8.1.5　钒白口铸铁

钒白口铸铁是一种强韧抗磨铸铁. 钒白口铸铁的共晶组织是逆变组织,也就是说钒碳化物 VC,孤立地分布在连续的、塑性的奥氏体基体上或者分布在奥氏体转变产物上。钒白口铸铁的冲击功在多数情况下可达到 10 J 以上。

图 8.11 为 Fe-C-V 三元合金共晶截面图。钒对共晶组织的影响是随钒质量分数变化而变化的,从图上看出,随钒质量分数增加,共晶组织从奥氏体+石墨,向奥氏体+石墨+渗碳体,奥氏体+渗碳体,奥氏体+渗碳体+钒碳化物,奥氏体+钒碳化物转变。当钒质量分数高于 6.5% 时,与此对应的碳质量分数为 2.6% ~2.8%,能形成逆变组织,即奥氏体+钒碳化物。通常为了得到逆变组织,碳质量分数与钒质量分数应满足这样一个关系式

$$w_V\% > 4.5 \times w_C\% - 5.3$$

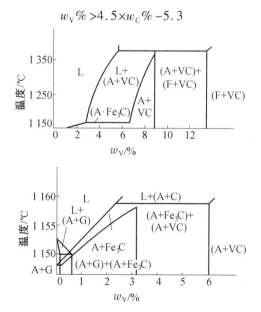

图 8.11　Fe-C-V 三元合金共晶截面图

1. 化学成分与力学性能

钒白口铸铁的化学成分见表8.11。钒对铸铁力学性能的影响如图8.12所示。

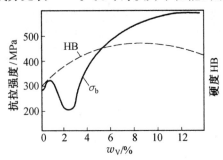

图8.12 钒对铸铁力学性能的影响

表8.11 钒白口铸铁的化学成分

序号	w_C/%	w_{Si}/%	w_{Mn}/%	w_V/%	w_{Cu}/%	w_{Mo}/%	w_{Cr}/%	w_W/%	w_{Ti}/%
1	1.96 ~ 2.38		4.53 ~ 17.34	5.91 ~ 7.01					
2	1.7 ~ 3.0	0.5 ~ 2.5	<0.7	3.0 ~ 10.0	<1.5				
3	2.2 ~ 2.8	0.6 ~ 0.7	0.4 ~ 0.6	6.7	1.12 ~ 1.26				
4	2.46 ~ 3.74	0.65	0.72	9.85 ~ 10.40			0.1 ~ 1.2		
5	2.85	0.73	1.02	5.8		0.12	1.8		0.2
6	2.5 ~ 4.5	0.5 ~ 2.5	0.4 ~ 1.5	<6.0				<10	<2.0
7	2.2 ~ 2.8	0.4 ~ 0.7	0.7 ~ 0.8	6.0		0.5 ~ 1.5	2.0 ~ 4.0		
8	2.24 ~ 2.46	0.3 ~ 0.34	0.42 ~ 0.44	3.3 ~ 4.25					
9	2.48 ~ 2.51	0.33 ~ 0.37	0.29	4.2	1.0	1.0			

2. 热处理

退火可以改善钒白口铸铁的切削加工性,对碳质量分数为2.2%的钒硅铜白口铸铁,950 ℃退火,硬度为320 ~ 350 HB,用硬质合金刀加工有较好的切削加工性。钒白口铸铁经950 ℃淬火,200 ~ 250 ℃回火,抗拉强度和硬度分别可达1 GPa和60 ~ 62 HRC。

3. 铸造性能

钒白口铸铁(w_V =4% ~5%)流动性较好,1 450 ℃浇注时能充满螺旋试样的全长(1100 mm),线收缩率为1.8% ~2.2%,热裂倾向远远小于铬系白口铸铁。

4. 应用实例

钒白口铸铁可用于制造离心式磨机的锤头,针织机各种零件,汽车发动机气门座等。圆型针织机的钒白口铸铁销子比 GCr15 的寿命提高 3 ~ 7 倍。

8.1.6 低铬白口铸铁

所谓低铬白口铸铁是指含有渗碳体型碳化物的铬白口铸铁。由于在生产中铸件的实际凝固速率远超过平衡转变速率,又加上铸铁中碳、硅、锰等元素的影响,含铬 11% 以下的白口铸铁中除 M_3C 型碳化物外,还有 M_7C_3 型碳化物。而且随含铬量的提高,M_7C_3 碳化物量增加。

在工业生产中,很多人都认为 $w_{Cr} = 2\% \sim 5\%$ 的铬白口铸铁有比较好的性能价格比。虽然提高含铬量还能改善材料的抗磨能力,但是产品价格的上升并不能从延长使用寿命方面得到合理补偿。据此,我们把含 $w_{Cr} = 2\% \sim 5\%$ 的白口铸铁称为低铬白口铸铁。

1. 低铬白口铸铁的化学成分

低铬白口铸铁的化学成分为:$w_C = 2.4\% \sim 3.2\%$,$w_{Si} = 0.8\% \sim 1.5\%$,$w_{Mn} = 0.5\% \sim 0.8\%$,$w_{Cr} = 2.0\% \sim 5.0\%$。

低铬白口铸铁的耐磨性低于具有 M_7C_3 型碳化物的高铬铸铁,但是在抗磨料磨损性能方面优于其他低合金钢。低铬铸铁零件在金属组织设计和制造工艺方面必须妥善解决,在保持耐磨性的同时设法降低材料脆性。也就是说,需要很好的处理韧性和耐磨性这一对矛盾。碳化物形态、类型、分布状况、数量对于低铬铸铁使用性能有显著影响。改变基体组织的性质对改善材料的抗磨能力和机械性能也有一定作用。通过增添合金元素及热处理可以提高材料的强度和硬度,但由于 M_7C_3 型碳化物本身存在许多晶体缺陷,它与奥氏体相在温度变化时的比容变化有显著不同,在较高冷速下奥氏体发生相变时,工件极易发生宏观或微观裂纹。添加提高淬透性的元素虽然有助于改善这种情况,但是相应提高了制造成本。因此,通过热处理改变低铬铸铁性能的潜力似乎是比较有限的。多年来,改善低铬铸铁使用性能的研究大部分集中于改变碳化物的形态和分布方面。

2. 化学成分对低铬白口铸铁组织与性能的影响

碳质量分数是决定低铬铸铁中碳化物量和铸件硬度的基本因素。碳质量分数低时,碳化物倾向于以晶界碳化物形态存在。碳质量分数高时,组织中出现大块的莱氏体,降低材料的韧性和淬火裂纹敏感性。因此,应该根据零件的服役条件来确定碳质量分数。承受冲击或需进行热处理的零件宜选用较低碳质量分数。受冲刷磨损的零件可采用较高碳质量分数。

硅抑制铁水的氧化过程,能有效地减少铬元素的损耗。铁水含硅质量分数低于 0.6% 时,铸件中常出现氧化性气孔。另一方面,固溶于初生奥氏体和共晶奥氏体中的硅降低铬的溶解度,促使较多的铬进入碳化物。在低铬铸铁成分范围内,较多的铬进入碳化物对提高材料抗磨能力是有益的。铁水中的硅降低铬碳合金亚稳定共晶转变温度,增加稳定转变与亚稳定转变的过冷度差,有促进石墨析出的作用。低铬白口铸铁的一个特点是允许含有高于普通白口铸铁的硅量,但又需抑制石墨的析出。试验表明:

Cr/Si为2.5~3.0可有效地抑制石墨生成。硅量过高,不但难以避免石墨析出,而且会使组织脆化。

3. 低铬白口铸铁中石墨对耐磨性的影响

关于抗磨白口铸铁中是否允许有石墨存在的问题还存在着不同的看法。石墨本身性质很软,不能抵抗磨料的破坏作用,这是不利的一面。但是,一些工业实践结果表明,少量石墨的存在能吸收外来的冲击能量,能使出现的微小裂纹的扩展限制在一定范围内,因而能减少或延缓工件的断裂或成片剥落。在冲击条件下工作的低铬铸铁零件中存在石墨可以延长使用寿命,且对抗磨能力影响并不明显。这在硅质量分数超过1.8%,铬质量分数为2%~3%,并且添加少量镍的铸造磨球使用过程中已经得到证实。这种磨球的金相组织中有一些点状石墨,尺寸细小而且分布均匀。有人认为,用于有轻度冲击场合的低铬铸铁件中存在少量点状石墨并不是坏事,关键在于石墨的数量和晶体形态。片状石墨能成为裂纹源,其不利的一面大于抑制裂纹扩展的有利作用。因此,抗磨白口铸铁中不应存在片状石墨。

锰在低铬白口铸铁中分布比较均匀,溶入碳化物中的锰能提高化合物硬度。分布在基体中的锰降低奥氏体转变的临界冷却速率,有助于提高材料的淬透性,与在钢中的作用相似。低铬铸铁锰质量分数不宜超过0.8%,这是因为锰降低马氏体转变温度,在高于临界冷速下相变时,基体组织中会出现较多的残余奥氏体。残余奥氏体在冲击载荷下发生相变导致材料成片剥落。这种现象在性质较脆的低铬铸铁中尤易发生,应该给予足够重视。

4. 变质处理

共晶碳化物大部分呈现莱氏体形态,一小部分存在于晶界(晶界碳化物包括二次碳化物)。从整体上看,碳化物呈连续网状,包围着索氏体基体。低铬铸铁中的合金渗碳体是硬度较高(不低于1 100 HV)的脆性相,可以作为抗磨损的骨架。但是它的连续分布状态使韧性较好的基体被分割开,削弱材料的韧性。低铬铸铁韧性和抗磨能力的矛盾是比较突出的。解决这一矛盾的一个有效途径是设法使碳化物弥散化或孤立化,减少它们对基体连续性的破坏作用。目前普遍采用的办法是在铁液中加入一些能改变碳化物的形核条件和晶体生长机制的元素(变质剂),使碳化物弥散化并改变其形貌,这种方法称为"变质处理"。变质剂种类繁多,需要针对各种合金中需要改变形核和生长条件的物相进行筛选试验。适用于亚共晶白口铸铁的变质剂应满足以下要求:提高初生相结晶过冷度和共晶反应过冷度,使初生相和共晶相有较高的形核率;变质剂在铁水中能形成异质晶核。稀土、钒、氮、铝、硼以及碱土族金属对白口铸铁中的碳化物都有变质作用。经过变质处理,碳化物的生长核心大大增加,生长模式也有所改变。因此,碳化物变得弥散化,很大一部分莱氏体得以消除。更重要的是,网状分布的碳化物变得比较孤立,使基体组织的连续程度显著提高。采用钡、锶等碱土金属与稀土硅铁合金共同加入铁水实行复合变质效果更好。复合变质处理后 α_K 值由处理前的 4.2 N·m/cm^2 提高到 7.4 N·m/cm^2,相对弯曲韧性值由 495 N/mm 提高到 968 N/mm。分别提高了68%和96%。

稀土元素降低铁碳合金亚稳系统共晶转变温度的作用。在较高过冷度下奥氏体形核率高,生长速度快,因此能在铁水中成为奥氏体的稳定异质晶核。当奥氏体表面吸附了变质剂中的活性原子后,为渗碳体提供了合适的生长台阶。这些情况都有助于使共晶渗碳体变得细小、分散、孤立,达到变质处理的目的。铬白口铸铁中的铬元素主要分布在碳化物中,小部分溶入奥氏体。由于铬的存在,碳在奥氏体中的溶解度相应减少。低铬铸铁的淬透性优于不含合金元素的普通白口铸铁。淬火时临界冷却速率不超过50 ℃/s。较薄的零件在奥氏体化处理后空冷,硬度可提高 3 ~ 5 个洛氏硬度单位。较厚的零件则需添加能提高淬透性的元素以获得较高的硬度。例如 2.6% C, 4.0% Cr,1.2% Mo,1% Cu 的 60 mm 厚的低铬白口铸铁件经 980 ℃奥氏体化以后强制空冷可获得 53 ~ 55 HRC 硬度。

5. 低铬白口铸铁的热处理

低铬铸铁淬硬时开裂倾向比较严重,较厚的成形铸件平均加热速度不宜超过150 ℃/h,淬硬时一般应采用强制风冷,以期获得主要为屈氏体的基体组织。低铬铸铁抗冲击能力差,在冲击载荷较大的场合下使用,零件容易脆裂。具有屈氏体和索氏体基体组织的低铬铸铁可用于抵抗较软磨料的场合(如粉磨石灰石的研磨体)。

6. 低铬白口铸铁的应用

水泥厂、选矿厂、火电厂已经使用了低铬铸铁研磨体。在干磨和湿磨工况下,低铬铸铁的性能价格比均优于碳钢和低合金钢,更换研磨体的费用低,易于被用户接受。

8.2　高铬合金白口铸铁

高铬合金白口铸铁是目前应用最好的耐磨材料之一,具有良好的抗磨料磨损能力。主要用于受低应力擦伤式磨损,高应力辗碎性磨损和某些冲击负荷较小的凿削式磨损的零件。

高铬白口铸铁的主要优点:

一是具有优良的耐磨性。高铬白口铸铁使用状态的显微组织一般是马氏体,少量残余奥氏体和 M_7C_3 型碳化物。当铬质量分数大于 10% 时,铸铁中的碳化物由 M_3C 型转变为 M_7C_3 型。M_3C 型碳化物的硬度只有 840 ~ 1 100 HV,而 M_7C_3 型碳化物的硬度高达 1 200 ~ 1 800 HV,因而提高了耐磨性。

二是具有较好的韧性。高铬白口铸铁由于含铬量高,形成 M_7C_3 型碳化物;这种碳化物呈孤立的块状分布,因而比碳化物呈网状连续分布的一般白口铸铁和镍硬铸铁的韧性高,但比高锰钢和低合金钢低得多。

三是淬透性高。高铬白口铸铁由于含铬量高,淬透性较好,对于厚大截面的铸件还可以加入钼、铜、镍等合金元素。

四是抗回火稳定性高。高铬白口铸铁淬火后在 450 ~ 500 ℃以下温度回火,硬度基本上保持不变,具有较高的回火稳定性,适用于耐高温磨损的零件。

五是高的抗腐蚀磨损性能。高铬白口铸铁中的铬一部分溶于基体,提高基体的电极电位并增强钝化倾向。在酸性介质中有较高的耐腐蚀磨损能力,如果再加入铜,铸铁的耐腐蚀磨损性能会有更大的提高。

六是具有良好的抗高温氧化性。高铬白口铸铁还具有良好的抗高温氧化性能,在燃烧柴油的气氛中,它比耐热镍铬铁合金抗氧化性还好。

七是可根据需要改变基体组织和性能。高铬白口铸铁的基体组织可以根据需要,通过控制化学成分、冷却条件和热处理工艺获得所需要的组织和性能。

高铬白口铸铁的主要缺点:

由于合金元素含量高,成本较高,同时用电炉熔炼。高铬白口铸铁由于硬度高,机加工前一般都要进行退火热处理。高铬白口铸铁的韧性虽然比普通白口铸铁和镍硬铸铁高,但比高锰钢和低合金钢却低得多,因此高铬白口铸铁不能用于受强烈冲击负荷的零件。

8.2.1 高铬白口铸铁组织与成分的关系

通常高铬白口铸铁件都是亚共晶成分,碳质量分数为 2.4% ~ 3.0% ,铬质量分数为 18% ~ 22% 。亚共晶合金凝固时,首先形成奥氏体枝晶,然后在一定温度范围内(1230 ℃左右)剩余的液体发生共晶转变,形成奥氏体和 M_7C_3 型碳化物的共晶组织(共晶莱氏体)。

Fe-Cr-C 系 700 ℃等温截面图如图 8.13 所示。奥氏体组织在高温是稳定的,但在700 ~ 800 ℃之间奥氏体发生共析转变,形成铁素体和碳化物(索氏体)。因此高铬白口铸铁室温下的平衡组织是索氏体和共晶莱氏体。

由图 8.13 还可以看出:

(1)高碳低铬时,形成 M_7C_3 型碳化物;

(2)低碳高铬时,形成 $M_{23}C_6$ 型碳化物;

(3)碳与铬适当配合时,形成 M_7C_3 型碳化物。

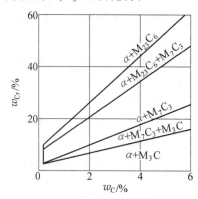

图 8.13　Fe-Cr-C 系 700 ℃等温截面图

然而在实际铸造生产条件下,由于冷却速度较快,不可能按平衡条件冷却。于是奥氏体被碳和铬过饱和,稳定性提高。在有钼、锰、铜、镍等合金元素存在时,将进一步影响奥氏体转变的动力学。因此,合金在凝固初期形成的奥氏体在随后冷却过程中,是保留到室温还是转变成珠光体、贝氏体、马氏体或者形成混合组织,主要取决于合金的化学成分和冷却速度。

8.2.2 高铬白口铸铁的化学成分设计

1. 碳的确定

高铬白口铸铁中的碳质量分数为 2.4% ~ 3.5%,合金中碳质量分数越高,碳化物数量越多,从而提高耐磨性,但同时也降低了合金的韧性和淬透性。

在高铬白口铸铁中还应注意共晶碳量,共晶碳量随铬质量分数增加而下降。例如,铬质量分数为 8% 时,共晶碳质量分数为 3.8%;铬质量分数为 15% 时,共晶碳质量分数为 3.6%;铬质量分数为 20% 时,共晶碳质量分数为 3.2%;铬质量分数 25% 时,共晶碳质量分数为 3.0%。由于过共晶成分的合金中出现粗大的初生碳化物,韧性急剧下降,所以一般高铬白口铸铁件都选择亚共晶成分。

2. 铬的确定

高铬白口铸铁中希望得到 M_7C_3 型碳化物而不希望获得 M_3C 型碳化物,为了获得 M_7C_3 型碳化物,铬质量分数必须大于 10%。铬除了形成碳化物外,铬还溶于奥氏体中,提高合金的淬透性。碳质量分数一定时,增加铬质量分数,或铬质量分数一定时,减少碳质量分数都能提高合金的淬透性,也就是说合金的淬透性随铬碳比(Cr/C)的增加而提高。大多数高铬白口铸铁的铬质量分数为 13% ~ 20%,碳质量分数为 2.4% ~ 3.5%,铬碳比为 4 ~ 8。

当铸铁中铬质量分数很高时,由于基体中的铬质量分数提高,因而铸铁的抗腐蚀性能和抗高温氧化性能也有所提高。例如,含铬质量分数为 28% 的高铬白口铸铁比铬质量分数为 15% 的铸铁有更高的抗腐蚀磨损能力。同时,由于铬质量分数为 28% 的铸铁有较高的铸态淬透性,对某些耐磨铸件可以在铸态下直接使用。高铬白口铸铁依照铬质量分数分为三类。

第一类铬质量分数为 15% 左右,是高铬白口铸铁中铬质量分数最少、成本最低的,因而应用最广泛。这一类又按照碳质量分数分为低碳(2.4% ~ 2.8%)、中碳(2.8% ~ 3.2%)和高碳(3.2% ~ 3.6%)三组。

第二类铬质量分数在 20% 左右,淬透性最好,壁厚 150 mm 的铸件热处理后硬度可达 650 ~ 720 HB,并且韧性较好。

第三类铬质量分数在 28% 左右,抗磨性虽非最高,但抗腐蚀性能和高温抗氧化性能好。

3. 钼的确定

钼一部分进入碳化物,一部分溶于基体。奥氏体基体中的含钼量大约为合金中含钼量的 1/4，溶入奥氏体中的钼能显著提高淬透性，而对 Ms 温度降低不大。因此厚大截面的铸件多加钼来提高淬透性。钼还能提高铸铁中碳化物的显微硬度，并使铸件的整体硬度有所提高。研究结果表明，加 0.5% 以上的钼，可使高铬白口铸铁的耐磨性有明显地提高。高铬白口铸铁中钼质量分数为 0.5% ~3.0%。

4. 锰的确定

锰扩大奥氏体区提高合金的淬透性，特别是锰与钼联合使用，可以显著地提高淬透性。例如 3.6% Mn 只能使壁厚 40 mm 的铸件淬透，0.6% Mo 只能使壁厚 10 mm 的铸件淬透，而同时加入 0.6% Mo 和 3.6% Mn 能使壁厚 150 mm 的铸件淬透。锰的最大缺点是强烈地降低 Ms 点，增加合金的残余奥氏体量。虽然锰基本上不影响碳化物和马氏体的硬度，但由于 Ms 点下降，残余奥氏体量增加，因而铸铁的耐磨性下降，并在重复冲击磨损时，造成剥落和开裂。另一方面锰使奥氏体中碳的溶解度有所增加，使碳化物数量减少。由于锰的资源丰富，价格低廉，又能显著地提高合金的淬透性，因此国内外许多学者进行以锰代钼的研究。例如，本文作者研制的高铬锰合金白口铸铁碳的质量分数为 2.5% ~3.2%，铬质量分数为 12% ~15%，锰质量分数为 3.5% ~5.0%，钼质量分数为 0.3% ~0.6%。壁厚 200 mm 的铸件淬火后硬度达 60 ~63 HRC。

5. 镍与铜的确定

镍只溶于金属基体，能提高合金的淬透性，但同时降低 Ms 温度，增加残余奥氏体量。铜的作用与镍相近，提高合金的淬透性并增加残余奥氏体量，但效果不如镍明显。铜还有助于形成断网的碳化物。铜的价格比镍低，所以厚大截面的高铬白口铸铁件，常加入钼，铜、镍。例如 15% Cr 铸铁中加入钼、镍、铜具有优异的淬透性。在高铬白口铸铁中铜质量分数小于 1.5%。

6. 钒

钒是强烈稳定碳化物的元素，增加白口深度，使碳化物的形状近似球状，当钒质量分数为 0.1% ~0.5% 时，可使白口铸铁组织细化，并能减少粗大的柱状晶。由于钒与碳结合，铸态形成初生碳化物和二次碳化物，使基体的含碳量减少，从而使马氏体转变温度升高，因而在铸态可以得到转变完全的马氏体基体。在钼质量分数为 1% 时，钒质量分数只要略大于 4%，可使直径 22 ~152 mm 的磨球在铸态得到转变完全的马氏体组织，这种组织很硬，与 15% Cr 铸铁淬火及回火后的硬度差不多。

7. 硅

硅是非碳化物形成元素，降低铸铁的淬透性。高铬白口铸铁有时耐磨性差往往与硅质量分数高有关。一般规定厚大截面铸件中的硅质量分数不应大于 0.6%。高铬白口铸铁的化学成分及性能见表 8.12。

表 8.12 高铬白口铸铁的化学成分及性能

成分/%	15-3			15-2-1	20-2-1
	高碳	中碳	低碳		
C	3.2~3.6	2.8~3.2	2.4~2.8	2.8~3.5	2.6~2.9
Cr	14~16	14~16	14~16	14~16	18~21
Mo	2.5~3.0	2.5~3.0	2.4~2.8	1.9~2.2	1.4~2.0
Cu				0.5~1.2	0.5~1.2
Mn	0.7~1.0	0.5~0.8	0.5~0.8	0.6~0.9	0.6~0.9
Si	0.3~0.8	0.5~0.8	0.5~0.8	0.6~0.9	0.6~0.9
S	<0.05	<0.05	<0.05	<0.05	<0.05
P	<0.10	<0.10	<0.10	<0.06	<0.06
铸态硬度 HRC	51~56	50~54	44~48	50~55	50~54
淬火硬度 HRC	62~67	60~65	58~63	60~67	60~67
退火硬度 HRC	40~44	37~42	35~40	40~44	38~43

8.2.3 高铬白口铸铁的铸态组织

高铬白口铸铁的铸态组织除 M_7C_3 型碳化物外,其基体组织可以是奥氏体或奥氏体的转变产物(珠光体、贝氏体和马氏体等)。在一般情况下,实际铸件的铸态组织往往是珠光体、马氏体、奥氏体和含铬碳化物的混合组织。这是由于高铬白口铸铁在凝固时形成的奥氏体被碳铬及其他合金元素所饱和,非常稳定。在随后的冷却过程中,碳铬等以二次碳化物析出,使奥氏体中的碳及合金元素的含量降低,减少奥氏体的稳定性。这样随着冷却速度的不同,奥氏体转变为珠光体、贝氏体或马氏体。由于二次碳化物的析出过程很缓慢,铸件中往往有相当数量的过饱和奥氏体保留到室温。因此,在合金成分一定的情况下,在铸件薄壁截面处主要是奥氏体基体,而在厚大截面处主要是珠光体基体。

在 Cr/C>7.2 时,铸态组织为单一奥氏体基体,由于钼能增加奥氏体的稳定性,所以在钼质量分数为 3% 时,Cr/C≥4.5 即可获得单一奥氏体基体。除基体组织之外,高铬白口铸铁中的碳化物有初生碳化物、共晶碳化物和二次碳化物等几种。过共晶成分的高铬白口铸铁冷却时,自液体合金中首先结晶出初生碳化物。由于过共晶高铬白口铸铁的脆性大,所以生产中多采取亚共晶成分。亚共晶成分的高铬白口铸铁冷却时,首先结晶出初生奥氏体,当冷至共晶温度范围时,剩余的液体合金转变成共晶莱氏体组织。因此共晶碳化物存在于原奥氏体的晶界处呈不连续分布。共晶碳化物的形态有晶间碳化物、菊花瓣状碳化物和条状碳化物等几种。二次碳化物是高铬白口铸铁在固态冷却过程中由奥氏体中析出的细粒状组织,薄壁铸件由于冷速较快,二次碳化物数量不多,只有在厚壁铸件中才能析出较多的二次碳化物。高铬白口铸铁铸态组织中碳化物的含量随合金中含碳量和含铬量的增加而增加。高铬白口铸铁的铸态组织如图 8.14

和图 8.15 所示,各组织的显微硬度见表 8.13。

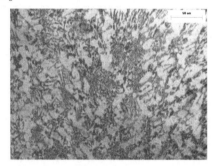

图 8.14　Cr15Mo2Cu1 高铬铸铁铸态组织　　　图 8.15　Cr20MoCu1 高铬铸铁铸态组织

表 8.13　高铬白口铸铁各组织的显微硬度

显微组织	M_7C_3 型碳化物	奥氏体	马氏体	珠光体
显微硬度值(HV)	1200 ~ 1800	300 ~ 600	500 ~ 1000	300 ~ 460

8.2.4　高铬白口铸铁熔炼

高铬白口铸铁作为性能优良的抗磨材料日益受到人们的重视,近 20 年来它的应用范围不断扩大,产品品种逐年增加。熔炼是高铬白口铸铁件生产中的重要工序,这个工序的主要目的是制取合格的铁水。优质铁水应该符合以下条件:化学成分符合要求,铁水温度合适,能满足浇注及充型需要,铁水氧化轻微,氧和其他气体含量低;为了获得优质铁水,应该注意选择熔炉和合格炉料,执行合理的熔炼工艺。

1.熔炉选择

一般情况下,高铬白口铸铁熔炼用中频感应电炉和三相电弧炉。

中频感应炉装有螺旋状感应器,感应器里面是由耐火材料筑成、用以盛装炉料的坩锅。交变电流通过感应器时,使炉料内产生与感应器电流方向相反的涡流。涡流的电阻热使炉料加热、熔化。炉料熔化后,涡流在铁水中产生的电磁力把靠近炉衬的铁水推向熔池中心,并使铁水在垂直方向发生搅动,搅动作用使熔池内的温度及成分趋于均匀。熔池内的搅动现象对于合金元素含量高的高铬白口铸铁熔炼过程来说是十分有益的。常用的无芯感应熔炉按供电频率可分为:工频熔炉和中频熔炉两种。

中频感应熔炉的供电频率范围是 500 ~ 3 000 Hz。国内生产的中频炉通常采用1 000 Hz 或 2 500 Hz 两种频率。这种炉子不需要启熔块,一般的生铁、废钢、铁合金均可入炉熔化,比较适合小规模生产、间断熔炼的车间使用。

产生中频电流的方法有二:一是采用变频发电机组;二是采用晶闸管变频装置。前者故障率低,使用可靠,但因熔化各个阶段系统的感抗不断变化,需要随时改变平衡电容器的投入量,操作比较麻烦。另外,变频发电机组需要消耗电能,使炉子的能耗增加,而且它的价格也高于晶闸管变频装置。后者变流效率较高,电能消耗少,而且能自动地把系统的功率因数保持在较高水平上。但往往由于制造工艺水平及元器件可靠性的影响,国内应用的晶闸管变频装置故障率较高,用户常需付出较高的维修费用。无芯感应炉和电弧炉熔炼的铁水都是间断出炉的,而一般大批量生产的铸造厂要求造型和浇注连续进行,以获得较高的生产率。为了解决这一矛盾,有些工厂增设了容量较大的保温炉。保温炉不但有助于调节铸造车间各工序间的生产节奏,而且可使产品的成分均匀、浇注温度一致,产品质量得以提高。

2. 炉料选择

熔炼高铬白口铸铁水所需的炉料有:生铁、废钢、炭素铬铁、钼铁、锰铁、硅铁、镍锭和铜锭等。炉料质量对高铬白口铸铁水熔炼质量,特别是成分的稳定性有一定影响。采用酸性炉衬感应炉熔炼高铬白口铸铁水时,对主要炉料(生铁、废钢)的要求,除了化学成分应该符合规定而且没有过大的变化外,还必须洁净、无锈、尺寸合适。洁净是指炉料(特别是回炉料)表面没有黏附的型砂、漆渍、油垢、水分和其他杂物。型砂中的石英砂、黏土在熔炼时进入熔渣,成为熔渣的主要构成物。

石英砂具有较高的熔化潜热,在熔炼过程中,石英砂的熔化要消耗能量,增加熔炼电耗和延长熔化时间。另一方面,含 SiO_2 较高的偏酸性炉渣易于沾附于炉衬表面,增加清理炉衬的工作量。

铁水中溶解的氧化铁不但降低铁水的含碳量,而且也能使铁水中的锰、硅、铬遭到氧化而损失。使用锈蚀的炉料会使酸性炉衬感应炉熔炼的铁水成分不稳定,增加碳和其他合金元素的损耗。

根据上述原因,在感应炉中加入的炉料应该是清洁无锈的。工厂使用的炉料很难是完全干净的,因此,锈蚀和表面黏砂的炉料入炉前应该经过表面清理。比较适宜的方法是采用抛丸处理或喷丸处理。采用经过抛丸滚筒清理的炉料与采用未经清理的炉料相比,铬铁用量减少约 1.2% ,碳的烧损率约降低 20% ,炉渣生成量也显著减少。因此,炉料的预清理是十分必要的。

生铁可以采用低硅铸造生铁或炼钢生铁。高铬白口铸铁组织中含有相当数量的碳化物,即使存在少量的磷共晶,对于材料的冲击韧性影响并不十分明显。因此,用于配制高铬白口铸铁的生铁对磷、硫含量要求不高。高铬白口铸铁要求较低含硅量。如果采用铸造生铁,应选择含硅量较低的产品(例如国内生产的 Z14 铸造生铁)。高铬白口铸铁锰的质量分数为 0.5% ~ 1.5% 。锰主要来自配料中的生铁和废钢。一般炭素钢锰质量分数为 0.4% ~ 0.8% 。选择生铁时也应考虑使配料中的含锰总量达到铁水所需含锰量的范围内。一般选用锰质量分数为 0.50% ~ 1.00% 的生铁是可以满足配料要求的。

根据炭素铬铁和生铁中含碳量的不同,配料中废钢加入量约占总炉料量的 35% ~ 70% 。废钢最好采用低碳钢,轧制型材或钢板下脚料都可使用。这类废钢碳质量分数小于 0.25% ,硅质量分数为 0.2% ~ 0.4% ,锰质量分数为 0.4% ~ 0.8% ,磷、硫含量均很低,应该尽可能地选用成分接近的材料,并注意区分碳钢与低合金钢。铸钢件作为回炉料使用前必须经过化验。回炉料的尺寸及形状对炉子的熔化效率有影响。采用一些能够密集装入炉内的废钢有利于提高炉子的熔化效率。高铬白口铸铁件的铸造工艺出品率低于灰铸铁件的工艺出品率,一般为55%～75%,因此,在生产中必须使用部分高铬白口铸铁回炉料。为了使配料计算准确,各个炉次的回炉料应该分别堆放。配料时根据各炉次的成品化验结果计算铁水化学成分。回炉料表面黏附的型砂清除干净后才能使用。

回炉料在炉料中所占比例受其中含气量的影响而有一定限制。高铬白口铸铁件中溶有来源于废钢和炭素铬铁的氢与氮。氢氮在铁中有一定的固溶度,而铬又是促使固溶度提高的元素。氢和氮的存在会降低材料的冲击韧性,因此,应该限制回炉料的加入比例。一般来说,回炉料在炉料中所占比例不应超过30%。冒口在回炉料中所占比例不应超过60%。熔铸高铬白口铸铁需要使用大量铬铁。铬铁加入量一般占炉料总量的20%～30%。铬铁按含碳量分为炭素铬铁(碳质量分数为4%～9%)、中碳铬铁(碳质量分数为0.5%～4.0%)、低碳铬铁(碳质量分数为0.16%～0.50%)、微碳铬铁(碳质量分数为<0.10%)。生产高铬白口铸铁一般使用价格比较便宜的炭素铬铁。市售的炭素铬铁,铬质量分数为60%～65%,碳质量分数为4%～9%的产品都可使用。但是含碳量较高时,配料中需配入较多废钢,熔炼时间增长,熔炼能耗较高。钼常以钼铁的形式加入,钼铁价格昂贵。国产钼铁钼质量分数不小于55%,一般为60%左右,硅质量分数不大于1.5%,碳质量分数不大于0.25%。

3. 熔炼工艺

高铬白口铸铁可以采用酸性炉衬、碱性炉衬或中性炉衬熔炼。虽然铁水中的铬对石英砂炉衬有中等程度的侵蚀作用,但由于石英砂价格低廉,从经济实用观点来说,很多车间还是愿意使用酸性炉衬。工厂使用记录表明:用于熔化高铬白口铸铁的高纯石英砂炉衬,不比镁砂炉衬寿命短,炉衬费用相对较低。

采用感应炉熔炼时,应按一定顺序加料。空炉装料时,先加入占总炉料50%～60%的料即可装满炉腔,其余炉料需待炉料熔化一部分后陆续加入。第一批加入的炉料是生铁和回炉料(一般占炉料总量30%～45%),然后陆续加入铬铁、增碳剂、废钢,待炉料熔化达80%左右时,加入钼铁和铜锭。

另一方面,首先加入熔点较低、易于熔化的炉料(生铁、回炉料)有利于缩短熔化时间、降低熔炼电耗。比较难熔化的铬铁在生铁和回炉料熔化过程中已预热到一定程度,然后沉入已熔化的铁水中,不但能加快其熔化,而且能减少在高温下暴露于空气中的氧化损失。

生铁和炭素铬铁是高铬白口铸铁中碳的主要来源。有时因生铁、硅、磷含量过高而需限制其加入量,此时可以配入较多废钢,并以增碳剂调整碳量。使用增碳剂必须掌握好碳在铁水中的回收率,否则容易使成品含碳量超出预定范围。各种增碳剂的回收率不尽相同,一般需通过试验来确定。首批炉料中分层装入增碳剂时,碳的回收率较高。在已熔化的铁水中加入增碳剂时,其上应有足够的废钢覆盖。加入中、小型无芯感应熔炉的增碳剂尺寸一般为3～10 mm。钼铁的块度不宜过小,一般以每块0.5～1 kg为宜。

为了降低出炉铁水的残余氧量,可以在铁水出炉前加铝脱氧。微量铝对高铬白口铸铁件的健全性、抗磨能力和力学性能没有不良影响。有资料报导,为了细化奥氏体枝晶、降低残余氧量,可在熔池中加钛。

由碳素铬铁、纯净生铁和废钢组成的炉料按正常加料顺序在感应炉中熔制的高铬白口铸铁熔液中,铬的熔化损耗率为 4% ~6%。随着钢铁炉料锈蚀程度的增加或熔化时间的增长,铬的损耗逐渐增加,最高的损耗率可达 10%。高铬白口铸铁件回炉重熔时,其中的铬元素损耗较少,一般为 3% ~4%。钼铁在感应熔炼过程中熔化损耗约为 5% ~8%。在有炉渣的铁水中加入小尺寸钼铁,常因钼铁黏附于渣中而降低钼回收率,损失率可达 10% 以上。

使用氧化锈蚀比较严重的炉料,硅的熔化损耗明显提高。在酸性炉中,锰的氧化物与炉衬发生强烈的炉衬反应,生成较稀的熔渣。锰将随炉渣的除去而损耗。锰的损耗一般为 10% 左右。在高温下保温的时间越长,炉衬反应越严重,铁水中的锰不断转入炉渣,它的损耗率不断增加,最高可达 15% 以上。

为了使铁水能在铸型中浇注成型,铁水应该在炉中过热至液相线以上 200 ~250 ℃。生产经验表明:浇注 15% Cr 白口铸铁厚壁铸件时,铁水出炉温度应达到 1 480 ℃;浇注薄壁件时,铁水出炉温度应达到 1 500 ~1 520 ℃。为使铸件获得细晶粒组织,浇注温度应尽可能低一些。

高铬白口铸铁水流动性良好,含碳较高、接近共晶成分的铁水流动性与充型能力接近球墨铸铁。由于铁水含铬较高,在相同温度下,高铬白口铸铁水比灰铸铁水颜色深暗、显得黏稠和温度偏低。这种情况往往给人错觉,以致造成铁水过度加热,这样不但徒使元素损耗增加,而且造成能源浪费。

4. 浇注

高铬白口铸铁件的浇注温度对铸件内在及外观质量都有影响,浇注温度过低,铸件容易产生冷隔、缩孔以及夹渣、气孔等缺陷;浇注温度过高,不但容易产生热裂缺陷,而且会使铸件的凝固缓慢,碳化物生长得较为粗大,共晶组织粗化,导致降低高铬白口铸铁抗磨能力及力学性能。在浇注不同直径的高铬白口铸铁磨球时,应该仔细而严格地按照磨球的尺寸控制出炉和浇注温度。浇注温度取决于高铬白口铸铁的成分和铸件厚度。在高铬白口铸铁常用的成分范围内,合金的液相线温度为 1 230 ~1 270 ℃。考虑到铁水在型腔内流动时的温度下降以及需要保持铁水的充型能力等因素,浇注温度应保持在液相线温度以上 150 ~230 ℃,也就是说,浇注温度应为 1 380 ~1 500 ℃。近共晶成分的厚壁铸件可在 1 380 ~1 400 ℃浇注。远共晶成分的厚壁铸件可在 1 400 ~1 430 ℃浇注。20 ~50 mm 厚的铸件,浇注温度还应提高 20 ~40 ℃。15 mm 以下的薄壁件应在 1 460 ~1 480 ℃浇注。在合适温度下浇注时,近共晶成分高铬白口铸铁水的流动性接近球墨铸铁水的流动性。其充型速度无需过高,共晶度低的铁水则需以较高速度充型。如果浇注系统设计合理,浇出无缺陷铸件是不困难的。为了减少热裂的产生,当铸件在铸型中凝固后应及时松开箱卡。如果冒口阻碍铸件收缩时,铸件凝固后应使冒口周围的型砂松散些。形状复杂的高铬白口铸铁件浇注后,及时消除阻碍收缩的因素是避免热裂缺陷的主要措施。

5. 高铬白口铸铁铸造性能

铸件的铸造工艺与铸件材料的铸造性能有关。为了制取健全的高铬白口铸铁件，应该了解这种合金的铸造性能。根据铸件所要求的组织和性能不同，高铬白口铸铁的成分可以在很宽的范围内变化。成分的变化使合金的铸造性质也发生变化，这是因为成分直接影响合金凝固温度、液相线及固相线温度、共晶点位置、凝固方式、合金液停流机理以及收缩性质等。

在亚共晶与过共晶的液、固相共存区之间，存在着一个液相直接转变为 $\gamma + M_7C_3$ 共晶组织的范围。随着铬质量分数的提高这个范围变宽。随着凝固温度范围的变化，合金凝固方式也随之发生变化。含碳量低、远离共晶成分的亚共晶合金以接近体积凝固方式（糊状凝固方式）凝固。先共晶相首先析出，过饱和的碳、铬等溶质元素，由初生相中排出而富集于固相周围的熔液中，使熔液的凝固温度降低。同时，溶质未扩散到达的熔液中又有一批新的先共晶相晶体出现。如此继续下去直到熔液达到共晶成分。先共晶相以树枝晶形态存在，共晶碳化物生长于奥氏体枝晶间，呈现离异共晶形态。在这样的凝固过程中，大量先共晶相晶体将未凝固的液体分割．形成许多弯弯曲曲的液体通道。凝固收缩将使铸件中产生细小分散的缩孔，通常称为缩松。对于这种细小的分散性缩孔，采用通常的补缩冒口是难以消除的，比较有效的办法是提高铸件的冷却速度和设法形成较陡的温度梯度。在生产实践中，在容易产生缩松缺陷的热节附近放置外冷铁，对于消除缩松是有效的。

远离共晶成分的合金液在铸型中流动时，温度可以降低到液固相共存的温度，即流体中既存在奥氏体枝晶，也存在未凝固的熔体。此时合金变得黏滞，流速下降。当枝晶数量达到一定程度，流动便告停止。合金的凝固范围越宽，先共晶相发育越充分，因此合金液的流动性也越差。

相反。接近共晶成分的合金，凝固温度范围窄，合金凝固方式与前一种方式明显不同。熔液首先在铸型表面散热最快的部分凝固，由于凝固温度范围窄，易于形成凝固层。随着热量由铸型向外散失，凝固层逐渐加厚，也就是说，凝固是以与散热方向相反的方向进行，直到熔体完全凝固，这就是所谓层状凝固方式。

层状凝固方式为铸件的冒口提供了比较通畅的补缩通道，易于避免缩孔的产生。同时，由于凝固层与液体之间的界面比较平滑，对流体的流动阻力小，而且合金液是在固相大量出现于凝固层后才停上流动的，所以流动性较好。

工厂的生产实践也表明，高铬白口铸铁的铸造性能随其化学成分的变化而有很大的变化。远离共晶成分的合金其铸造性能接近高、中碳钢，浇注温度高，补缩比较困难，流动性较差，因此铸件的工艺出品率较低。相反地，近共晶成分的高铬白口铸铁，则表现出良好的铸造性能。在浇注形状复杂的铸件时，选用近共晶成分的高铬白口铸铁往往可以避免许多铸造缺陷的产生。

6. 造型工艺

高铬白口铸铁件凝固后的线收缩率，大于铸铁，接近碳钢。一般可选用 2.0% 缩尺制造模型。对于受到较大收缩阻力的部分，线收缩量可取 1.8%。铸件相邻壁厚尺寸不应相差过大。厚度不同的铸壁相联处,应有合适的圆角或将薄壁部分逐渐加厚形成过渡部分。铸件上应避免出现棱角尖锐的铸孔。方孔及各种多边形的孔应作出合适的内圆角。模型应按照铸件工艺图制造,砂型铸造可采用石英砂,由于浇注温度较高,要求石英砂的 SiO_2 质量分数不低于 90% 。铸造低碳($w_C = 1.7\% \sim 2.2\%$)高铬白口铸铁的原砂需耐更高的温度,其 SiO_2 质量分数应在 95% 以上。一般小型铸件在以膨润土为黏结剂的湿砂型中铸造,大型铸件可采用干砂型或水玻璃快干砂型,也可以在金属型中浇注小型高铬白口铸铁件。浇注前,金属型应预热到 $150 \sim 200$ ℃,并喷刷涂料。锆英粉涂料有良好的耐热性并可避免铁水与铸型的反应。因此,它能较好地保护模具,且能抑制铸件表面气孔的生成。

锆英粉与膨润土混拌均匀后加水调至稀糊状后使用。合金在凝固过程中的收缩量和凝固方式是设计铸件浇注系统和补缩系统的基本依据。各种合金的凝固体积收缩量不尽相同,因此也应该选用不同的浇注系统和补缩措施。高铬白口铸铁的凝固收缩率大于灰铸铁而接近铸钢。

一般高铬白口铸铁件需用冒口补缩,冒口的设计应考虑到铸件成分对凝固方式的影响。含碳量低、远离共晶成分的铸件,应该按照低碳铸钢件的工艺原则设计补缩系统;近共晶成分的铸件则应按较高的补缩效率计算冒口尺寸。高铬白口铸铁是一种耐热冲击性较差的材料。如果采用气割法切除冒口很难避免在切割区产生热裂纹。有时铸件本身也会发生断裂。一般中、小型铸件应考虑采用敲击法去除冒口。大型铸件必须气割切除冒口时,应使铸件均匀预热到 $300 \sim 350$ ℃。

高铬白口铸铁件一般应采用侧冒口进行补缩,侧冒口的补缩压力比顶冒口小,冒口颈直径(或厚度)一般都小于铸件的被补缩部分,比较适用于层状凝固合金的补缩。为了使侧冒口能够更充分发挥补缩作用,可以采取以下措施。

铁水通过冒口后再进入铸件型腔,这样可使冒口与铸件本身的温度差增大,延长冒口的补缩时间,提高冒口的补缩能力。生产壁厚不均匀的高铬白口铸铁件时,经常将外冷铁与侧冒口配合使用。即使是断面较均匀的厚壁铸件,也可以利用外冷铁的激冷作用加快铸件的凝固,有利于铸件的补缩。高铬白口铸铁件一般不宜采用顶冒口,必须使用时,可在冒口根部放置易割片,做成易割冒口,便于清除和修磨冒口残根。高铬白口铸铁件一般采用封闭式浇注系统,浇注一些大型铸件时,浇注系统应该有除渣措施。浇口的断面尺寸也应根据高铬白口铸铁的成分而定。按体积凝固方式凝固的高铬白口铸铁件,应选用断面尺寸较大的浇口,浇注系统的设计参数可参照铸钢件的相应工艺参数,按层状凝固方式凝固的高铬白口铸铁件,则宜选用球墨铸铁件浇注系统的设计参数。内浇口的布置也是重要的,特别是大型厚壁铸件或形状复杂的薄壁铸件,更需要慎重考虑内浇口的布置方案。应该看到,高铬白口铸铁件的凝固收缩率和凝固后的线收缩率都是比较大的,内浇口布置不当,可能导致铸件产生缩孔、热裂等缺陷,或残留过大铸造应力。高铬白口铸铁件一般应按顺序凝固原则设计浇注系统。均衡凝固原则适用于薄壁小型铸件。高铬白口铸铁件清理不当会造成废品。实践经验表明,很多铸件是因清除浇冒口不当,或因修磨铸件时产生裂纹而报废。磨削裂纹发生的缺陷主要是裂纹伸展到铸件表面以下就会造成废品。磨削裂纹与铸件的组织状态有关,基体中有大量铸态奥氏体的厚壁高铬白口铸铁件,对磨削裂纹的生成最为敏感,因为磨削时在铸件表面产生的热量足以诱发奥氏体转变。减少磨削热量的方法之一是使用软质砂轮,以锆英砂为磨料的软质砂轮与硬质砂轮相比,磨削热量大大减少,而且磨削效率也较高。使用这种砂轮磨削铸件时,即使产生裂纹也是很微小的,可以在磨削最后一层残留金属时去除掉。具有珠光体基体或大量马氏体基体组织的高铬白口铸铁件,与奥氏体高铬白口铸铁件相比,较易于解决磨削裂纹问题。这类铸件可用硬质砂轮或在较高压力下磨剥,磨裂倾向较低。具有铸态奥氏体组织的铸件,一般应在退火后或淬硬后进行修磨。虽然淬硬后铸件较难修磨,但为了避免磨削裂纹产生,这样安排生产工序也是合理的。

8.2.5 高铬白口铸铁的热处理

热处理是生产高铬白口铸铁件的必要工序。高铬白口铸铁需要强韧坚硬的基体组织,以提高零件的抗磨能力。铸造组织一般不能满足这一要求,需要通过热处理来改变基体组织的性质,充分发挥材料的抗磨潜力。

1. 加热

高铬白口铸铁是热导率较低的金属材料。铸件快速加热时,表面与心部会出现较大的温度梯度。这种材料的热膨胀系数也很高,不同部位的温度差异会使铸件内产生较高的热应力和组织应力。控制加热速度的目的就是要降低因温度梯度而产生的内应力水平,防止铸件变形、开裂。铸件的加热速率主要取决于铸件尺寸、重量及形状。一般来说,一些形状简单、厚度不大的零件,例如球磨机衬板、抛丸机叶片等可在 250 ~ 300 ℃装炉,在 750 ℃下,加热速率应控制在 100 ℃/h,以避免热裂纹的产生。形状不规则、断面尺寸差别很大的铸件,例如重型砂浆泵外壳,应该更缓慢地加热,加热速率一般不应超过 60 ℃/h。铸态组织中含有大量奥氏体的铸件加热速率更应严格控制。

当温度超过 750 ℃后,铸件已呈红热状态,铸件自身的塑性变形可使内部应力得到释放。因此,升温超过 750 ℃后,加热速率可适当提高。当热处理炉的功率较高,热源充足,铸件温度上升过快时,可采用在不同温度下分段保温的措施减少铸件不同部位的温差。薄壁铸件在炉中加热时,应注意避免受到不均匀的力,防上铸件变形。

2. 奥氏体化

铸件加热到奥氏体化温度后,需要进行等温停留,以完成奥氏体转变,成分均匀化以及析出二次碳化物,铸件本身也达到透热的目的。奥氏体化和二次碳化物的析出都要靠碳与合金元素的扩散来完成,扩散速度决定了相变所需的时间,也就决定了保温时间的长短。实践结果表明:铸态组织中含有大量残余奥氏体的铸件,需要保温 6h 以上,二次碳化物才能比较充分地析出,而原始基体组织为珠光体的铸件,在相同的温度下完成此过程一般需 3h 左右,而且二次碳化物析出得比较完全。因此,奥氏体中的碳、铬含量是随加热温度而变化的。就随后进行淬火的工件而言,奥氏体碳、铬含量增加可提高淬透性,并使淬火形成的马氏体硬度增加。当硬度达到一个最大值后,如果处理温度再提高,由于奥氏体溶入的碳量更高,使 Ms 点下降,残余奥氏体量增加,基体硬度将由最高值开始下降。产生最高硬度的处理温度随含铬量的增加而上升,例如,铬质量分数为 15% 的高铬白口铸铁,达到最高硬度的处理温度为 940 ~ 970 ℃,而铬质量分数为 20% 的高铬白口铸铁,此温度上升到 960 ~ 1010 ℃。几种在工业上应用比较广泛的高铬白口铸铁的淬火温度列于表 8.14。

表 8.14 常用高铬白口铸铁的淬火温度

高铬铸铁牌号	淬火温度/ ℃	冷却介质
Cr15Mo3	920 ~ 960	空气
Cr15Mo2Cu1	920 ~ 960	空气
Cr20MoCu1	950 ~ 1000	空气

3. 淬火

为使高铬白口铸铁获得高的抗磨性,必须有坚硬的马氏体基体来支撑 M_7C_3 型碳化物。高铬白口铸铁淬火的目的主要是改变基体组织成为高硬度的马氏体组织,而 M_7C_3 型碳化物基本上保持不变。

高铬白口铸铁的高温奥氏体稳定性好,在空冷过程中难以转变成马氏体组织。为了使高温奥氏体在冷却过程中转变为马氏体组织,必须在奥氏体化的过程中,使奥氏体中的碳和铬等合金元素一部分以二次碳化物的形式弥散析出,这样奥氏体的稳定性降低,Ms 点升高,在随后的冷却过程中转变为马氏体组织。这种使二次碳化物析出,降低奥氏体稳定性的过程也称为“去稳定处理”。

水玻璃经水稀释后,可以作为高铬白口铸铁的淬火介质。水玻璃模数(M = SiO_2/Na_2O)对其冷却能力有影响。提高模数有助于减弱其冷却能力。模数为 2.2 ~ 2.5,用水稀释至比重 1.12 ~ 1.15 的水玻璃溶液的冷却能力低于油而高于强制风冷。可用于中等壁厚、形状不太复杂的铸件淬火。壁厚不均匀的铸件一般应采用强制风冷。铸件较薄部分冷却到红热温度以下时的冷速不能显著高于铸件的较厚部分冷速。为了避免裂纹产生,可以采取一些措施,如铸件较薄部分冷到暗红色消失后,立即送入 550 ℃ 的热处理炉中,使铸件各部分温度趋于均匀;或者当冷却最快的部分温度降到 600 ℃ 以下时,停止向这些部分吹风。这些措施都可避免因冷却较快,部分温度低于塑形变形温度不能释放应力时而产生裂纹。

4. 回火

淬火后的马氏体高铬白口铸铁一般在 200 ~ 260 ℃ 回火,在这个温度下回火可以改善材料的韧性,提高零件在冲击载荷下工作的可靠性。有的研究结果明,在 200 ℃ 以上温度回火,可能降低材料的抗磨能力和断裂韧性。但是此项研究只是在一定成分和金相组织范围内进行的。在重冲击载荷下应用的高铬白口铸铁件,为了消除由于残余奥氏体存在而产生的零件表面剥落现象,应在更高的温度下回火。我们知道,伴随马氏体转变而生成的残余奥氏体并非完全稳定的。如果把淬火后的工件再加热到 450 ~

550 ℃,残余奥氏体就会发生转变。硬化的机制因残余奥氏体中碳、铬含量不同而有所不同,碳、铬含量较低时,由回火温度冷却到室温过程中,残余奥氏体部分发生马氏体转变;碳、铬含量较高的残余奥氏体,在回火温度下析出高度弥散的 M_7C_3 型碳化物,转变成 $\alpha+M_7C_3$ 聚合物组织。马氏体硬度在回火过程中略有降低,但是这已被残余奥氏体转变增加的硬度所弥补,总的结果是硬度上升,称为高铬白口铸铁的二次硬化现象。

5.残余奥氏体的控制

淬火后的残余奥氏体在冲击磨损工况下,有一定加工硬化能力,有利于材料抗磨料磨损。但是,在反复冲击条件下,残余奥氏体将会大大增加工件的剥落损坏倾向。对某些受反复冲击载荷的产品,规定了残余奥氏体最高允许含量。例如,球磨机磨球的残余奥氏体不超过3%。残余奥氏体量主要与高铬白口铸铁化学成分和热处理工艺有关。在固溶体中溶入的铬、碳、锰、镍、铜量增加,都有增加残余奥氏体量的作用。镍或铜是作为提高淬透性的元素加入高铬白口铸铁的,有助于钼充分发挥其作用。这两个元素还能促进铸态组织中珠光体的形成,有助于在随后的热处理过程中改善奥氏体化的条件。值得注意的是,它们在提高淬透性的同时还有强烈的稳定奥氏体的作用,使淬火后的组织中残余奥氏体量增加,由于镍和铜完全溶入固溶体,热处理并不能减少它们在奥氏体中的溶解量。使含镍或铜的高铬白口铸铁中残余奥氏体量减少的办法之一,是适当减少固溶体中碳、铬的质量分数。另外,镍或铜质量分数为 0.5% 至 1.0% 的高铬白口铸铁,需要适当延长脱稳处理时间,使二次碳化物充分析出,固溶体中溶质浓度降低。碳量低的奥氏体转变生成的马氏体碳的质量分数也较低,残余奥氏体量虽然显著减少了,但是淬火后的硬度也低于不含铜或镍的高碳马氏体高铬白口铸铁。因此,加镍或加铜量要慎加控制。大多数情况下,加镍或加铜量达到 0.5% 时,就足以配合钼元素有效地提高淬透性。加入量超过 1.0% ~ 1.2% 将不利于抗磨性能,严格控制脱稳处理温度,也是减少残余奥氏体量的基本措施。

6.亚临界处理

具有铸态奥氏体基体组织主要为奥氏体的高铬白口铸铁,在低于珠光体转变临界点以下的温度等温停留时,奥氏体发生分解反应,析出高度弥散的亚显微尺寸碳化物 M_7C_3, M_7C_3 奥氏体将转变为 α 相和细微碳化物组成的聚合物组织。由于碳化物的析出强化作用和复相组织的结构特点,这种聚合物组织有类似于贝氏体的力学性能,抗磨能力接近回火马氏体,是一种良好的基体组织。产生聚合物组织的热处理方法称为亚临界处理,亚临界处理不经过淬火的急速冷却过程,可大大降低铸件开裂的危险性。处理温度远低于淬火温度,可以节约能源,提高生产效率。处理后残余奥氏体量几乎可以减少到零。因此,这种处理工艺非常适用于大型的或形状复杂的铸件。一些需要经受反复冲击载荷的铸件,采用亚临界处理工艺后,服役性能大大改善。

亚临界处理一般是在铸件清理后进行,为使凝固组织中的奥氏体一直保留到室温,我们希望奥氏体中的碳和铬在铸件冷却过程中,不要以二次碳化物的形式析出。在金属型中浇注的高铬白口铸铁件,一般能使奥氏体保留下来。砂型铸造的薄壁铸件,可在 800 ℃以上高温开箱,而厚壁大型铸件,则需在高温开箱后进行强制风冷。为了获得

$\alpha + M_7C_3$ 聚合物组织,也应当选择合适的化学成分,铬碳比应保持在 5~7 以上,较厚的铸件应该有较高的铬碳比。锰含量应高于马氏体高铬白口铸铁,一般锰质量分数为 0.8%~1.6%,厚壁铸件应选用较高的锰含量,由于增加锰量,相应减少钼含量,锰和 0.5%~1.0% 铜(或镍)配合应用,对铸态奥氏体的产生有明显的促进作用。亚临界处理的温度范围是 480~520 ℃,亚临界处理是在能导致塑性变形的温度以下进行的,在实践中应注意缓慢加热,并需有足够的透热时间。

7. 退火

高铬白口铸铁件在切削加工之前,一般都要进行退火热处理,其目的是使金属基体全部转变成珠光体组织,降低硬度,便于切削加工。高铬白口铸铁的退火工艺是,缓慢升温到 950~1 000 ℃,保温一段时间(视工件截面大小,一般为 2~4h)后,以 50 ℃/h 的速度缓慢冷却到 600 ℃,出炉空冷。也可以冷却到 700~750 ℃ 保温一段时间,然后炉冷,600 ℃ 以下出炉空冷。

图 8.16 为高铬白口铸铁的退火工艺曲线。有人建议退火加热时升温到 700 ℃ 后等温一段时间,然后再继续升温到奥氏体化温度。其目的是在 700 ℃ 等温过程中,铸件的基体组织转变为珠光体,然后在奥氏体化过程中,由珠光体转变为奥氏体。由于合金碳化物难以溶解,一部分碳化物保留下来,降低奥氏体的稳定性,这样在退火冷却过程中,奥氏体容易分解成粒状珠光体,达到降低硬度的目的。

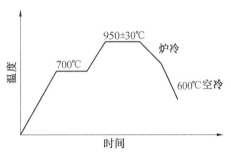

图 8.16　高铬白口铸铁的退火工艺曲线

高铬白口铸铁退火后的显微组织是,M_7C_3 型碳化物和粒状珠光体。

高铬白口铸铁铸态硬度一般是较高的,难于切削加工。需要切削加工的零件,在加工前应该通过退火使铸件软化。退火后的高铬白口铸铁具有珠光体基体组织,不含或含有少量镍或铜的高铬钼铸铁,可以采用以下热处理工艺:

先将铸件升温至奥氏体化温度,保温后在炉内冷却至 820 ℃,再以每小时不超过 50 ℃ 的冷速降温到 600 ℃ 以下,最后冷却到 250 ℃ 出炉。在 700~750 ℃ 延长保温时间,也可以获得良好的软化效果,但是这种处理方法所获得的珠光体是很细的组织,硬度稍高于切削性最佳的硬度。对于淬透性高的高铬白口铸铁,需要进行较长的热处理过程才能得到软化效果。

含钼量较高并含有镍、铜等元素的铸件,可以采用以下的退火工艺:

在 930~980 ℃ 下进行奥氏体化,奥氏体化时间不少 1 h。随后以每小时最多降低 60 ℃ 的冷速炉冷到 820 ℃,再以每小时 10~15 ℃ 的速度冷却到 700~720 ℃,在此温度下保温 4~20 h,最后在炉中或静止空气中冷却至室温。退火后的基体为球状珠光体组织,切削性良好。经过软化退火后的硬度为 350~450 HB,这个硬度可以保证大多数机械加工工序顺利进行,甚至也能切削螺纹。

8.2.6　影响高铬白口铸铁耐磨的主要因素

高铬白口铸铁抗磨件失效的主要原因是磨损和断裂,因此衡量高铬白口铸铁抗磨性的主要指标是抗磨料磨损能力和抗断裂能力。磨损使零件尺寸变化,断裂既包括零件的整体破碎,也包括局部宏观剥落导致的外形缺损。为使抗磨零件获得最良好的抗磨性,对材料的要求应该是,满足特定工况的需要在有足够的抗破断能力前提下,抗磨料磨损能力优良。

材料的磨料磨损是一个比较复杂的过程,影响这一过程的因素很多,归纳起来,这些因素大体上可分为两类,一类是外部因素,一类是材料自身的因素。抗磨零件工作时的工况条件,诸如磨料作用于零件的方式,外力的大小和性质,磨料的粒度、硬度、速度和湿润程度等,都属于外部因素,这些因素是导致材料发生磨损和断裂的外部条件。材料的机械性能、金属组织状态等是决定材料本身抵抗磨损和断裂能力的因素,这些因素影响零件在某种工况下的耐用性。

1. 工况条件的影响

以下讨论工况条件对高铬白口铸铁抗磨件的影响,销盘磨损试验用以测定材料的高应力切削磨损耐磨性。许多抗磨零件在服役过程中都要发生这种类型的磨料磨损。以刚玉为磨料,对铸态(奥氏体基体)和淬硬的(马氏体基体)的 Cr15Mo3 高铬白口铸铁进行了销盘磨损试验。在铸态奥氏体基体中切出的沟槽比较粗糙,沟边出现塑变金属,呈现犁沟形貌。淬硬的马氏体基体上沟槽较浅,塑变金属量较少,呈现切削沟槽形貌。材料失效于典型的磨料切削机制,采用软磨料时,试样的磨损率下降,淬硬试样比铸态试样的抗磨能力显著提高,两者的抗磨能力差异大大超过硬磨料试验产生的结果。高铬白口铸铁抗磨件与较软磨料作用时,马氏体基体可使材料获得较好的耐磨性。马氏体基体高铬白口铸铁在硬度很高的刚玉磨料作用下,比奥氏体基体高铬白口铸铁的抗磨能力强,但是抗磨能力的差别比使用软磨料时要小得多。主要原因是奥氏体组织在硬磨料的犁切作用下,产生应变硬化或应变诱发转变,使材料表面产生马氏体组织,硬度可由原来的 300 HV 左右急剧上升到 900 HV 以上,不过这个形变硬化层是很薄的。如果磨损过程中磨料与工件的接触应力发生变化(短时增加),或有少数尺寸较大的磨料参预切削过程时,都可能把硬化层在随后的磨料切削过程中切削掉。在这种情况下,材料磨损量就会相应增加。

低应力划伤磨损试验是在胶轮磨损试验机上进行的,磨料采用石英砂。铸态试样(奥氏体基体)和淬硬试样(马氏体基体)磨损面上,都显示磨粒的切削沟槽。马氏体基体上的沟槽比奥氏体上的沟槽更浅。由于石英砂的硬度远低于 $(FeCr)_7C_3$ 碳化物硬度,试样与磨料的接触应力也比较小,因此碳化物表面未发现切削沟槽,只显示出一些划伤痕迹。可以明显看出,碳化物只是稍凸出于基体表面,对基体产生了良好的保护作用,材料失效于切削机制。整个试样的磨损率大大低于高应力磨损和凿削磨损的磨损率。在此试验中,马氏体高铬白口铸铁的抗磨性优于奥氏体高铬白口铸铁,这是因为奥氏体组织硬度与磨料硬度的比值,小于马氏体组织与磨料硬度的比值,以及奥氏体在低应力下未能充分发挥加工硬化潜力的缘故。改用石榴子石和刚玉磨料进行磨损试验时,磨损率远低于前述的高应力切削磨损试验结果。

上述情况表明,外部条件的改变会导致材料磨损机制和磨损率的变化,直接影响抗磨件的耐用程度。在选择高铬白口铸铁材料时,应根据不同的工况来确定材料的成分和组织,以求获得最佳的抗磨效果。

2. 碳化物体积分数的影响

初生碳化物和共晶碳化物体积之和占材料总体积的百分数,称为碳化物体积分数。工业应用的高铬白口铸铁碳化物体积分数一般为 $20\% \sim 40\%$。M_7C_3 型高硬度碳化物有助于提高材料耐磨性,但是这个脆性相的断裂和剥落起相反的作用,在两个相反的因素中,对高铬白口铸铁耐用性起重要作用的是基体金属和碳化物的相互保护作用。高应力两体磨损试验结果表明:随着亚共晶高铬白口铸铁中细小的共晶碳化物体积分数增加,抗磨能力稍有下降,其原因是碳化物受挤压、冲击而发生断裂、剥落。但在过共晶高铬白口铸铁中,抗磨能力随碳化物体积分数的增加而降低,但达到一定数量后,抗磨能力向相反方向变化。其原因是单个碳化物体积增大使其剥离倾向增加。在胶轮磨损试验中发现,共晶成分附近的高铬白口铸铁磨损失重最小,过共晶合金中由于大块碳化物剥离,导致磨损随碳化物体积分数的增加而增加。

亚(近)共晶合金(2.79% C,21.0% Cr,2.36% Mo,碳化物体积分数为 30.4%)经石英砂粒磨后,共晶碳化物表面有磨损痕迹,正对磨料运动方向的边缘棱角被磨钝。基体磨损较快,碳化物凸出于基体,但未发现断裂和剥落现象。过共晶合金的磨损面中,初生碳化物比共晶碳化物磨损轻微,前沿也有磨钝现象。

亚共晶合金中碳化物体积分数增加使抗磨能力提高的原因在于碳化物对基体起了保护作用。碳化物体积增加时,碳化物间距相应缩小,在共晶成分时碳化物间距与奥氏体枝晶厚度相当,尺寸约为 $50~\mu m$,小于磨料尺寸,磨料不能顺利地切入基体,从而减轻了磨料对基体的切削损伤。看起来是碳化物对基体起了保护作用。而过于细小的碳化物可能因不能抵抗磨削力而折断,导致磨损量增加。而过共晶合金中,粗大的初生碳化物,在磨料的挤压和剥蚀作用下发生碎裂,有相当一部分从表面剥离,同时使其周围的基体暴露,这双重因素使磨损量增大。初生碳化物尺寸越大,在磨损过程中越难于受到基体的支撑,因而碎裂倾向增大,剥离造成的失重和基体磨损失重都相应增加,造成材料抗磨能力下降。

以上研究结果表明,过多的初生碳化物对高铬白口铸铁的抗磨性和抗断裂性都是不利的,在磨料较软,低应力摩擦条件下,要求抗断裂性能好的抗磨件,选择碳化物体积分数小的奥氏体高铬白口铸铁是有益的。如果要兼顾材料的抗磨性与抗断裂性时,则宜选用共晶成分高铬白口铸铁。

3. 基体组织的影响

高铬白口铸铁具有合金碳化物与基体组成的多相组织,基体组织的机械性能以及磨损机制,与合金碳化物相有很大区别,一般来说,高铬白口铸铁的总磨损率由碳化物和基体两者的磨损机制共同决定,而抗磨能力较强的硬质相的磨损率是起主导作用的因素。基体组织是抗磨弱相，但是它对抗磨骨架相的保护作用却是不可低估的，这就是我们探讨基体组织对高铬白口铸铁抗磨能力影响的意义。

在较低的接触应力下，特别是磨料较软时，基体组织磨损很轻，与碳化物的磨损量差异小，碳化物受到基体的良好支持，可免于断裂、剥落，碳化物的损耗量是轻微的。碳化物体积分数为39%的马氏体高铬白口铸铁，经过橡胶轮湿磨后试样表面，碳化物稍凸出于基体，未见到基体中出现严重的沟槽和凹坑。同时，碳化物骨架也在一定限度内阻挡磨料对基体的切削或凿削，可减轻基体磨损。在高应力状态下，特别是磨料较硬时，磨料连续切削基体与碳化物或者凿削基体，而使基体与碳化物的磨损率产生较大差异，碳化物表层因失去周围金属而处于孤立状态，易于发生断裂，并从磨损面上剥离。碳化物脱落后，周围金属暴露于外，必将发生较快的磨损。由此可见，碳化物与基体金属之间的保护作用是双向的。

从抗磨损的角度来说，希望基体组织能有助于碳化物抵抗显微范围内的机械应力，因此基体金属应该有足够的屈服强度。马氏体组织的屈服强度远高于珠光体组织，这是前者抗磨能力大大超过后者的原因之一。高碳奥氏体组织处于介稳状态，在磨料作用下发生形变诱发相变，产生形变马氏体，本身得到强化。强化程度则取决于它的热力学稳定性，稳定奥氏体的元素（例如镍、锰）过多，将要降低奥氏体的加工硬化性能，对于奥氏体高铬白口铸铁的抗磨性能产生不利的影响。

与碳化物本身或碳化物—基体界面相比，基体组织更能使裂纹钝化。裂纹钝化能在很大程度上提高材料的断裂韧性，因为裂纹总是穿过基体而扩展的。奥氏体组织的塑性和应变能储积释放速率高于马氏体，裂纹在奥氏体中扩展比在马氏体中扩展困难，因而其断裂韧性较高。奥氏体在 500 ℃ 回火析出细微碳化物粒子，形成 M_7C_3 聚合物组织，这种组织少许降低裂纹扩展抗力，但其断裂韧性也不低于马氏体组织。

4. 碳化物尺寸、间距的影响

碳化物尺寸对高铬白口铸铁抗磨性和抗断裂能力的影响，已经被一些研究实验和工业实践所证实。但是目前还难以提出可用于生产领域的衡量碳化物最佳尺寸的量化标准。这是因为各种设备中抗磨零件的磨损方式不同，基体与碳化物的相互作用、磨料尺寸、性质、形状、碳化物尺寸和分布状态，以及其他诸多因素交互地对材料耐用性产生影响，使研究试验结果还不能归纳到统一的衡量标准上来。

初生碳化物的单个体积和尺寸都比较大，一般来说，过共晶合金抗磨件适用于软磨料、冲击力较小的场合。$(FeCr)_7C_3$ 碳化物本身的抗断裂性能差，受到冲击或凿削作用时容易碎裂，并从磨损表面剥离出去，其周围的基体金属也将加速损伤，导致材料的磨损速率大大增加。同时，粗大的碳化物也降低材料的抗断裂能力，因此含有大块初生碳化物的过共晶高铬白口铸铁，通常不宜应用到容易产生高应力凿削磨损的零件中去。共晶碳化物通常是成簇存在，其尺寸的大小常以其厚度来衡量。碳化物厚度不超过与之相邻的基体金属厚度（一般指碳化物间距）时，它与基体之间的相互保护作用比较良好。碳化物厚度过大或过小都容易在凿削或冲击作用下断裂、剥离。共晶碳化物间距对铸件抗磨性的影响也不可低估。合适的间距尺寸与磨料尺寸相关，尺寸大于碳化物间距的磨料在基体上的压痕较浅,切削沟槽也较浅,材料的磨损量少、磨损率低。但是过窄的间距必然有较薄的碳化物片与之相邻,磨料可能切断或压断这些碳化物,使磨损量增加。一般认为,磨料性质软、尺寸小于 $250 \sim 500$ μm 的磨料,碳化物间距应小于磨料尺寸。用于破碎、粉磨、混拌大块磨料的高铬白口铸铁件中,碳化物间距应该较大,但不宜超过碳化物厚度的150%。调整铸件冷却速率可以改变碳化物的尺寸,在激冷条件下凝固的合金,可获得细密的共晶组织。在工业生产中利用铸件凝固技术改善抗磨件的耐用性是切实可行的,在许多重要的应用实例中已经得到证实。

第9章 复合耐磨材料

9.1 双金属复合铸造耐磨材料

双金属铸造是指把两种或两种以上具有不同特征的金属材料铸造成为完整的铸件,使铸件的不同部位具有不同的性能,以满足使用要求。通常一种合金具有较高的力学性能,另一种或几种合金则具有抗磨、耐蚀、耐热等特殊使用性能。

双金属铸造工艺常见的有镶铸工艺、双金属复合铸造工艺。将一种或几种合金预制成一定形状的镶块,镶铸到另一种合金液体内,得到兼有两种或多种特性的双金属铸件,即谓镶铸工艺。将两种不同成分、不同性能的铸造合金分别熔化后,按特定的浇注方式或浇注系统,先后浇入同一铸型内,即称双金属复合铸造工艺。

双金属铸件的使用效果除取决于铸造合金本身的性能外,更主要取决于两种合金材料结合质量的好坏。在双金属复合铸造过程中,两种金属中的主要元素在一定温度场内可以互相扩散、互相熔融形成一层成分与组织介于两种金属之间的过渡合金层,一般厚度为 $40 \sim 60 \ \mu m$,即称为过渡层。控制各工艺因素以获得理想的过渡层的成分、组织、性能和厚度,是制成优质双金属复合铸件的技术关键。以碳钢-高铬铸铁双金属复合铸造为例,往铸型内先注入钢液,间隔一定时间后再注入铁液,过渡层的液体在碳钢层已存在的奥氏体晶体的结晶前沿或在悬浮的夹渣物、氧化膜的界面上成核并长大。在过渡层区域内,正在生长着的奥氏体晶体边缘的前方富聚着各种杂质,引起成分过冷,促使凸部加速长大,呈树枝状连续生长。当结晶即将终了时,高铬铸铁的液体以过渡金属的结晶前沿为结晶基面,晶核长大。这种生长方式将使碳钢中的奥氏体与过渡层中的奥氏体、高铬铸铁中的初生奥氏体连结起来,构成了连续的奥氏体晶体骨架,得到了结合紧密的双金属复合铸件。镶铸双金属铸造过程,过渡层的结晶特点与金属复合铸造工艺相似,只是凝固次序不同,在固体镶块表层熔融金属的晶体前沿处形核长大、结晶,形成过渡层和母材(钢材)的晶体。

9.1.1 双金属复合铸造

1. 双金属铸造材料选择

双金属铸件由衬垫层、过渡层和抗磨层组成,衬垫层由塑性和韧性高的金属材料形成,常用 ZG230-450 或 ZG270-500 铸钢以使铸件能承受较大的冲击载荷。抗磨层多用高铬白口抗磨铸铁,过渡层为两种金属的熔融体。

2. 熔铸工艺特点

熔炼采用两种铸造合金各自原用的熔炼工艺,两种不同的铸造合金液体按先后次序通过各自的浇道注入同一个铸型内。两种合金液体的浇注时间需保持一定的时间间隔。熔点高密度大的钢液先浇注,熔点低密度小些的铁液后浇注。浇注工艺的关键是严格控制两种合金液体的浇注间隔时间。一般当钢层的表面温度达 900 ~ 1 400 ℃时,可浇注铁液。钢层的表面温度与钢液的浇注温度、钢层厚度、铸型散热条件等因素有关。两层合金浇注时间间隔,除取决于钢层表面温度,还与铁液的浇注温度、铁层厚度有关。浇注温度高,铁层厚度较厚,钢液、铁液浇注间隔时间可以适当长些。一般说来,抗磨层铁液含合金量越多,浇注温度应高些。浇注速度应采取快浇为宜。实际生产中,均是通过冒口或铸型专设的窥测孔用肉眼判断钢层表面温度,也可用测温仪测定钢层表面温度,以便确定铁液注入型腔的最佳时间间隔。

3. 造型工艺

高铬白口铸铁的凝固收缩和线收缩基本接近于碳钢,所以复合浇注双金属铸件的造型工艺与碳钢造型工艺基本相同。通常铸型均水平放置,以得到厚度均匀的钢层、铁层。如欲得到不同厚度的合金层,也可按需要以不同的倾斜角放置铸型。在铸型上分别开设钢液和铁液的浇注系统。由于钢液先浇,铁液后浇,所以钢液中的浇注系统按一般铸钢的浇注系统参数设计,而铁液浇注系统则应保证有充分的补缩能力和较快的浇注速度,以免出现缩孔和冷隔缺陷。在铸型上型的型腔顶部应开设窥测孔以观察先浇注金属液的表面温度,先浇注金属液的定量方法可以采用定量浇包或者在铸型上设液面定位窥测孔。为防止结合层氧化,在钢液表面覆盖保护剂。保护剂应具有防氧化,流动性好,熔点低,气化温度高的特点。一般采用脱水硼砂,当铁液随后浇入型腔时,覆盖在钢表面上的保护剂被铁液流冲溢至铸型的溢流槽中,完成其保护结合层的作用。

4. 双金属复合铸件的热处理

根据双金属复合铸件的冷却条件和铸态组织,选定合适的热处理工艺。以 ZG230-450 钢-高铬铸铁复合铸件为例,说明选定热处理工艺的方法。高铬白口铸铁层的期待态组织是珠光体、奥氏体和马氏体混合组织,如其中珠光体为 10%,就会急剧降低铸铁层的抗磨性。为保持高的抗磨性,就应消除珠光体,获得全马氏体基体,为此采取的热处理工艺如图 9.1 所示。将铸件加热至奥氏体化温度保温一定时间(铸件壁厚 20 ~ 50 mm,保温 2 ~ 4 h)后,空气中冷却的马氏体基体组织,空淬后回火,以消除残余应力得回火马氏体,提高韧性。

5. 双金属铸件的性能

抗弯试验:试样取自小型冲击板,试样尺寸为 30 mm×20 mm×250 mm,跨距为 220 mm,高铬铸铁面向上受载,试验结果见表 9.1。双金属复合工艺提高了材料的抗弯强度,对挠度值提高更显著,使高铬铸铁-钢复合材料具有塑性材料的特征,使运行安全得到保证。冲击试验:冲击试样尺寸为 10 mm×10 mm×55 mm,无缺口梅氏试块。双金属复合材料的一次冲击韧度比高铬铸铁高得多,为了能依据使用条件来正确选定钢层与铁层的厚度比,制成了有不同钢与铁厚度比的冲击试块。在打击铸铁面的冲击试验条件下,冲击韧度随钢层厚度占试块总厚度百分比的增加而迅速提高,见表 9.2。然而,从延长使用寿命出发,则高铬铸铁层越厚越好。现场使用结果证实,铁层与钢层的

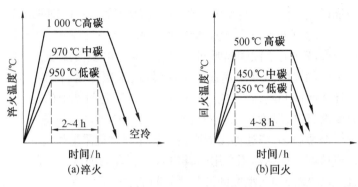

图 9.1　高铬白口铸铁双金属铸件的热处理规范

厚度比为 2∶1 较佳,其冲击韧度在 20 J/cm^2 以上,耐磨性能亦较理想,见表 9.3。

表 9.1　双金属复合材料与单一高铬铸铁的抗弯试验

材料		挠度/mm		抗弯强度/MPa		备　注
		铁断裂	钢开始裂	铁断裂	钢开始裂	
复合材料	钢层占试样总厚的 30%	1.6	5	698	852	高铬铸铁处有缺陷
	钢层占试样总厚的 36%	1.9	6.5	783	927	—

表 9.2　双金属复合材料与单一高铬铸铁的冲击试验

	单一高铬铸铁	复合材料					
钢层占试样总厚/%	0	13	17	20	25	28	37
冲击韧度 α_k/(J·cm^{-2})	5	19	23	37	60	53	未断
试样来源	基体模块	小冲击板		大冲击板			

注:衬垫层为 ZG200-400,冲击韧度 60 J/cm^2。

表 9.3　两种材料的冲击板抗磨试验数据

材质	运行前重/kg	运行后重/kg	磨损量/kg		运行时间/h	磨损速度/(g·h^{-1})	磨损速率对比	状态
			本身	平均				
双金属	10.2	9.1	1.1	1.55	360	4.30	1	未磨穿
	10.2	8.2	2		360			未磨穿
高锰钢	10.5	7.5	3	3.4	360	9.44	2.2	磨穿
	10.5	6.7	3.8		360			磨穿

6. 双金属复合铸件铸型工艺实例

(1)风扇磨煤机冲击板铸型工艺

风扇磨煤机冲击板铸型工艺,如图 9.2 所示。

使用条件:高速旋转的冲击板撞击、粉碎煤块,煤块以一定角度撞击,磨损着冲击板。

浇注系统:钢液、铁液的浇注系统分置于砂型的两侧,考虑到铸件两端冷却速度比中心部位快,故内浇道应尽量接近两端,内浇道呈分散式薄浇道,使先浇入的钢层在型腔内能均匀冷却,而后浇入的铁液亦能分散注入钢层表面,得到较好的过渡层,型腔的上平面安置了补缩冒口。

浇注工艺:钢液、铁液均采用定量浇口杯。

造型材料:铸钢干砂型,铸钢层的涂料为糖浆石英粉,最好采用树脂棕色刚玉粉,铸铁层涂料用石墨粉涂料。配型时必须把铸型安放水平,保证钢层、铁层厚薄一致。

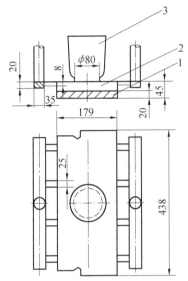

图9.2 风扇磨煤机冲击板的铸型工艺示意图

1—碳素钢;2—高铬铸铁;3—冒口兼窥视孔

(2)球磨机衬板铸型工艺

球磨机衬板铸型工艺,如图9.3所示。

使用条件:转动的衬板承受着下落的矿石和磨球的撞击、磨损。

浇注系统:钢液、铁液浇注系统分别安放在衬板的两端,在钢液浇口的对面设置钢液的液面观察槽,在铁液浇口的对面开设保护覆盖剂溢出槽。铁液浇口的设计应具有足够的补缩能力。

造型工艺:在上箱的型腔顶面开设观察钢层表面温度的"窥测孔",在铁层的顶部安置外冷铁。

9.1.2 双金属复合镶铸

1.镶铸用材的选用

镶铸用材由镶块(条)和母材组成,镶块(条)的材质要具有高的硬度,抗磨性,对其综合性能要求不高,常选用高铬白口铸铁、硬质合金(如GT35等)。母材的金属应有高的韧性,良好的耐磨性和流动性,与镶块的热膨胀系数接近,与镶块的热处理工艺相匹配。常用30CrMnSiTi铸钢和ZG270-500铸钢做母材。

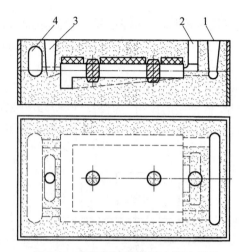

图9.3 球磨机衬板铸型工艺示意图

1—观察槽;2—铁液浇口;3—钢液浇口;4—溢出槽

常用的镶块、母材的化学成分见表9.4。

表9.4 镶块、母材的化学成分

名称	材料	质量分数/%									
		C	Si	Mn	P	S	Cr	Mo	Cu	V	Ti
镶块	GT35	0.6	—	—	—	—	2.0	2.0	—	—	TiC35
	高铬白口铸铁	2.8 ~ 3.3	0.6 ~ 1.2	0.8 ~ 1.5	≤0.1	≤0.1	14 ~ 16	0.5 ~ 2.0	0.3 ~ 1.0	0.07 ~ 0.12	0.16 ~ 0.4
母材	30CrMnSiTi 钢	0.28 ~ 0.38	0.42 ~ 1.5	0.87 ~ 1.5	<0.04	<0.04	0.55 ~ 1.0	—	—	—	0.06 ~ 0.12
	ZG270-500 铸钢	0.40	0.50	0.8	≤0.04	≤0.04	—	—	—	—	—

2. 镶块的几何尺寸与布置

应根据镶块部位的铸件形状来设计镶块的几何尺寸,同时还应考虑到使其与母材能牢固地结合而又不造成母液太大的流动阻力和形成较大的应力集中现象。一般镶块的横断面多呈梯形、圆形或椭圆形,镶块应致密,表面洁净。

镶块应布置在铸件磨损最严重的部位,同时又要避免使母液流动过度受阻,以免在镶块(条)之内出现冷隔或浇不足等缺陷。

镶块(条)总重占母材总重的比例,视镶铸部位的抗磨性和韧性而定,一般母材与镶块之重量比为10∶1。当镶铸部位有更好的抗磨性,此时比值可小于10,对韧性要求更高的镶铸件则可大于10。固定镶块采用固定内冷铁的方法。

3. 造型工艺

铸型:干砂型或金属型。干砂型的面砂可采用水玻璃砂,背砂用黏土砂。

温度:砂型烘干温度为250 ~ 300 ℃。

浇注系统:采取母液(如铸钢等)的浇注系统。在铸件最冷端开设溢流槽,排除最冷的母液。利用最先进入型腔的高温母液加热镶块,是得到结合牢固的镶铸件的有效工艺措施。

4.浇注温度

ZG270-500 铸钢浇注温度为 1 520 ~ 1 570 ℃,参照母材与镶铸块质量之比合理地选择浇注温度,见表9.5。

表9.5 镶铸(母材 ZG270-500)浇注温度的选择

母材重/镶块重	浇注温度/ ℃
≈10	1 550
<10	>1 550
>10	<1 550

5.热处理工艺

应根据所用母材确定最合适的热处理工艺。母材选用 30CrMnSiTi 钢时,热处理可采用图9.4的工艺规范,淬火介质为水或者油。选用哪一种淬火介质主要应视母材的含碳量而定。碳高(>0.3%)采用油淬,碳低采用水淬。经热处理后母材 30CrMnSiTi 钢和高铬白口铸铁镶块获得的组织和达到的性能见表9.6和表9.7。

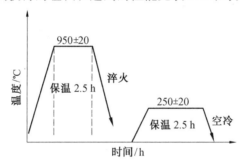

图9.4 双金属复合镶铸件热处理工艺

表9.6 热处理后镶块(高铬白口铸铁)与母材的硬度

材　　质	硬度 HRC	显微硬度 HV	
		基体	碳化物
高铬白口铸铁	60 ~ 67	673 ~ 752	1 206 ~ 1 340
30CrMnSiTi	44 ~ 50	—	—

表9.7 经热处理后母材的性能

母材	抗拉强度/MPa	抗弯强度/MPa	冲击韧度/(J·cm^{-2})
30CrMnSiTi	1 000	>2 190	>17.6

6. 镶铸工艺实例

（1）破碎机锤头

铸件重:8～12 kg。

镶块材质:高铬白口铸铁,呈圆柱形。

母材材质:ZG270-500 铸钢。

图 9.5 为锤头镶铸工艺示意图。

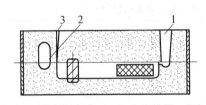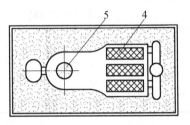

图 9.5　锤头镶铸工艺示意图

1—直浇道;2—溢出槽;3—排气孔;4—镶块;5—砂芯

（2）风扇磨煤机冲击板

铸件重:55kg

镶条材质:高铬白口铸铁,呈梯形长条状,以利于牢固地镶嵌,减少母液流动阻力。

母材材质:30CrMnSiTi。

镶铸工艺:在冲击板中加入约20%镶条,图 9.6 为抗磨镶条在冲击板中的位置。

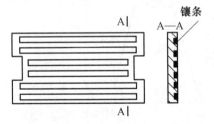

图 9.6　抗磨镶条在冲击板中的位置

9.2　复合铸渗耐磨材料

铸渗是将合金粉末或陶瓷颗粒等预先固定在型壁的特定位置,通过浇注使铸件表面具有特殊组织和性能的一种材料表面处理技术。这种方法与非铸造途径的表面强化方法(如化学热处理、表面堆焊、真空离子溅射等)相比,具有不需要专用的处理设备、表面处理层厚、生产周期短、成本低、零件不变形等许多优点。

9.2.1　铸渗的基本原理

铸渗法是将一定成分的合金粉末调成涂料或预制成块,涂刷(或放)在铸型的特定部位,需要提高表面性能的部位,通过浇注时金属液浸透涂料(或预制块)的毛细孔隙,使合金粉末熔解、融化,并与基体金属融合为一体,从而在铸件表面形成一层具有特殊组织和性能的复合层。若合金粉剂中含有一定量的 B、Cr、Mn 等活性原子,则这些活性原子就会利用铸件凝固过程中的余热向母材扩散,形成铸渗层。

铸渗工艺主要用于铸件的表面合金化研究,进入 20 世纪 90 年代以来,随着国内外复合材料研究不断深入,又被应用到铸件表层材料复合的研究和开发中。从铸渗过程的作用对象看,表面合金化是金属液与合金化涂层之间的相互作用,而表面材料复合是金属液与陶瓷或其他材料颗粒之间的相互作用。前者存在着金属液的渗透、合金颗粒的熔化和元素的扩散,后者只存在着金属液对复合颗粒材料的浸润、渗透,也存在一定程度的界面反应。从工艺结果看,前者形成表面合金化层,后者形成表面复合材料层。从获得铸件的表面性能及用途看,前者具有耐磨、耐热、耐蚀等性能,后者多用于耐磨领域。它们也存在如下的相同之处,都是金属液与铸型表面涂敷层内固体颗粒在铸造条件下的相互作用,都存在金属液与固体颗粒(层)之间的润湿、渗透和界面作用等物理化学和传热传质现象,并且都是通过改变铸造表层组织而达到提高其表层性能的目的。

9.2.2 合金涂层(敷层)的制备

涂层是由一种或几种合金颗粒与一定比例的黏结剂、溶剂混合而成,可以呈涂料状或做成随形膏块。敷层是仅由一定粒度的一种或几种合金颗粒组成,靠真空吸敷于铸型上,涂层、敷层厚度由所要求的渗层厚度确定。从经济、实用的角度考虑,基体金属应选用强度高、塑韧性好且成本较低的常用合金。但除应具有足够的强韧性,对渗剂材料要有良好的润湿性和一定的溶解度,以保证界面呈冶金结合,提高结合强度。

1. 涂层(敷层)用合金材料

合金的选用原则:①能被铁液熔化(或扩散熔解);②颗粒表面无氧化,以免出现气孔;③合金颗粒粒度均匀,粒度大小依铸件的热容量和浇注温度而定。

铸渗涂层的厚度及其常用的合金材料、粒度见表 9.8。为使铸渗层具有耐磨性好的基体组织,避免珠光体的生成,在涂层或敷层中可加入少量 MoFe,VFe 和 Cu。涂层厚度是合金铸渗层厚度的 1.5~2 倍,其他涂层厚度可按渗层厚度的 1.2~2 倍来确定。

表 9.8 铸渗涂层常用的合金材料

铸渗类型	合金组成/%	合金粒度/目	涂层厚度/mm
渗铬	1.66Cr,0.5Si,5C 其余 Fe	40/100	3~5
	2.28Cr,4Ni,2B,4C,Si₂ 其余 Fe	40/100	3~5
渗 WC	铸造 WC 颗粒 100%	40/70	2.0
渗 WC+高铬白口铸铁	1. 铸造 WC 颗粒 80%,其余为高铬白口铸铁	40/70	5.0
	2. 铸造 WC 颗粒 20%,其余为高铬白口铸铁	40/70	3.0
渗硼	1. 100% BFe	20/100	3~5
	2. 100% B4C	20/100	3~5

2. 涂层用黏结剂

黏结剂选用原则:①具有足够的黏结强度;②黏结剂受高温作用应能气化,应具有低的渣化倾向,以增加涂层的空隙率。

铸渗涂层常用的黏结剂见表9.9。所有的黏结剂以及水玻璃均可改善合金颗粒的润湿性。但需控制加入量,黏结剂量过多,虽然能进一步提高涂层强度和合金颗粒的润湿性,但是会增大合金层形成气孔的倾向。

表9.9 铸渗涂层常用的黏结剂

黏结剂	加入量/%	使用效果
水玻璃	<3	膏块制作时易破损,浇注过程被铁液冲散
	3~7	能较好地形成合金层强度适中,发气量少
	>7	不能形成合金层或合金层中存在大量空洞
桐油	3~10	能形成合金层
呋喃树脂	2~5	能形成合金层,发气量中等,渣量较多
酚醛树脂	2~4	能形成合金层

3. 涂层用熔剂

熔剂选用的原则:①提高合金渗剂的活性,易气化;②提高涂层在铁液中的润湿能力。熔剂一般多采用硼砂、氟硼酸钾、冰晶石、氟(氯)化物(钠,铵)等。硼砂、氟硼酸钾具有较高的活性,熔点适中,并兼有提供硼的作用,但其作用时间较短;而冰晶石具有较高的熔点,作用时间长;采用氟硼酸钾和冰晶复合熔剂能具有较高的活性与稳定性,易获得预期的铸渗层厚度;以硼砂为主附加少量氟硼酸钾、氟化钙、碳酸钠的复合熔剂有利于消除铸铁合金层中的熔渣。熔剂的作用是促进与加速合金的铸渗过程,因此其种类和数量均对铸渗效果有直接的影响。表9.10为两种不同的熔剂对铸渗层厚度的影响。熔剂的加入量一般为合金渗剂的4%~10%。以硼砂熔剂为例,将其不同加入量的影响列于表9.11。

表9.10 硼砂与氟化钠熔剂对铸渗层厚度的影响

合金渗剂	熔剂种类	加入量/%	合金层深度/mm
50目B-Fe	硼砂	5	1.5
50目B-Fe	氟化钠	8	2~3

表9.11 硼砂加入量对合金渗层的影响

硼砂加入量/%	合金层厚度/mm	形成合金层能力	排渣能力
无	无明显合金层	差	差
5	2.3	较好	铸件外表有一定的黄绿色渣
10	5	良好	铸件外表有大量的黄绿色渣

4. 涂层的烘干工艺

不同的黏结剂需采取不同的烘干温度,图9.7为黏结剂为水玻璃、桐油涂层的烘干工艺,它们的加热速度为 2.5 ~ 3.5 ℃/min。

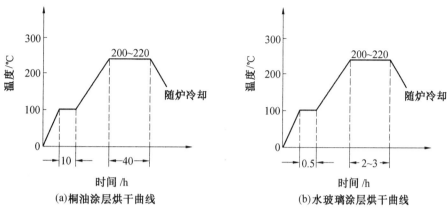

(a)桐油涂层烘干曲线　　　　　(b)水玻璃涂层烘干曲线

图 9.7　铸渗涂层的烘干工艺

9.2.3　铸渗机理

铸渗机理是一个非常复杂的问题,仅仅依靠毛细理论以及扩散理论很难做出满意的解释。因为在金属液与粉层相互作用的过程中还有可能出现增强颗粒重熔、溶解、再凝固等复杂情况,而对于增强相是自反应生成的铸渗过程,粉末颗粒与金属液或粉末颗粒之间还有化学反应,这就涉及到自蔓延燃烧理论以及液相烧结理论,因而目前还没有形成一套完整的理论来精确地描述整个铸渗过程。现就近期国内外学者对铸渗机理的某些研究成果做一简介。

按照铸渗复合层内增强相的来源可将铸渗技术分为两种:一种是增强相直接加入预制体内,基体金属液通过渗透、烧结等综合作用与增强相形成冶金结合。铸渗复合层在形成过程中无化学反应;另一种是增强相在铸渗过程中由预制体内的粉末自反应生成,这种铸渗技术主要是利用高温金属液来激发粉末的反应体系,铸渗复合层在金属液与粉末层渗透、反应等综合作用下形成。无化学反应的铸渗机理是由合金烧结层、钎焊层和熔合层三个区域组成。不同区域的形成机理也不同,靠近基体的熔合层是在强烈的热作用和铸渗动力(主要为毛细作用)较强的条件下形成的,距母液越远,热作用越弱。钎焊层是由崩裂和未崩裂的铬铁小颗粒及碳化物焊合在一起形成的,最外层为烧结层,该层的形成类似于粉末冶金的液相烧结过程。

渗透过程可分为两个阶段:在第一阶段,金属液与温度较低的多孔块体接触并快速凝固。在此过程一部分金属液的凝固放热用来加热多孔块体,直到金属的熔点温度。第二阶段是一个相对较慢的过程,在此过程中主要是后续渗入的过热金属液重熔先凝固的金属,整个渗透区域分为重熔区与凝固区。

图 9.8 为铸渗铬层的典型组织特征。通过对铸渗试样渗铬层的观察和分析,发现典型的铸渗铬层中的内层、中间层、外层的组织和成分有明显差异。从图 9.8(a)中看出,内层的组织中既有片状石墨,又有共晶莱氏体,还有铬碳化物和马氏体基体,为一多相不平衡组织。图 9.8(b)显示铸渗层中间部位的组织中有较多大小不均的块状碳化

物,少量呈崩裂状的 CrFe 粒和屈氏体+多元共析体。图9.8(c)铸渗外层组织中有大量未熔的 CrFe 粒和少量即将崩裂的 CrFe 粒,还有少量黑渣和显微孔洞,分布在灰白色的多元共析体基体上。根据其不同的组织特征,称铸渗内层为熔合层,称铸渗 Cr 层中间部位为钎焊层,称渗铬层外层为液态烧结层,简称烧结层。显然,不同的组织特征,其形成机理也是不同的。

 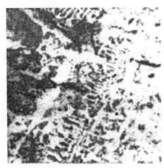 

(a)熔合层(内层)　　　　　(b)钎焊层(中间层)　　　　　(c)烧结层(外层)

图9.8　铸渗铬层的典型组织特征

9.2.4　影响铸渗层形成的因素

影响铸渗层形成的因素包括渗剂性质和工艺因素,如:

(1)浸润性

浸润性直接影响渗层的形成强度,因此铸渗剂与基体金属要有一定的浸润性。

(2)熔剂

熔剂的作用是在浇注初期包裹合金颗粒使之不被氧化,受热熔化后能去除合金颗粒表面的氧化膜,清洁渗剂表面,从而增加金属液对渗剂的浸润能力。常用的熔剂有硼砂、氟化铵和氯化铵等。研究表明,熔剂的加入量要适当,过少则不能有效地改善金属液的浸润能力;过多则会因它所占的体积大,易在熔化后留下较大的孔洞,降低复合层的品质。

(3)黏结剂

水玻璃和有机黏结剂能不同程度地改善金属液与涂料(或膏块)之间的浸润性。黏结剂要适量加入,过多则金属液不能使其及时全部分解、燃烧气化,结果残留在复合层中形成夹渣,影响强化效果;过少则黏结力低,强度差,浇注时易被金属液冲散,不能形成复合层。

(4)涂料层厚度

涂料层厚度应根据铸件渗层的具体要求确定,铸渗层的相对厚度随涂料层相对厚度(涂料层厚度与铸件厚度之比)的增加而减少。当涂料层相对于铸件厚度较薄时,合金粉末易于熔化并被金属液稀释形成相对较厚的表面铸渗层。

(5)浇注温度

浇注温度过高,渗剂元素烧损严重,基体晶粒粗大;过低则结合强度低,附着力大,渗层易脱落,扩散层薄或不形成扩散层。

(6)铸造工艺

为避免浇注时金属液将铸渗剂冲刷掉(或将预制块冲散),研究表明,立浇工艺比平浇工艺更能保证渗层品质。

(7)合金元素的收得率

合金元素的收得率是指表面复合层中合金元素成分值与涂料层中合金元素成分值之比。涂料中的合金元素被金属液浸透、熔化进入表面层后受到稀释,同时还有不同程度地氧化、烧损。因此,在配置合金涂料时要考虑合金元素的收得率。

9.2.5 铸渗工艺

1. 普通铸渗工艺

在铸渗工艺发展的初期,利用在铸型型腔表面涂刷以合金粉末为主的涂料,利用液态金属的流渗能力、金属液的余热并使金属液与金属粉末间发生冶金作用,直接在铸件表面形成合金化层。所以涂料以合金化的元素为主,添加一定比例的黏结剂、催渗剂和固化剂制成。后来出现了以膏块代替涂层的铸渗方法。但是以上两种方法均需要加入有机或无机黏结剂和熔剂,在液态金属的作用下,黏结剂或熔剂汽化或渣化,因而易产生气孔和夹渣(杂),降低材料性能。为了消除这种影响就产生了取消黏结剂和熔剂的散剂法。表9.12为砂型铸渗工艺参数。

表 9.12　砂型铸渗工艺参数

工艺参数	指　　　数	备　　注
涂层厚度	$S=(1.2\sim2)B$ 式中,B 为合金厚度,mm; S 为合金涂料层(膏)厚度,mm	涂层厚度应与铸铁壁厚相适应
砂型涂层的烘干温度	$200\sim240$ ℃	脱水,提高黏固强度
涂层(膏)的安放位置	在砂型的上、下、侧面均可,最好置于砂型的侧壁或底部	
浇注温度	$1\,350\sim1\,490$ ℃	用干型时,壁厚>20 mm
浇注系统	铁液应平稳地流入型腔,内浇道的布置应有利于铸件各部分均衡冷却,且不直接冲刷涂层	
冷却速度	冷速低,凝固慢的部位渗层厚,反之,则薄	

2. 消失模(V-EPC)法铸渗工艺

此工艺也叫实型负压铸渗工艺,即用聚苯乙烯泡沫材料(EPS)制备试样模型,将增强颗粒均匀涂于试件(EPS)需要合金化的表面。然后将模型埋入干砂中,震实后在负压状态下浇注的一种新工艺,它可以获得精度高,质量好的铸件,还可以把工人从繁重的体力劳动和恶劣的作业环境中解放出来,被誉为"第三代造型方法"。该工艺简便实用,不必考虑涂层膏块的安放、固定,可以避免 EPC 铸渗工艺中的气孔和夹渣等缺陷,负压对 EPS 和涂胶气化产物的排出十分有效,显著改善了铸渗层的质量。增强颗粒可以采用铬铁、钼铁、矾铁颗粒和碳化钨颗粒等。

3. 真空铸渗工艺

采用松散的合金粉,也可用黏结的合金材料靠真空将松散的合金粉或黏结的合金材料吸附在铸型的规定部位上。真空铸渗可以克服传统砂型铸渗工艺在渗层和过渡层内存在的气孔、夹渣缺陷,且渗层质量稳定可靠。真空铸渗工艺分为真空铸型法和真空型芯法两种。

(1)真空铸型法

真空铸型法在模样上覆盖塑料薄膜,将钢丝沿需铸渗区域的轮廓圈成相应的环形,将合金粉填充入环内,使合金粉的高度达到环的高度,往砂箱内填入硅砂,然后抽真空,移去模样。这样就可在上、下箱铸型上靠真空吸附合金粉粒。图9.9 为真空铸型法铸渗工艺示意图。

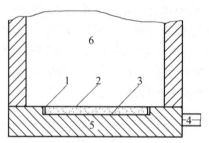

图9.9 真空铸型法铸渗工艺示意图

1—钢丝环;2—塑料薄膜;3—合金粉;4—抽真空口;5—干砂;6—型腔

(2)真空型芯法

真空型芯法是在普通砂型内用真空型芯来实现局部铸渗敷层,无需铸型法造型的特殊设备和特殊造型技术。一个真空砂芯由一个敞开的芯腔与一个真空集排气箱相连结所构成,如图9.10所示。在通向真空排气箱的芯腔底部铺上一层丝网,往芯腔内填满干砂,将集气箱抽真空,把厚度等于所需硬化表层厚度的干砂用刮板刮掉,通常刮掉的砂层厚为3.2 mm。然后将抗磨合金粉填入,并沿真空型芯的顶面将合金粉刮平。靠真空的吸力就能把这层合金粉牢固地保持在型芯上。但是,当用粒状材料时由于不能产生足够的压差将合金粉保持在型芯的固定位置上,此时应在合金粒表面上铺上一层塑料膜。在施加真空的条件下,把真空型芯安置在所要求的砂型位置上,然后进行浇注。铸渗最早真空型芯盒是用石墨制造的,后来改用铸铁制造。如果采用黏结的铸渗材料,真空型芯就可在无需抽真空的条件下制造,储存和将其安装在砂型内,只需在浇注前瞬间将真空型芯与抽真空线路接通,浇注后立即释放真空。

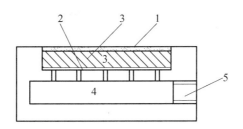

图 9.10　真空型芯法铸渗工艺示意图

1—抗磨合金粉;2—丝网;3—干砂;4—集排气箱;5—抽真空口

9.2.6　铸渗层的组织、性能及抗磨性

1. 铸渗层的组织结构

渗层的组织结构因铸渗层的合金种类以及铸渗工艺的不同而异。铸渗硼(渗硼剂为 BFe,渗硼工艺为砂型铸渗):渗层组织是由初生含硼碳化物和共晶体组成。铸渗铬(渗铬剂为 CrC,渗铬工艺为真空型芯或铸型铸渗):合金粉敷层厚 3.2 mm,在 20 mm 厚的板状铸件上铸渗,敷层的合金几乎没有被稀释;渗层内含 27% Cr。在 50 mm 厚的板状铸件上铸渗,3.2 mm 厚的合金层被稀释,扩散成为 7 mm 厚的渗层;表层铬质量分数为 23%;而在过渡层铬质量分数降为 5%。过渡层针状碳化物质量分数 50%,铬质量分数为 20%~30%;碳化物间基体内铬质量分数为 2%。合金渗层碳化物质量分数为 70%~80%,其铬质量分数为 30%~40%,尚有微量未熔解的敷层合金粉粒(铬质量分数为 85%~90%)。

铸渗钨(渗钨剂为 WC-10% Co,铸渗工艺为真空型芯或铸型铸渗):渗层组织中含有细的多角浅灰色颗粒,系高钨碳化物;大块白色的碳化物,其 $w_W = 65\% \sim 85\%$, $w_C = 1.64\% \sim 1.99\%$。Co 存在于碳化物之间的基体内,靠近过渡层,$w_{Co} < 2\%$;在渗层表面,$w_{Co} \geqslant 10\%$。显然,钴起到促渗剂的作用。

合金粉为 WC,粒度为 0.5 mm,选用 4% 的水玻璃作为黏结剂,选用 1.5% 的硼砂作熔剂,将其置入 220~240 ℃的烘箱中烘烤 2h 出炉冷却。HT 200 作基体材料,浇铸速度要快,铁液出炉温度应偏高(1 450 ℃)。图 9.11 为铸渗 WC 复合涂层的扫描照片。块状颗粒即是 WC 颗粒,四周则是 HT 200 母材,颗粒分布均匀,界面结合良好,WC 颗粒边缘部分熔解,和基体发生了冶金结合。

2. 铸渗层的性能

铸渗层的硬度见表 9.13。

图 9.11　铸渗 WC 复合涂层的扫描照片

表 9.13　铸渗层的硬度

铁合金配比/%	硬度值 HRC		
	合金层	过渡层	母材
Cr-Fe	54	26	12
W-Fe	50	27	18
Mo-Fe	59	25	22
50B+50Cr	60	39	30
25B+25W+25V+25Vi	64	43	26
30B+40Mn+20Cr+10V	70	30	14
40V+20Mo+20Cr+20Ti	60	38	26

3. 铸渗层的抗磨性

实践证明,采用复合合金涂层(膏剂或敷层)的铸渗层会比单元素合金涂层得到更高的抗磨性。表 9.14 为采用普通砂型铸渗的不同合金配比对抗磨性的影响。显然,渗层的复合合金化达到较高的抗磨性。铸铁件的钨系表面合金渗层,铸态的基体组织基本上是马氏体,对 WC 颗粒有较强的镶嵌能力,有利于发挥 WC 磨损抗力的骨干作用,三体磨损的抗磨相对值为 1.05 ~ 6.4,随着 WC 粒度的增大,其抗磨性提高。当合金涂层(或敷层)中复合一部分铬铁合金时,加强了马氏体基体,在 WC 颗粒周围生成合金碳化物,其中铬质量分数为 20%,钨质量分数为 10%,显微硬度为 1 480 ~ 1 800 HV。

表 9.14　不同合金配比对抗磨性的影响

合金配比/%	长度磨损/mm	体积磨损/mm	相对抗磨性
CrFe(含 63.2% Cr)	4.8	0.65	1.90
MnFe(含 70% Mn)	5.2	0.81	1.58
MoFe(含 61% Mo)	4.9	0.76	1.68
Fe (含 40.8% V)	5.1	0.75	1.49
90% CrFe+10% B4C	4.75	0.68	1.86
90% CrFe+10% VFe	4.6	0.68	1.86
70% CrFe+16% MnFe+4% MoFe	4.6	0.62	2.04
82% CrFe+15% MoFe+3% B4C	4.6	0.62	2.04

9.2.7　铸铁铸渗件工艺实例

1. 砂型铸渗件的工艺实例

下面是砂型铸渗件的工艺实例:

铸件名称:焦炭火架车铸板;净重:9 kg。

原用材质及使用寿命:球墨铸铁,使用寿命 1 个月。

铸渗涂层:以 CrFe 为主,含少量 WFe 粒度均为 40 ~ 60 目。

铸渗件使用寿命:9 个月。焦炭火架车铸板铸渗工艺示意图,如图 9.12 所示。

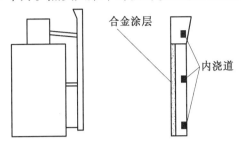

图 9.12 焦炭火架车铸板铸渗工艺示意图

2.真空铸渗工艺实例

下面是真空铸渗工艺实例:

铸件名称:汽缸套铸件。

铸件壁厚:8~25 mm。

铸渗工艺:汽缸套内表面铸渗,铸渗敷层由松散的 CrC 合金粉组成。由于浇注后,真空型芯不能从铸件上移走,所以不能用石墨和铸铁制造真空型芯,而改用水玻璃砂制造,型芯表面涂刷防漏气的涂料。汽缸套内表面铸渗工艺示意图,如图 9.13 所示。

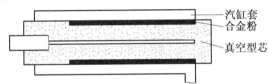

图 9.13 汽缸套内表面铸渗工艺示意图

参考文献

[1] 邵荷生, 曲敬信, 许小棣, 等. 摩擦与磨损[M]. 北京: 煤炭工业出版社, 1992.

[2] 周仲荣. 摩擦学发展前沿[M]. 北京: 科学出版社, 2006.

[3] 刘正林. 摩擦学原理[M]. 北京: 高等教育出版社, 2009.

[4] BHSHAN BHARAT. 摩擦学导论[M]. 葛世荣, 译. 北京: 机械工业出版社, 2000.

[5] 郑林庆. 摩擦学原理[M]. 北京: 高等教育出版社, 1994.

[6] 翟玉生. 应用摩擦学[M]. 北京: 石油工业出版社, 1996.

[7] 温诗铸, 黄平. 摩擦学原理[M]. 北京: 清华大学出版社, 2002.

[8] 黄平. 摩擦学教程[M]. 北京: 高等教育出版社, 2009.

[9] 王松年. 摩擦学原理及应用[M]. 北京: 中国铁道出版社, 1990.

[10] 谢友柏. 摩擦学科学及工程应用现状与发展战略研究[M]. 北京: 高等教育出版社, 2009.

[11] 摩尔. 摩擦学原理和应用[M]. 北京: 机械工业出版社, 1982.

[12] 张嗣伟. 基础摩擦学[M]. 北京: 石油大学出版社, 2001.

[13] 邵荷生, 张清. 金属的磨料磨损与耐磨材料[M]. 北京: 机械工业出版社, 1988.

[14] 王振廷, 陈华辉. 感应熔敷微-纳米碳化钨复合涂层的耐磨性研究[J]. 机械工程材料, 2004, 3: 44-46.

[15] 王振廷. 感应熔敷 WC/Ni 基复合涂层的组织和性能[J]. 黑龙江科技学院学报, 2004, 6: 321-323.

[16] 王振廷, 周晓辉, 张显友, 等. 原位自生 TiC-TiB$_2$ 增强 Fe 基复合涂层的凝固特性及形成机理[J]. 材料热处理学报, 2009, 3: 154-158.

[17] 王振廷, 孟君晟. 氩弧熔敷原位自生 TiCp/Ni60A 金属基复合材料涂层的组织与性能[J]. 金属热处理学报, 2009, 2: 21-24.

[18] 孟君晟, 王振廷. 邝栗山, 等. 氩弧熔敷原位自生 TiC 增强 Ni 基复合涂层的显微组织及工艺[J]. 中国表面工程, 2009, 1: 33-36.

[19] 尼尔 M J. 摩擦学手册(摩擦磨损润滑)[M]. 北京: 机械工业出版社, 1984.

[20] 何将爱, 王玉玮. 材料的磨损与耐磨材料[M]. 沈阳: 东北大学出版社, 2001.

[21] 林福严, 曲敬信, 陈华辉. 磨损理论与抗磨技术[M]. 北京: 科学出版社, 1993.

[22] WATERHOUSE R B. 微动磨损与微动疲劳[M]. 周仲荣, 译. 成都: 西南交通大学出版社, 1999.

[23] 孙建林. 轧制工艺润滑原理、技术与应用[M] 北京: 冶金工业出版社, 2010.

［24］肖祥麟. 摩擦学导论［M］. 上海：同济大学出版社，1990.

［25］黄平. 摩擦学原理［M］北京：清华大学出版社，2008.

［26］材料耐磨抗蚀及其表面技术丛书编委会. 材料的粘着磨损与疲劳磨损［M］. 北京：机械工业出版社，1989.

［27］高彩桥. 摩擦金属学［M］. 哈尔滨：哈尔滨工业大学出版社，1998.

［28］董允，张廷森，林晓娉. 现代表面工程技术［M］. 北京：机械工业出版社，2003.

［29］周玉，武高辉. 材料分析测试技术［M］. 哈尔滨：哈尔滨工业大学出版社，2007.

［30］戴达煌，周克松，袁镇海. 现代材料表面技术科学［M］. 北京：冶金工业出版社，2004.